城市更新与风景园林生态化建设

何　滢　田　艳　杨和平　主编

吉林科学技术出版社

图书在版编目（CIP）数据

城市更新与风景园林生态化建设 / 何滢，田艳，杨和平主编 . -- 长春 : 吉林科学技术出版社，2023.7
ISBN 978-7-5744-0742-8

Ⅰ . ①城… Ⅱ . ①何… ②田… ③杨… Ⅲ . ①城市规划—研究②城市景观—景观生态建设—研究 Ⅳ . ① TU984

中国国家版本馆 CIP 数据核字 (2023) 第 153231 号

城市更新与风景园林生态化建设

主　　编　何　滢　田　艳　杨和平
出 版 人　宛　霞
责任编辑　王天月
封面设计　刘梦杳
制　　版　刘梦杳
幅面尺寸　185mm × 260mm
开　　本　16
字　　数　320 千字
印　　张　17.75
印　　数　1–1500 册
版　　次　2023年7月第1版
印　　次　2024年2月第1次印刷

出　　版　吉林科学技术出版社
发　　行　吉林科学技术出版社
地　　址　长春市福祉大路5788号
邮　　编　130118
发行部电话/传真　0431-81629529 81629530 81629531
81629532 81629533 81629534
储运部电话　0431-86059116
编辑部电话　0431-81629518
印　　刷　三河市嵩川印刷有限公司

书　　号　ISBN 978-7-5744-0742-8
定　　价　105.00元

前　言

城市更新就是不断赋能城市的生命，再造城市繁荣和活力的过程，其核心是提高城市存量资产的总价值。纵观世界各大中心城市，它们都在做什么呢？可以发现世界中心城市都在通过城市更新来打造全球的创新中心、科技中心、魅力之都等，通过城市更新来赋予城市新的生命力和竞争力。目前，中国的城市发展已进入非常重要的关键时期，一个重要的指标是中国的城镇化率已经进入高级发展阶段。也就是说，整体城镇化率已经超越60%，超大城市地区，如北京、上海城镇化率已经超过了80%。在新的形势下，中国政府在城市发展中也有新的定位和目标，比如国家提出未来的城市要实现“精明式”的增长，提出我们要打造世界级城市群，提出未来五年要基本形成若干立足国内、辐射周边、面向世界的具有全球影响力、吸引力的综合性国际消费中心城市。实现以上城市发展目标，不可能从头新建城市，唯一的途径就是城市更新。我国城市更新空间治理理念在不断地转变和完善，我国城市更新空间治理的转变基于两个变化趋势，即对公共利益的关注和对治理实效的关注。

美丽中国打造、生态文明建设是新经济时代背景下山东省生态文明城市构建的新理念。园林建设需要依托先进的施工技术、科学的施工管理，保障生态风景园林工程的优质打造。生态风景园林的打造，可基于绿化植物栽种，依托植物能量的流动、物质的循环展现其生态价值。因此，生态风景园林具有改善城市生态环境的重要功能。生态风景园林的生态绿量决定着生态功能的高低，而生态风景园林中总叶面积是园林绿量的限制性因素。建设生态风景园林时，应加大植物群落的建造数量，达到环境改善及生态平衡性提升的目的。

本书围绕“城市更新与风景园林生态化建设”这一主题，以城市更新的内涵为切入点，由浅入深地阐述了城市更新的理论、内容与规范，系统地论述了我国城市更新的方式、流程、运行机制、规划与设计、城市公共空间更新、城市更新的关键路径，深入探究了风景园林生态系统、生态学思想在风景园林建设中的应用、风景园林生态化建设实践、城市更新理念下的风景园林生态化建设，以期为读者理解与践行城市更新与风景园林生态化建设提供有价值的参考和借鉴。本书内容翔实、逻辑合理，兼具理论与实践性，适用于从事城市规划与风景园林设计相关工作的专业人员。

目录

第一章　城市更新的理论综述

第一节　城市更新的内涵

当代社会，城市更新的内涵取决于城市发展水平。城市发展水平不同，人们对城市更新的理解会存在很大的差异。一般而言，城市发展水平越高，城市更新内容越广泛。在西方发达国家特别是英国，城市作为生产力和生产关系的物质载体，已经明显不适应时代的需要，城市更新不再是城市建筑环境的简单翻新，而是变成了事关城市发展的系统性和战略性工程。我们只有科学认识城市更新的基本内涵，掌握城市更新的基本特征，了解城市更新的基本原则，才能充分利用城市更新的动力机制，前瞻性地制订切实可行的城市更新规划，最终顺利实现我国城市更新的伟大目标。

一、城市更新的概念

城市更新的内涵因城市发展阶段不同而异。一般认为，城市更新是引导解决城市问题的综合的、整体的设想和行动，它寻求持续地改善一个地区经济的、物质的、社会的、环境的过去和现在的状况。

城市更新也是一个实践中认识不断加深的过程。工业革命时期，特别是英国的城市更新，既有对工人居住区的环境整治，也有对城市贫民窟的整治，而且大规模地拆除城市贫民窟，一度使很多工人流离失所。19世纪中叶，法国巴黎更新改造，城市林荫道成为大家关注的城市更新重点。总体而言，第二次世界大战前的欧美国家城市更新较多针对的是旧城破旧住宅和出租住宅，如：霍华德（Howard）主张建设田园城市，将内城工人迁往远郊新城，为旧城更新提供条件；柯布西耶（Corbusier）主张建设光辉城市，针对法国巴黎旧城建设，认为应该大扫除式拆除重建。第二次世界大战以后的城市重建，欧洲一般采用现代城市规划理念，但由于时间紧迫，大多数没有对城市结构进行较大调整，包括英国在内，对旧居住区也多采用成片拆除从而大规模重建的方式。20世纪60年代，伴随着欧美经济的快速增长和产业结构调整，为了解决内城衰退问题，欧美城市更新开始强调引进多种综合功能的城市再开发。70年代，人本主义和可持续发展思想抬头，欧美城市更新多采取渐进式改进，重视城市更新的社会、经济意义，这标志着欧美城市更新进入一个全新的发展阶段。

城市更新的认识过程与城市发展的历史逻辑基本是一致的。

世界城市历史悠久，但早期城市的出现主要出于军事和意识形态的需要，城市建筑环境局部的、孤立的改建和扩建必然是当时城市更新的基本特征。工业革命以后，城市的兴起主要是经济的需要，城市将所有的经济资源和生产要素紧紧联系在一起，城市一种构成要素的变化往往会引起城市其他构成要素程度不等的相应变化。在这种情况下，城市更新就必须采用系统化的、全局性的眼光，重视城市的长远发展。相对而言，欧美城市更新代表了世界城市更新的方向。中国应当充分借鉴欧美城市更新的经验，吸取其教训，少走弯路，更好地让城市更新服务于中国经济发展和改善中国城市居民生活质量的需要。

二、城市更新的基本特征与特色

与传统的城市维修、城市改建和扩建、城市翻新不同，当代社会的城市更新具有以下五个方面的基本特征。

第一，城市更新是一种干预活动。城市的兴起与发展是有其内在规律的，城市衰退也是市场作用的结果。城市更新通过调整市场力量的结构和大小，将改变城市原有的发展速度与发展内容，甚至改变城市原有的发展方向，因而城市更新是一种典型的外部干预。城市更新主体必须了解城市运行与发展的基本规律，才能有的放矢地采取措施和政策，达到城市更新的预期效果。

第二，城市更新是一种包括公共、私人和社区部门的活动。城市更新是一种系统行为，涉及方方面面的利益分配关系。城市更新必须最大限度地包容社区和相关个人，统筹兼顾，将他们聚集在一起，认真听取他们的合理建议和意见，确保他们都能从城市更新中获益。城市更新应该是一种多赢行为，应该充分发挥社区部门的纽带作用，将公共部门的利益和私人部门的利益结合起来。

第三，城市更新是一种可能因为体制变化而产生的活动，这种体制变化是对变化的经济、社会、环境状况的一种反映。城市是一种地理上集聚的经济活动，不同的城市要素结构形成千差万别的城市组织形态，发挥不同的城市组织功能。当城市经济、社会、环境和状况发生变化时，城市功能和城市组织形态都有可能发生变化，从而形成城市更新的基本动力。城市更新与城市发展不同，城市发展的方向通常向上，而城市更新可以是一种水平方向的变化，也可以只是城市要素程度不同的一次重组而已。

第四，城市更新是一种调动集体力量的方式，它为协商适当的解决方案提供基础。城市更新意味着城市运行的内容要发生变化，会影响到公共部门、社区和许多个人的利益。在这种情况下，城市更新不仅是协调个人利益的平台，更是制定利益最大化方案的渠道，还是凝聚人心、发挥集体力量的有力保障。

第五，城市更新是一种决定政策和行动的方式，这些政策和行动的目标是改善城市地区的条件、发展支持相关建议的必要体制。从经济资源优化配置的角度看，城市生产要素的构成形态不可能是一成不变的，它将随着经济、社会、意识形态的变化而变化。这种变化体现在城市更新上，就是不同的时期城市更新政策不同，城市更新方式有差异。但基本的目标都是呼应人们变化的需求来改造城市，提高城镇居民的生产与生活满意度。

相应地，以城市更新的基本特征为前提，现实生活中，大多数的城市更新都有自己显著的特色和特点：

（1）城市更新实质为一个战略行动。

（2）城市更新围绕发展和实现一个清晰的远景，集中在什么样的行动应当执行上。

（3）城市更新关注城市整体。

（4）城市更新致力于既寻找解决眼前困难的短期解决办法，也寻找可以避免潜在问题的长期解决方式。

（5）城市更新从性质上看是政策引导而非直接干预。

（6）城市更新通过合作方式实现最优结果。

（7）城市更新关注建立工作优先目标，而允许选择不同路径去实现它们。

（8）城市更新实现不同组织、机构和社区的利益分享。

（9）城市更新由多方面的技能和资金资源支撑。

（10）城市更新能够被衡量评估和审查。

（11）城市更新从每个区域、城镇或街区的实际需要和机会出发。

（12）城市更新与其他的政策领域和计划联系起来。

尤其需要强调的是，未来的城市更新有三个方面需要特别注意：

一是城市更新需要以综合协调的方式处理经济和社会问题，需要建立起一个长期的和整体的战略方向，需要采用可持续发展的目标，从而确定城市更新理论和实践的性质、内容和形式，统筹兼顾是城市更新的主要特征。

二是实施城市更新的行动领域都将是在区域或子区域层次上决定的，这样才能保证城市更新可以比较好地处理多方面的问题。如把城市更新的收益分配给预期的接受者，以统筹协调的方式进行城市更新，综合处理城市和非城市问题。城市问题与区域问题现在已经越来越多地统一在一起，城市更新有时候等同于地区更新。

三是合作制度将继续在概念上和作为城市管理的方式上得到完善。合作有利于共赢、多赢，有利于减少城市更新的负面因素，有利于发挥集体的力量，有利于实现城市更新的最终目标。

三、城市更新的目的、动力与基本原则

(一) 城市更新的目的

城市更新的目的是改善所有人的生活质量，具体体现在以下四个方面：

1. 适应经济转型和就业变化的需要

城市在运行和发展的过程中，因应自身生产要素的变化以及经济环境的变化，经济结构和产业结构需要调整，相应地，就业要求也会随之变化，城市更新应该体现城市的经济转型和就业变化的需要。

2. 解决社会和社区问题

城市化是工业社会以来提高人们生活质量的基本选择。城市在大幅度提高人们生活质量的同时，并不排斥在局部存在这样那样的社会和社区问题。不过，这些社会和社区问题，不但在城市居民生活中不占主导地位，更重要的是，有相当比例的社会和社区问题属于城市发展中的问题，即随着城市的逐步发展，这些问题会逐步得到缓解以至最终消失。城市更新必须为城市现有社会和社区问题的最终解决或缓解提供必要的条件。①

3. 避免建筑环境退化，满足城市发展新要求

更新建筑环境是城市更新最传统的形式。建筑环境属于有形物体，随着时间的流逝，城市建筑环境会出现实物磨损和价值磨损，从而影响城市功能的完整发挥。特别是价值磨损，会因为技术进步，使得城市的建筑环境极不适应城市经济和社会发展的需要。城市发展需要城市更新，需要与之相适应的城市建筑环境。

4. 改善环境质量，实现城市可持续发展

随着科学技术的飞速进步，人类社会的生产力发展获得巨大的提升，工业对自然资源的消耗极大地增加了，但对自然环境的保护明显滞后，这反过来严重阻碍着城市经济的进一步发展。城市更新应该立足于利用技术进步改善城市环境，缓解人与自然的矛盾，为城市的可持续发展打下坚实的基础。

总而言之，城市更新不是简单、孤立的城市改造，而是城市作为一个整体的系统更新。城市更新即使不会直接涉及每一个人，也会间接对每一个家庭、个人造成

---

① 邓堪强．城市更新不同模式的可持续性评价 [D]. 武汉：华中科技大学，2011：13.

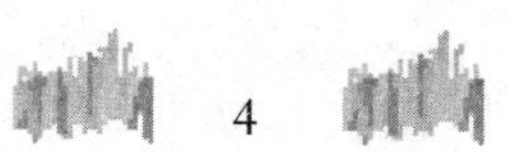

影响。城市更新需要把公共部门、私人部门、地方社区和志愿部门的工作统筹兼顾地聚集在一起。这既是协调他们利益的需要，也是调动他们积极性的需要。城市更新必须联合各路诸侯和各种社会力量一起来实现一个明确的目标——改善所有人的生活质量。发展经济充其量是城市更新的中间目标，惠及民生、提高城市居民生活质量才是最终目的。城市更新需要确保参与城市更新行动的个人和组织都能够从别人的成功和失败中有所裨益。

(二) 城市更新的动力

城市发展本身就是城市更新的动力。城市更新是城市发展内外力量相互作用的结果，而且，更重要的是，城市更新是对它所面临的机会和挑战作出的一种反应。这些机会和挑战通过特定时间和特定地点的城市更新表现出来。其中，技术能力的变化、经济发展机会和对社会公正的认识是决定城市发展及其发展规模的重要因素，也是城市更新的主要因素。

1. 技术能力的变化

这是城市更新也是城市发展最直接、最主导的因素。技术进步带来新的原材料来源、新的产品开发、新的消费市场形成，所有这些都会改变城市经济的运行内容、运行方式和地理分布，从而推动城市发展和城市更新。最典型的是能源技术的更替。在以煤炭为主的时代，城市不是位于煤炭产地附近，就是位于交通便利的地区，如港口和铁路枢纽等地。在石油天然气时代，城市选址的自由度大增，农业发达地区城市以及军事要地的城市焕发出新的活力。至于汽车代替马车的技术进步更是彻底改变了城市更新的地理模式，城市更新向圆形、菱形、正六边形、正方形发展，而不再拘泥于过去的带形、线形。

2. 经济发展带来的机会

一个社会的经济发展水平与国民收入规模是成正比的。经济发展水平越高，国民收入规模越大，需求对经济的拉动能力也就越强，经济体系越能得到完善并趋于合理化。经济发展不是简单的生产发展，还包括消费发展。生产发展只是手段，如果最终不服务于消费发展，这种经济发展就是不完整的。消费发展带来的机会同样是城市更新不可缺少的动力。

3. 社会公正的重新认识

经济发展的最终目的是提高人的生活质量，尤其是提高大多数人的生活质量。1929—1933 年西方经济大危机以前，资本主义世界各国更重视生产力的发展，结果生产能力与消费能力之间的矛盾越来越突出，屡屡引爆经济危机，恶化了社会矛盾。第二次世界大战以后，收入分配的重视程度明显提高，这对城市更新产生了重大的影响，城市更新的民生色彩提到了前所未有的高度。

（三）城市更新的基本原则

从现在来看，城市更新最富挑战性的是确保所有公共和非公共政策都按照可持续发展的原则来运行。英国学者豪斯纳就强调，城市更新存在内在的弱点，经常是短期的、零散的、先入为主的和项目导向的，缺少一个城市整体发展的战略纲要。鉴于城市更新是对城市发展所产生问题的反应，城市更新通常应当遵循如下原则：

（1）城市更新应该建立在对城市地区条件进行详细分析的基础上。

（2）城市更新应该以同时适应城市地区的形体结构、社会结构、经济基础和环境条件为目标。

（3）城市更新应该通过综合协调的、统筹兼顾的战略制定和执行，努力实现同时适应城市地区的形体结构、社会结构、经济基础和环境条件的任务，这种战略以统筹协调和促进的方式来处理城市地区的问题。

（4）城市更新应该确保按照可持续发展的目标来制定战略和相关的执行项目。

（5）城市更新应该建立清晰的执行目标，这类目标应当尽可能地定量化。

（6）城市更新应该尽可能地利用好自然、经济、人力和其他资源，包括土地和现存的建筑环境。

（7）城市更新应该通过最完全的参与和所有利益攸关者的合作，寻求一致，如通过合作或其他形式的工作模式来实现。

（8）城市更新应该认识到定量管理实现战略过程的重要性，这类战略通过若干精确的目标而逐步展开，监控城市地区内部和外部力量的变化性质及影响。

（9）城市更新应该接受对初始设计的项目作出调整的可能性，以便适应变化。

（10）城市更新应该认识到多种战略因素可能促使开发过程处于不同的速度，这种现实可能要求重新分配资源或增加新的资源，以便在城市更新计划中要实现的目标之间获得一个平衡，实现全部的战略目标。

四、城市更新的性质

城市更新的性质可以从目标、对象选择、手段选择和过程四个方面来阐述。

（1）目标。城市更新是城市计划主动创造良好的城市环境的一环。换句话说，城市更新的行动目的和都市计划的本意皆在经营一个好的都市环境。

（2）对象选择。城市更新是对城市中既成地区不良环境的改造行动。一般会以城市中心丑陋地区为城市更新的对象，其实它往往只是比较急迫需要更新而已，其他不能令人满意的环境都应是城市更新的对象。

（3）手段选择。城市更新并非一成不变仅限于重建、整建、维护这三种实质层面的行动，凡是能改善既存不良环境的手段，均可能被采取。此外，因为城市环境不只指实质环境，还包含不可分的心理、社会、文化的成分，在手段的选择上必须是个案处理。

（4）过程。城市更新是没有极限、持续不断进行的过程。只要城市继续成长，新的环境变化信息不断输入，城市更新便会不断进行。

五、城市更新的方式

城市更新的方式可分为再开发、整治改善及保护三种。

（一）再开发

再开发的对象是指建筑物、公共服务设施、市政设施等有关城市生活环境要素的质量全面恶化的地区。这些要素已无法通过其他方式使其重新适应当前城市生活的要求。这种不适应，不仅降低了居民的生活品质，甚至会阻碍正常的经济活动和城市的进一步发展。因此，必须拆除原有的建筑物，并对整个地区重新考虑合理地使用方案。建筑物的用途和规模、公共活动空间的保留或设置、街道的拓宽或新建、停车场地的设置以及城市空间景观等，都应在旧区改建规划中统一考虑。应对现状作充分的基础调查，包括该地区自身的情况以及相邻地区的情况。重建是一种最为完全的更新方式，但这种方式在城市空间环境和景观方面、在社会结构和社会环境的变动方面均可能产生有利和不利的影响。同时，在投资方面也更具有风险。因此，只有在确定没有可行的其他方式时才可以采用。

（二）整治改善

整治改善的对象是建筑物和其他市政设施尚可使用，但由于缺乏维护而产生设施老化、建筑破损、环境不佳的地区。对整治改善地区也必须做详细的调查和分析，大致可细分为以下三种情况：

（1）若建筑物经维修、改善和更新设备后，尚可在相当长的时期内继续使用的，则应对建筑物进行不同程度的改建。

（2）若建筑物经维修、改善和更新设备后仍无法使用，或建筑物密度过大，土地或建筑物的使用不当，或因土地或建筑物的使用不当而造成交通混乱、停车场不足、通行受到影响等情况时，则应对造成上述各种问题的原因通过各种方式予以解决，如拆除部分建筑物、改变建筑和土地的用途等。

（3）若该地区的主要问题是公共服务设施的缺乏或布局不当时，则应增加或重新调整公共服务设施的配置与布局。整治改善的方式比重建需要的时间短，也可减轻安置居民的压力，投入的资金也较少，这种方式适用于需要更新但仍可恢复并无须重建的地区或建筑物。整治改善的目的不只限于防止其继续衰败，更是为了全面改善旧城地区的生活居住环境。

（三）保护

保护适用于历史建筑或环境状况保持良好的历史地区。保护是社会结构变化最小、环境能耗最低的“更新”方式，也是一种预防性的措施，适用于历史城市和历史城区。历史地区保护更多关心的是外部环境，强调保护延续地区居民的生活。要保护好历史城区的传统风貌和整体环境，保护真实历史遗存，就要鼓励居民积极参与，建设和改善地段内的基础设施，改善居民住房条件以适应现代化生活的需要。保护除对物质形态环境进行改善之外，还应就限制建筑密度、人口密度、建筑物用途及其合理分配和布局等提出具体的规定。以上虽然可以将更新的方式分为三类，但在实际操作中应视当地的具体情况，将某几种方式结合在一起使用。

六、城市更新的步骤及方法

改革开放初期，我国学者叶耀先率先提出了城市更新的三步骤。他认为：实施城市更新的第一步是对城市老化程度进行周详的调查与评定；第二步是编制城市更新总体规划，以明确更新地区的开发方向；第三步是实施城市更新规划，涉及领导和市民的认识、更新法规的拟定、土地的征收、经费的筹措、更新地区的开发以及原住户的安置等问题。①2019年，我国城市更新的最新实践依照更新对象的不同，将城市更新划分为历史文化街区、老旧城区的改造更新、城市工业遗产的更新、城中村更新、三旧综合更新改造五种。

（一）历史文化街区的更新

1. 对历史建筑或环境的再利用

通常而言，文化资源驱动的历史街区更新往往起始于历史建筑的更新，随着街区更新的开展，一个被修复甚至焕然一新的城市历史街区被创造出来。历史建筑作为重要的城市建筑遗产，常成为被更新的目标，进而被转化成受欢迎的新场所。这个新场所结合了文化元素和现代便利设施，既可以使人们感受到其深刻的文化内涵，又能够从中获取各种生活服务的便利。这个过程体现了文化和遗产在城市更新和可

① 叶耀先. 城市更新的理论与方法 [J]. 建筑学报，1986(10)：5-11，83.

持续发展中，赋予资产附加的机遇和价值，为艺术设计创作提供了便利，从而吸引了大量艺术家入住，使得局部地区呈现出艺术文化产业繁荣发展的景象。

2. 提升公共空间品质

良好的历史街区在城市发展中独特的价值已经被社会大众广泛认可。在更新过程中，历史街区不仅可以实现公共空间环境品质的改善，还可以促进城市的再发展。在历史街区更新项目中，有许多以多种方式应用于空间品质提升的案例，如对街道环境的改善，包括重新粉刷建筑立面、修缮人行道、重整街面、安装新的照明设施等。这些行动不仅改善了当地公共空间的质量，也强化了地区特征。

3. 通过对公共环境的修缮和提升，改善本地居民的生活环境

公共空间在人们日常生活中扮演着重要角色，尤其是历史街区。在许多城市的历史街区，人们的生活依旧保留原有的模样，社区邻里之间存在着非常密切的生活联系，传统的生活方式也一直在延续。这些生活方式有其独特的当地特色，并且形成于漫长的历史过程，受当地气候环境以及其他因素的影响，公共空间则是承载这些活动发生的场所。公共空间的改善不仅能直接提高居民的生活质量，甚至还可以维持并推进传统的生活方式，进而保护当地的传统特色。

（二）老旧城区的改造更新

1. 对破败不堪的老旧社区进行重建改造或者维修升级

在此之前，必须对这些建筑的情况进行评估，以免在进行维修升级过程中发生坍塌，造成二次事故，得不偿失。对于需要重建的建筑，一定要加强与居民的沟通、交流、协商，以求更好地完成任务。这样不仅能够让居民体验到更好的现代生活，还能改善市容市貌。

2. 改善环境，通过立体绿化来增加植被覆盖率

老旧社区的植被覆盖率受限于土地资源难以提高，可通过立体绿化来增加老旧社区的绿化率。可以利用墙体种植毯介质，在建筑的侧面种植一些诸如紫藤等爬藤植物或者种植一些不招蚊虫，甚至驱蚊的植物。墙体种植毯可以利用营养液为植被提供所需营养，还可以在下雨时收集雨水，干旱时灌溉，在南方雨水较多的地方可以实现免维护免浇灌。这样不仅节约用水，工程短，施工便捷，还能充分利用空间，给老旧社区增添一抹绿色。[①]

---

① 丁甲宇，孙昕宇，周俭．文化资源在历史街区更新中的作用研究——以上海市音乐谷为例 [J]. 住宅科技，2020，40(9)：12-18.

(三) 城市工业遗产的更新

工业旅游近年来在国内发展迅速，成为新时代中国旅游业发展的新亮点。不少企业与机构相继向公众开放，实现生产过程透明化，消除信息不对称，以品牌效应吸引消费者，增加消费者对产品的信任度。中国地质大学旅游发展研究院发布的《中国工业旅游发展报告（NO.1）》指出，当前中国已迈入3.0工业旅游时代。主要特点为工业旅游资源丰富、工业旅游资源类型多样、地域分布较均衡；产品的主要类型为工业遗产博物馆、工业遗产公园、工业文化创意产业园、观光工厂和工业特色小镇。将工业遗产视作挖掘城市文化产业的“金山银山”，数十年、上百年的工业史是城市化的历史见证，而高速的时代转换往往导致工业遗产无暇兼顾、无迹可寻，故事稍纵即逝，历史的印记如何保护并发展，不只是推倒重来那般简单。① 工业遗产的保护、激活需要尊重技艺与记忆，更需要情感联系。国际工业遗产保护协会透露，“大规模工业建筑转换中，主要的国际原则是尊重原有的美学，以及尊重建筑的历史——很多工业建筑的价值正是来自其历史特色。保护中不仅要留下单纯的厂区、建筑的躯壳，更重要的是要留下工业的记忆，留下流程和工艺中的故事”。② 国际工业遗产保护协会一直致力的一项重要工作就是专门考察工业建筑，进而对其进行改造设计，在此过程中，记录它们过去的生产流程，也记录它们的改造过程。

(四) 城中村更新

1. 高效的空间利用

城市物质空间的更新离不开经济的支持，同时城市的开发建设完成后又会对城市经济起到促进和提升的作用，二者相辅相成。城中村改造后大面积的套房户型显然不能够实现租金效益最大化，小面积小户型多分隔的空间布局模式更能实现高效的空间利用。

2. 匹配的空间关系

城市空间形态与其所处社会结构特征是相匹配的，城中村空间特征与其熟人社会的社会结构具有明显的匹配关系，在空间形态上表现为生活空间之间的相互联系。城中村的租户人群为中低收入者，在空间形态上则表现为生产、生活、商业高度混合，呈现出低质、无序但又具活力的复合空间形态。城中村改造规划的主要导向应为联系紧密、有序、更具活力的转型式复合空间形态，与村民和租户的社会结构相匹配，而不是拆迁之后按城市居住小区建设。

---

① 邓宏兵，李江敏．中国工业旅游发展报告（NO.1）[M]. 武汉：中国地质大学出版社．
② 左提督．工业遗产，以城市更新之名重生 [J]. 产城，2018，5(8)：78-81.

3. 人性的公共空间

公共空间是属于公共价值领域的空间，是村民活动、交流的重要场所，也是营造社区活力的关键。公共空间的布局要结合环境，尺度宜人，周围建筑不要形成太强的压迫感，最好远离城市主干道。

公共空间可以结合使用者的需求进行布置，城中村改造后租户大部分都是白领、学生等，喜欢宅在家中，公共空间的使用者多数是本地村民，村民已经习惯了改造前的小尺度、紧凑的公共空间，所以大广场的形式显然不合适。城市更新过程中，公共空间的布局要针对本区域内的特定人群的空间使用和行为方式，营造人性化的公共空间。①

（五）三旧综合更新改造

1. 保护式更新

只有通过城市具有的历史文化精神才能彰显该城市独有的特色，并充分展现该城市特有的深刻内涵。为保护具有历史价值区域内的历史建筑与周边的历史风貌建筑群，可以采用“修旧如旧”的模式，采取管线入地、拆除周边乱搭乱盖，对不具备居住条件房屋的居民实施搬迁，稀释空间，进行适当绿化等措施，将其改造成能体现文化、提供展览区域、展现娱乐精神并提供娱乐设施和场地的文化创意用地。

2. 置换式更新

置换式更新主要是指在总体规划指引下，按照高效用地的要求，在规划区范围内进行的大规模土地使用性质和物质形态的再次开发和重建，使土地利用更高效、基础设施更完善。在旧城镇中，对于危旧房分布比较集中、土地功能布局不适应城市发展需要或公共服务配套设施极端落后的区块，大部分城市采取了一种先征地拆迁补偿，再通过土地公开出让回笼资金，以市场化的方式进行成片开发和重建的方式，以达到改善人居环境、完善城市公共服务设施、更新城市形象的目的。

3. 改建式更新

针对旧城镇中市政配套落后、公共设施不足，建筑结构、功能和环境设施不达标的区域，除了采取拆除重建的方式外，对于零散分布的危房、旧房，可以进行重新建造，扩大现有建筑，或拆除其中不适宜的部分建筑。改建后，土地的用地性质保持不变，只是开发强度发生了变化。如对于旧城镇的改建，可以结合街区综合整治，采取建筑修缮、内外装修、加装电梯等方式，完善房屋使用功能，改善公共空间环境，使其满足房屋使用及城市形象更新的需要。对于旧厂房的改建，可以增加

① 殷俊．综合指标视角下的城市更新策略研究：以G市城中村改造为例[M]．北京：中国建筑工业出版社，2018：84.

旧厂房的层数、对旧厂房进行表面的修饰、改善或配齐现有的配套设施，提高旧厂房的容积率和土地利用率，进行技术革新，引进节能环保新技术，提高企业产出效率。对于旧村的改建，需要结合美丽乡村建设、历史文化名镇名村和中国传统村落的保护进行统一规划和部署，多方筹措资金，按照就地改造原则，配以相应的基础设施和公共服务设施，建设社会主义新农村。①

第二节 城市更新的基本理论

城市更新从最原始的建设行为来看，就是拆旧建新，没有专门的理论来支撑，只是在后来的发展中，人们越来越注重社会、经济、人文等方面的因素，管理者、开发商、权利人等也开始考虑更新改造的必要性、合理性、可行性、操作性等内容，使得城市更新的内涵越来越丰富。可持续发展理论、制度经济学理论等其他学科的理论也逐渐被引入城市更新中。本书以分析城市更新现状特征与实施过程为基础，通过对城市更新的评价、识别与综合调校来判别城市更新的方式及其规模，并就如何通过合理的规划引导与有效的治理手段来保证城市更新的顺利实施提出相应的建议。结合规划研究的需要，本书主要介绍与城市更新实施密切相关的级差地租理论和产权制度理论、与城市更新内涵界定与策略相关的精明增长理论、与城市更新动力相关的触媒理论、与城市更新管理相关的城市管治理论。

一、级差地租理论

土地作为一种生产要素，必然产生地租，地租的实质是什么？对此，马克思指出，“不论地租有什么独特的形式，它的一切类型有一个共同点——地租的占有是土地所有权借以实现的经济形式”。

（一）古典经济学地租理论

西方古典经济学创始人威廉·配第（William Petty）在其劳动价值论和工资理论的基础上首次提出了地租理论；亚当·斯密（Adam Smith）则是最早系统研究地租问题的人；大卫·李嘉图（David Ricardo）是古典经济学的最后完成者，他提出了级差地租的概念，以及地租产生的两个前提条件：一是土地的稀缺性；二是土地的差异性。

① 李华 .G 市城市“三旧”改造模式研究 [D]. 南昌：南昌大学，2018：19.

（二）新古典经济学地租理论

土地边际生产力理论和竞投地租理论均属于新古典经济学地租理论。新古典经济学地租理论认为各种生产要素都能创造价值，劳动、资本、土地各要素分别按各自的贡献取得报酬，即工资、利息和地租。土地使用的报酬只是“商业租金”，它包含两种成分，即“转移收入”和“经济租金”。前者是对地力消耗的补偿，后者则是一种反映土地稀缺性的有价值支付。

（三）马克思的地租理论

马克思的地租理论指出了资本主义地租的本质是剩余价值的转化形式之一，阐明了资本主义地租的三种形式，即绝对地租、级差地租和垄断地租。

1. 绝对地租

土地所有权的垄断阻碍着资本自由地转入农业，使农业中较多的剩余价值可以保留下来而不参加利润平均化的过程。这样，农产品不是按社会生产价格而是按高于社会生产价格的价格出售，于是农业资本家在获得平均利润之外，还能把农产品价值与社会生产价格的差额部分占为己有，成为绝对地租。

2. 级差地租

级差地租是由于经营较优土地而获得的土地所有者占有的那一部分超额利润，其按形成条件的不同又可分为级差地租 I 和级差地租 II。级差地租 I 等于个别生产价格与社会生产价格之间的差额，即平均利润以上的余额。这种超额利润除了劣等地不能获得之外，中等地与优等地都能获得。级差地租 II 是在同一地块上由于连续追加投资而形成的级差地租，它与级差地租 I 一样，也是农产品的个别生产价格与社会生产价格之间的差额，即超额利润。

3. 垄断地租

垄断地租是资本主义地租的一种特殊形式，指从具有独特自然条件的土地上获得的超额利润转化而来的地租。垄断地租不同于级差地租和绝对地租，是资本主义生产关系中的一种特殊现象，会因为竞争规律的影响及购买后的需要和支付能力的变化而变化。

（四）地租杠杆的应用

随着城市空间资源的日趋紧缺，土地这个生产要素的稀缺性在城市经济发展中表现得尤为重要。地租作为一种经济杠杆，对于城市经济的调节作用也体现得更加明显，特别是通过对城市衰败地区的更新改造，一方面可以提升城市环境、完善城市功能等以达到城市发展建设的目的，另一方面可以提高土地的商业租金和级差地租，同时最大限度地提高土地的利用效率。地租杠杆对城市更新的影响作用主要体现在以下几点：

1. 绝对地租促进工业区的升级改造

只要使用土地就必须缴纳一定的使用成本，即由于绝对地租的存在，迫使土地使用者把土地的租用数量减少到最低限度，并在已租的土地上追加投资，以尽可能提高土地的产出率。就工业用地而言，特别是对于一些厂房陈旧、产业结构层次较低的旧工业区，在租金杠杆的作用下，必然会对原有的工业厂房进行升级改造，通过“腾笼换鸟”引入高端产业，从而推进整个城市产业结构的优化调整。

2. 级差地租影响城市产业的空间布局

不同的产业由于其生产过程的特殊性，对土地位置的要求和敏感程度不同，在同一地块上安置不同的产业，会导致不同的产出率，形成不同的经济效益。如日本东京用于三次产业的土地单位面积产出值之比为 1∶100∶1000。在城市空间上由于各产业支付高低悬殊的级差地租，导致高附加值的产业布局于城市的中心地区，中等附加值的产业布局在中心地区的周边，低附加值的产业则布局在城市的边缘地区，这就是产业布局的一般规律。

3. 级差地租控制城市规模的膨胀

级差地租不仅存在于同一城市的不同区位上，也存在于不同规模的城市之间。一般来说，大城市高于小城市。因此，大城市昂贵的地价最终会形成一种排斥力，将那些占地过大或对土地需求量大的企业推向周边的中小城市。这样一方面减轻了城市用地的巨大压力，从而也控制了大城市规模的无限膨胀；另一方面也带动了中小城市的发展，有利于城镇体系的合理布局。

二、产权制度理论

产权是一个非常复杂的概念，这主要是源于现实生活中产权存在和转换的复杂性。产权的本质特征不是人对物的关系，而是由于物而发生的人与人的关系。产权不是物质财产或物质活动，而是抽象的社会关系，它是一系列用来确定每个人相对于稀缺资源使用时的地位的经济和社会关系。从外延来界定产权，就是逐一列举产权包含哪些权利。《牛津法律大辞典》将其解释为：“产权亦即财产所有权，是指存在于任何客体之中或之上的完全权利，它包括占有权、使用权、出借权、转让权、用尽权、消费权和其他与财产有关的权利。”由于财产包括有形财产和无形财产两种，产权也就不仅包括人对有形物的权利，而且包括人对非有形物品的权利。

产权所包含的内容是非常丰富的，但从最根本的关系上可以将产权的内容分为四类，即所有权、使用权、处置权和收益权，可分可合，共同构成产权的基本内容。

（一）产权的特性

产权的排他性是指决定谁在一个特定的方式下使用一个稀缺资源的权利，即除了“所有者”外没有人能坚持有使用资源的权利。产权的排他性实质上是产权主体的对外排斥性和对特定权利的垄断性。产权的可分解性是指特定财产的各项产权可以分属于不同主体的性质。产权的可交易性是指产权在不同主体之间的转手或让渡。产权的可交易性意味着所有者有权按照双方共同决定的条件将其财产转让给他人。产权的明晰性是相对于产权“权利束”的边界确定而言的，排他性的产权通常是明晰的，而非排他性的产权往往是模糊的。产权的明晰性是为了建立所有权、激励与经济行为的内在联系。产权的有限性：一是指任何产权与别的产权之间必须有清晰的界限；二是指任何产权必须有限度。前者指不同产权之间的界限和界区，后者指特定权利的数量大小和范围。

（二）产权的功能

明晰的产权可以减少不确定性，降低交易费用。人们确立或设置产权，或者把原有的不明晰的产权明晰化，就可以确定不同资产之间、不同产权之间的边界，使不同的主体对不同的资产有不同的、确定的权利。这样就会使人们的经济交往环境变得比较确定，权利主体明白自己和别人的选择空间，这也就意味着人们从事经济活动的不确定性减少或交易费用降低了。

1. 外部性内在化

产权关系归根到底是一种物质利益关系，并且还是整个利益关系的核心和基础。如果经济主体活动的外部性太大，经济主体的积极性就会受到影响，产权规定了如何使人们得到收益，如何使之受损，以及为调整人们的行为，谁必须对谁支付费用等。因此，产权确定的最大意义就是使经济行为的外部性内在化。

2. 激励和约束

产权的内容包括权能和利益两个不可分割的方面，任何一个主体，有了属于他的权利，不仅意味着他有权做什么，而且界定了他可能得到相应的利益。如果经济活动主体有了界限确定的产权，就界定了他的选择集合，并且使其行为有了收益保障或稳定的收益预期。产权的激励功能和约束功能是相辅相成的，产权关系既是一种利益关系，也是一种责任关系，就利益关系而言是一种激励，就责任关系而言则是一种约束。

3. 资源配置

指产权安排或产权结构直接形成的资源配置状况。相对于无产权或产权不明晰的状况而言，设置产权就是对资源的一种配置。任何一种稳定的产权格局或结构，都基本上形成一种资源配置的客观状态。产权的收入分配功能只针对经济主体的所得而言，收入的流向和流量本身就是资源流向和流量的一部分以收入的形式配置到了不同主体，一定的收入分配格局即一种既定的资源配置状况。

（三）对城市更新的影响

城市更新过程涉及诸多环节，包括产权主体的界定、产权主体的改造意愿、改造主体的确定、拆迁补偿安置、改造实施，以及改造后利益的再分配等。在这一系列的环节中，关键问题是产权的明晰化。产权制度理论认为，产权的界定和清晰化是需要付出成本的，甚至超过社会边际成本。产权的清晰化是政府按照一定的制度、规则对原业主所“拥有”物业的认可，从社会经济的角度出发，产权确认本身就是一种交易。当这种交易成本为零时，产权对资源的配置没有影响，产权的确认就会很容易进行，城市更新工作也就能顺利推进。但是，在产权特别混乱的情况下，确认产权的交易成本比较高，产权不清或模糊产权现象比比皆是，从而导致城市更新工作的推进难度很大。在产权确认中出现的种种外部性，需要政府进行干预，即创新性地制定更新改造政策，减少产权明晰化过程中的不确定性，降低产权确认的成本，以加快推进城市更新工作。

三、精明增长理论

（一）“精明增长”的思想内涵

梁鹤年认为，“精明增长”理念的提出得益于新城市主义。精明增长的10条原则包括：混合式多功能的土地利用；垂直的紧凑式建筑设计；能在尺寸样式上满足不同阶层的住房要求；建设步行式社区；创造富有个性和吸引力的居住场所；增加交通工具种类的选择；保护空地、农田、风景区和生态敏感区；加强利用和发展现有社区；作出可预测的、公平和产生效益的发展决定；鼓励公众参与。

学术界对“精明增长”的思想进行了广泛的探讨，总体而言，其思想内涵主要包括：

（1）倡导土地的混合利用，以便在城市中通过自行车或步行能够便捷地到达任何商业、居住、娱乐、教育场所等；

（2）强调对现有社区的改建和对现有设施的利用，引导对现有社区的发展和增强效用，提高已开发土地和基础设施的利用率；

（3）强调通过减少交通、能源需求以及环境污染来保证生活品质，提供多样化的交通选择，保证步行、自行车和公共交通之间的连通性，将这些方式融合在一起，形成一种较为紧凑、集中、高效的发展模式。

（二）精明增长理论的应用

1. 城市蔓延

精明增长理论所解决的是城市无序蔓延的问题，反映了一种紧凑型的城市空间扩展和规划理念。该理论强调通过交通方式的改变和融合，创造富有个性和活力的居住场所；通过城市更新活动，改善城市衰败地区、老城区的交通及公共配套设施，提高老城区的生活质量，从而最大限度地利用城市建成区中的存量资源，以减少对城市边缘地区土地开发的压力。

2. 紧凑式发展

精明增长理论注重社区、街区、邻里等中等尺度的设计和规划，这种中等尺度与人的需求尺度是相吻合的，体现了“以人为本”的思想。城市更新的目的就是通过物质空间的改造以满足社会、经济及环境等方面的发展需求，这种需求反映了人们对社会经济需要从一般需求向较高层次需求的转变。拆旧建新是城市更新中的常见形式，提高开发强度是平衡城市更新各方利益的核心和关键所在。紧凑式发展以及合理的用地功能匹配是开展城市更新工作的基本出发点。

3. 公交导向发展模式

公交导向发展（Transit Oriented Development，TOD）模式是精明增长理论的重要思想内容之一，该理论强调在区域层面上整合公共交通和土地利用的关系，使二者相辅相成。一般而言，TOD 模式强调临近站点地区紧凑的城市空间形态，混合的土地使用，较高的开发强度，便捷、友好的地区街道和步行导向发展（Pedestrian Oriented Development，POD）的环境。随着城市交通干道及轨道交通的建设，交通轴线两侧及主要站点地区将成为城市更新的主要目的地。从级差地租的理论出发，这些地区通过更新改造将成为城市开发强度最高、功能最为复合的地区，同时也是公共交通最为便捷、配套设施最为完善的地区。①

4. 城市增长边界

精明增长理论在反对城市无序蔓延的同时，也试图回答“不断增长中的大都市地区范围的确定问题”，而设定“城市增长边界”作为一种日益流行和富有成效的方

① 曹伟，周生路，吴绍华 . 城市精明增长与土地利用研究进展 [J]. 城市问题，2012(12): 30-36.

法，可将开发控制在划定的区域内。城市蔓延的一个巨大问题就是城乡边界趋于模糊。如何清晰区分城乡边界、保护自然景观和开敞空间是控制城市蔓延的核心内容。

四、触媒理论

（一）城市触媒理论

触媒（Catalyst）是化学中的一个概念，意指一种与反应物相关的物质，它的作用是改变和加快反应速度，而自身在反应过程中不被消耗。20世纪80年代末，美国建筑师韦恩·奥图（Wayne Attoe）和唐·洛干（Donn Logan）通过对美国中西部一些典型城市的复兴案例的研究，在《美国都市建筑——城市设计的触媒》中提出了“城市触媒”的概念。他们认为，城市触媒类似于化学中的催化剂，一个元素发生变化会产生连锁反应，影响和带动其他元素一起发生变化，进而形成更大区域的影响。城市触媒，又叫作城市发展催化剂，它的物质形态可以是建筑、开放空间，甚至是一个构筑物，它的非物质形态可以是一个标志性的事件、一个特色的活动、一种城市建设思潮等。城市触媒是可以持续运转的，能够激发和带动城市的开发，促进城市持续、渐进的发展。城市触媒的作用特征可以归纳为以下几个方面：新元素改变其周围的元素；触媒可以提升现存元素的价值或做有利的转换；触媒反应并不会损坏其文脉；正面性的触媒反应需要了解其文脉；并非所有的触媒反应都是一样的。在城市开发过程中，可以通过个别具有标志性的建筑、开放空间或城市事件等的引入，激发城市相关区域的全面复兴，最终起到以点带面的触媒作用。城市触媒理论的核心内容是在市场经济体制和价值规律的作用下，通过城市触媒的建设，促使相关功能集聚和后续建设项目的连锁式开发，从而对城市发展起到激发、引导和促进作用。

简言之，城市触媒的目的是“促进城市结构持续与渐进的改革，最重要的是它并非仅是单一的最终产品，而是一个可以刺激和引导后续开发的重要因素”。此外，城市触媒有等级之分，即由于每个触媒项目的重要度及影响度的不同，其对周边环境的刺激力度也就存在差异，同时，它的作用力还与空间距离成正比例关系。

（二）更新触媒概念

如果把城市比作一个生命体，城市更新就是这个生命体的自我新陈代谢，它是一种自然的、必需的、持续的、规律的活动。对于一个城市来说，没有更新活动或片面地强调大规模更新都是不正常的，都是违反发展规律的。

城市更新必然是一个循序渐进的过程。在这个渐进的过程中，什么力量诱发了城市的更新活动？生命体中的新陈代谢活动需要大量“媒”的参与，同样城市更新也需要有某种或某些“媒”来触发。

以城市触媒理论为基础，从一种“媒”或“催化剂”的视角对城市更新的动力进行分析，是一项或多项建设行为能够带动或激发某片区的活力，从而创造富有生命力的城市环境的“催化剂”。这种催化剂就是一种更新触媒。更新触媒具有某种活力，它既是城市环境的产物，又能给城市带来一系列变化，它是一种产生与激发新秩序的中介。通过更新触媒持续的、辐射的触发作用，逐步促进整个城市生命力的复苏和增强。

（三）更新触媒分类

根据触媒的功能、形态、发挥作用的不同，可将更新触媒分为城市空间触媒、经济活动触媒、社会文化触媒三种类型。

城市空间触媒主要指由于空间环境因素所触发的对城市更新活动的影响，包括地铁、广场、大型公共设施的规划建设，新城、口岸、机场等大型项目的规划开发，规划确定的重点发展区域等。如城市地铁站点建设对其周围环境在一定范围内（500m）会产生巨大的影响，如果这个范围内有城中村、旧工业区等，那么地铁站这一空间环境触媒就会激发这些更新改造对象的更新活动。对于处在重点产业区、中心区或景观轴两侧的更新对象，由于这些空间环境触媒不同作用力的影响，会在不同程度上触发更新对象的更新活动。

经济活动触媒主要是从市场角度分析哪些因素可能触发城市更新活动，包括大型商贸展览会、大型商业综合体、重大经济项目，宏观及地区经济形势，市场投资兴旺程度等。从城市触媒理论的根基分析，市场经济的活跃度是引导城市触媒触发城市建设活动非常重要的因素。市场经济触媒是保证更新活动能否积极开展、顺利实施的重要媒介，也是促发一系列市场自发更新活动的内在动因。

社会文化触媒更多的是强调一种自上而下的动力因素，包括历史文化街区、民俗活动、优秀传统文化活动、旅游开发项目、重大社会文化事件、公共服务、政策导向、价值观念等，社会文化触媒会对城市更新活动产生巨大的影响。

以上三种分类，触媒之间并不是完全区分开的，城市空间触媒从规划引导方面来看，与社会文化触媒有交叉，经济活动触媒与社会文化触媒在城市更新活动中也是密切相关的。可以说，这三类更新触媒的构成不是静态的、一成不变的，每个触媒对城市更新活动的作用力也不是静态的，而是始终处于一个动态变化的过程中。如区域环境、城市发展思路的变化，突发事件、重大项目的出现，都会对城市更新触媒的触发作用产生影响。我们需要在此基础上根据时事的变化及时调整、发觉更新触媒。

与之类比，在城市发展中引入触媒概念可形象地描述相对独立的城市开发活动对城市发展的影响，它鼓励建筑师、规划师及决策者去思考个别开发项目在城市发展中的连锁反应潜力，这实际上是在更高的层次上反映城市建设活动。

（四）更新触媒与更新动力

在城市发展过程中，不同类型的更新触媒会触发不同效应的更新活动，而且更新触媒在影响力方面也会有所不同，一般会随着空间距离的增加而衰减。在判断城市中哪些地区需要更新时，首先，需要分析是哪类或哪几类更新触媒影响着城市更新；其次，需要对更新触媒的触发作用及影响范围进行深入研究；最后，在明确更新动力的基础上，制定更新地区的具体更新策略与运作程序。最终通过一系列的“更新触媒”来触发城市整体环境持续的、有规律的改变，使城市的发展进入一个良性的发展轨道。

五、城市管治理论

20世纪90年代以来，随着冷战的结束和经济全球化程度的加深，发达国家与发展中国家都在经历着巨大的经济、社会等体制转型，城市尤其是大城市在不断发展的同时也面临着一系列社会和环境问题。对于这些问题，单纯的市场机制与单纯的计划体制一样都不能很好地予以解决。在这样的背景下，近年来，由于城市管治同时兼顾多方群体的利益与社会公平问题，已经成为全球性的共同课题。

（一）理论基础

顾朝林认为，西方国家的城市管治框架是建立在管理理论之上的。[①] 西方第一代管理理论是以“经济人”假设为基础和前提的“物本”管理；第二代管理理论是以“社会人”假设为基础和前提的“人本”管理；第三代管理理论是以“能力人”假设为基础和前提的“能本”管理。

沈建法认为，在全球化时代，资本和人才流动性很高，世界各地的竞争日益加剧，许多城市采用创业型的政策来加强城市竞争力。[②] 城市管治也从管理型向创业型转变，使城市管治问题变得更加复杂。其通过探讨城市经济学和城市管治的关系，认为城市管治是对各种社会经济关系的一种调整，城市经济学是城市治理的理论基础。

---

① 顾朝林，吴莉娅．中国城市化问题研究综述（Ⅱ）[J]. 城市与区域规划研究，2008，1(03)：100-163.

② 沈建法．中国人口迁移，流动人口与城市化——现实，理论与对策 [J]. 地理研究，2019，38(01)：33-44.

（二）理论内涵

城市管治的本质在于用“机构学派”的理论建立地域空间管理的框架，提高政府的运行效益，从而有效发挥非政府组织参与城市管理的作用。它强调的是城市政府和其他社会主体，管理者和被管理者之间的权力分配与平衡对城市管理的重要性，以及城市管理主体的多元化。更明确地说，城市管治就是在城市管理过程中，通过多元主体的空间交叉管理，实现城市的良性发展。

城市管治的内涵可以概括为以下几个方面：

一是城市权力中心的多元化。城市开发、建设和管理权力中心的多元化日益明显，是许许多多的外来投资者、社会团体都可以建设、管理城市。

二是涉及集体行为的各种社会公共机构之间存在着权力依赖关系。一方面，凡是与市民集体行为有关的所有社会团体之间是相互依赖的、促进的，这是一个本质特征，这就决定了在城市发展的大目标上，大家的目标是趋同的，都要为了增强城市的竞争力出力献策。但另一方面，不同人群、团体机构利益又是多元化的，要通过有效管治将利益多元与目标趋同结合在一起。

三是城市各种经营主体自主形成多层次的网络，并在与政府的全面合作下自主运行并分担政府行政管理的责任。每一个层次都有自组织的特性，要把它们发挥好。

四是管理方式和途径的变革。其包括三个层次。一要激发民众活力。二要培育竞争机制。不仅要在城市各方面培育竞争机制，而且组织自身要引进竞争机制。三要弥补市场缺陷。政府只管市场解决不了的、管起来不合算的、不愿意管的事，把规模搞得很小、很精简、很省钱，这与更好地为市民服务是完全一致的。

（三）主要内容

城市管治的内容可以分为以下三个层次：

一是治理结构，指参与治理的各个主体之间的权责配置的相互关系。如何促成城市社会和市场之间的相互合作是其解决的主要问题。为此，需要将“市民社会”引入城市管理的主体范畴，进行“合作治理”。

二是治理工具，指参与治理的各主体为实现治理目标而采取的行动策略或方式，强调城市自组织的优越性，强调对话、交流、共同利益、长期合作的优越性，进行“可持续发展”。

三是治理能力（公共管理），主要针对城市而言，是指公共部门为了提高治理能力而运用先进的管理方式和技术。

在三个层次中，治理结构强调的是城市管治的制度基础和客观前提，公共管理

是治理主体采取正确行动的素质基础和主观前提，而治理工具研究的是行动中的治理，是将治理理念转化为实际行动的关键。城市的治理工具是城市治理理论的应用核心。

城市制度也是城市管治研究的一个重要对象。制度理论认为制度是价值、传统、标准和实践的主流系统形成的或约束的行为，制度系统是价值和标准的反映，其最核心的观点是制度交易成本与实际资源使用的关系，即制度交易成本的发生和演变是为了节约交易成本。城市管治也涉及制度交易成本，在城市管治中如何构建有效的管治模式、发挥非政府组织参与城市管理、提高效率，是城市管治研究的重要内容。

城市管治还具有空间的意义，即“以空间资源分配为核心的管制体系”。城市地域空间是城市一切社会经济活动的载体，从个人的日常生活到城市行政区划调整，都是以城市地域空间为基础，对城市空间的管治就是为了合理配置城市土地利用和组织社会经济生产，协调社会发展单元利益，创造符合公共利益的物质空间环境。

第三节　城市更新的基本内容

城市更新内容具有系统性和整体性，通常涉及经济和金融、建筑环境和自然环境、社会和社区、就业教育与训练、住宅等问题。

一、城市更新的经济和金融问题

经济复苏是城市更新过程中一个至关重要的部分。城市更新需要阻止因为经济发展和市场全球化而引起的城市衰退。在长期持续增长之后，城市衰退使人们开始思考城市究竟在现代经济中扮演何种角色，包括城市需要按照城市和区域的发展进行调整。这些变化反映在一个城市核心区的衰退，以及城市边缘地带和乡村地区的繁荣上。过去 70 年的城市政策的发展反映了现代经济性质变化的过程，也是城市政策的空间表达。

过去 70 年以来，经济更新既是对经济和社会因素的反映，也受到了这些因素的影响。20 世纪六七十年代，强大的经济合理主义意识支配了政策目标的形成，它认为，城市地区由于缺少大规模公共开支而面临持续衰退的前景。许多设计目标都是用来克服内城地区的劣势，如易于接近、环境质量、比开发绿地要低的费用。最近这些年，公共部门的投资持续支持经济更新，其重点是强调建立一种合作的发展模式，强调投资的货币价值。比较近期的评估都是依赖竞标来推进的，这种竞标旨在为评估建立一个清晰的标准。

总体而言，由于城市和区域经济的变化、经济全球化、经济和产业结构调整，城市会处于衰退中，经济更新是城市更新的一个关键过程。城市更新的目标在于吸引和刺激投资、创造就业机会和改善城市环境，城市更新项目和计划的资金来自多种渠道，而有限资源的竞争在日趋增加，国家和志愿组织地方社区的成员所形成的合作机构能更好地执行城市经济更新计划；应重视区域发展机构在经济和城市更新中角色。城市经济政策必须是动态的，要对变化的情形作出反应，合作机构的较好实践案例应当广为宣传，城市政策可能存在的不协调性使得建立一个清晰的战略框架更为必要，城市更新需要在一个较为广泛的投入产出框架内决定城市更新资金的使用，必须全面认识城市更新资金在国家和国际层面可持续发展中的作用。

二、城市更新的建筑环境和自然环境方面的问题

城市和街区的形体风貌及环境质量对于挖掘财富、提高生活质量、增强企业和市民的信心，具有重要意义。破落的住宅、荒芜的场地、被抛弃的工厂、衰败的城市中心，都是贫困和经济衰退的表现，它们呈现出衰退的迹象。或者说，这样的城镇不能迅速适应变化的社会经济趋势。当然，效率低下的且不适当的基础设施，或者那些衰败和荒废的建筑，都可能成为城市衰退的原因之一。它们不能满足新企业和新部门发展的需要，增加了使用和维修的费用。一般情况下，这类基础设施和建筑的维修费用会高于一般维修，超出处于贫困中的人们的支付能力，也超出了企业收益可以承担的开支。它们影响了投资，降低了房地产的价值，也挫伤了附近居住者或工作者的信心。环境衰退，忽略使用资源的基本原则，都会损坏城市的功能和形象。除此之外，城市地区的生态印记或阴影通常会超出城市地方所管理的行政边界，反映与城市生活相关的资源消费。

更新城市建筑环境是城市更新成功的必要条件，但是，并非充分条件。在一些情况下，城市建筑环境更新可能成为城市更新的主要动力。在几乎所有的案例中，更新了的城市建筑环境标志着变化的发生，也是地方所作承诺的兑现。致使建筑环境更新成功的关键在于理解现存建筑环境的约束和更新潜力，理解建筑环境的改善能够在区域、城市或街区层次上发挥什么样的作用。正确地认识这些潜力要求形成一种实施战略，认识到和把握住经济和社会活动中如何使用基金，决定所有权，安排城市更新的机构、城市更新的政策，如何适时地把握城市生活和城市功能等方面变化的优势。

计划中的城市更新必须有清晰的空间规模和时间规模，要了解影响建筑环境的

所有权、经济和市场倾向，清楚建筑环境在城市更新战略中的功能，要使用SWOT分析建筑环境，给更新建筑环境状况制定一个清晰的远景和一个战略设计，确定这个远景和设计适合于这个地区所要承担的功能，协调需要更新的其他方面，推动更新地区的适当合作者共同参与城市更新，要建立体制来执行和持续地维护项目，建立资金、运行和维持基金的机制，要理解环境改善的经济合理性，确保城市更新方式能够对正在变化的战略，以及正在变化的社会和经济倾向作出正科学的反应。

三、城市更新的社会和社区问题

城市更新要考虑社区需要和鼓励社区参与城市事务。城市更新管理者通常要处理多种地方问题和需要。公司资助者和志愿组织必须保证，他们的计划能够使地方居民获益，产生货币价值。许多社区城市更新项目优先考虑的问题首先是创造就业机会。什么是在特定条件下可以使用的最好和最适当政策的经验？显然，地方条件、地方精神和期待因地而异，没有一个可以包治百病的良药。公共政策制定者、公司的执行经理和社区领导倾向于因地制宜地制定他们自己的社区发展战略。他们可能有意识地或凭直觉地从以上提到的方案中采纳一些机制，当然，一定是适合于他们的地方条件的。不同的地方发展目标重点不同，这就意味着政策制定者能够从不同的方式中选择最适当的因素。在实践中，只有在项目能够敏感地反映地方居民的需要和问题，包括那些有特殊需要和问题时，城市更新的目标才能成功地得以实施；合作模式是一种有效的机制，确保实践能够让整个社区受益；社区组织在能力建设上发挥着重要作用；地方目标应当能够激发社区的意识和骄傲。

四、城市更新的就业、教育和训练问题

如果我们要求人们生活在城市地区特别是内城地区，那么工作对于他们来讲就是必不可少的。与此相类似，大部分内城居民总是把是否有适当的工作作为优先考虑项目。现在大家都承认，人力资源对于一个地方或地区的竞争性和对于投资者的吸引性起着非常关键的作用。潜在劳动力的基本训练和职业训练、他们的态度和动机也是重要的。基于这样的理由，教育和训练是城市更新的重要部分。

一般地，人口迁移和经济变化正在从经济上和社会上把城市引向两极分化；城市具有成为服务和消费中心的独特条件，未来的发展必须使它的这些优势最大化；解决城市问题时需要强调教育、培训和创造工作岗位的问题；地方行动必须适应国家劳动力市场政策的变化。现在，国家劳动力市场政策的倾向是，强调供应方面，而不是需求方面的措施，特别推崇企业化的合作机制；越来越多的社会机构的出现增加了协调行动的需要和对地方层次行动的干预；要逐步形成对地方劳动力市场、

强项和弱点的清醒认识，勾画出劳动力市场上各种活动者和代理机构的模式以及它们所带来的资源，与包括私人和社区在内的其他部门一起制定地方劳动力市场战略，以此作为地方行动的基础，要建立起评价、干预目标的影响机制和措施。

五、城市更新的住宅问题

住宅绝对不只是居住的场所。一方面，没有适当公用设施和为数不多的经济活动的单一住宅区会导致一些人离开这个区域，而社区依旧处于贫穷状态。许多战后建设起来的居住区现在提供了这种空间衰退的典型案例。另一方面，无灵魂的商业区迫使市民们在商店关门之后即离开那里——那里充满了犯罪和对犯罪和破坏活动的担心，没有人情味，没有街区的感觉，也没有社区意识。没有住宅意味着没有生活，因此，新住宅能够成为城市更新的一个推动力，殷实的住宅是任何城市更新计划的一个基本方面。殷实的住宅刺激着建筑环境和经济活动的改善，当城市环境再次充满生机和活力时，便会再次推动新投资，产生新机会。所有开发的80%与住宅相关，我们生活的地方与我们的日常生活须臾不可分离。住宅开发是建设满足日常需要设施的基本原因，如社区的、社会的、公用的、健康的和购物的设施，显而易见，还有满足工作和闲暇需要的交通设施。如果我们能够为多种社会需要提供优质的住宅，让这些住宅靠近就业中心和其他设施，那么，我们就能帮助更新我们的城镇，鼓励城市生活的复兴。

从这种意义上说，住宅的品质和它周边的环境具有相当的社会和经济意义。住宅是一个经久耐用的商品。具有可以接受的现代标准和适当的市场价格的住宅也许是最有效的基本建设。住宅标准对健康标准、社会犯罪水平、接受教育的程度都具有影响。如果住宅的供应或质量不适当，就必然会加重社会服务提供者的负担，常常以不合理的和昂贵的形式出现。私人部门和住宅协会的合作已经证明是成功的，它在非常困难的地区带动了大量住宅和城市更新项目。与推进长期住宅投资的措施相关联，具有一定程度确定性的规划政策，将为住宅产业提供稳定的发展条件，以满足项目需要的有效规模。

第四节　城市更新的规范

一、土地开发式城市更新的法律和体制基础

房地产更新项目的法律问题是多方面的，有关商业房地产、环境和规划问题通

常需要专业法律咨询；同时，有关税收和建设等领域的问题也需要专业法律咨询。尽早知悉相关法律要求和含义通常会使项目及其项目进程更为有效。在建立城市更新项目时，获得法律咨询是极端重要的。依据这种方式，就可以尽早发现潜在的困难和障碍，以便及时获取适当的许可证或协议，从而避免任何不必要的延迟或额外费用。心中有数和尽早行动能够把问题解决在萌芽状态，不致影响正常开发项目。

土地开发式城市更新涉及的法律和体制问题主要有：在项目伊始即考虑体制问题——专门公司是否适当，涉及哪些相关机构；注意继续放开与财产相关的资金管理制度；弄清在整合场地时需要获得的利益；弄清可能影响计划开发项目的权利和契约；在开发商准备推进开发进程之前，不承诺开发商购买这个场地，而是制定保障场地必要利益的战略；实施场地的环境调查，在决定购买、开发和出售战略时考虑环境结果；弄清开发所需要的规划许可和其他许可，获得这些许可的可能性和相关申请程序；弄清规划过程可能推迟的各种可能性。

二、城市更新项目的监督和评估

衡量、监督和评估城市更新是一个至关重要的工作。事实上，对项目和计划提供资金和对其他支持的机构通常都有相应的监督和评估机制。另外，由于多样性的组织和机构参与城市更新，所以能够展示项目的结果、说明在执行项目过程中所面临困难的起源和后果，都是十分重要的。从比较广泛的意义上讲，监督和评估旨在弄清什么样的行动已经发生，这些行动的后果究竟是什么。

监督和评估与政策制定紧密相连，包括战略层次的政策以及特定项目的设计和执行政策。在项目伊始时就认识这一点是十分重要的。监督和评估形成了政策制定过程的一部分，与政策的选择及建立目的和目标相联系。评估方式、选择什么来衡量、判断什么已经实现了，都不可能与广泛的社会和文化背景相分离。对评估任务的期望是一个相关联的问题。这种对评估任务的期望不是仅仅依靠对政策形成和执行的直接观察和判断，而应当看作是合理的目标。在这个意义上讲，不偏不倚的忠告通常形成评估过程的一个部分。除开其他原因，评估的性质也会受到有效资源的影响，如人员素质、人品及收集、组织和分析信息资料的能力。有效的信息资料将决定评估任务的宽度和深度。时间也是一个十分关键的因素。在政策执行的初期，监督行动很有可能受到重视。随着项目日趋成熟，重点转向评价产出、结果和附加价值，作为最终评估的一部分。在这个阶段，效力和效率凸显重要性。[①]

城市更新的参与者总是被要求说明他们希望做的，如何实现目标，以及如何衡

① 张磊．“新常态”下城市更新治理模式比较与转型路径 [J]. 城市发展研究，2015，22（12）：57-62.

量、监督和评估他们的行动。用来衡量、监督和评估的基本规则和程序变化不大，所有的评估都需要反映城市更新计划和项目的性质和规模，以及它在每一个地方的机会和情况。城市更新衡量、监督和评估的核心内容是，理解资助机构的要求和了解相关术语；编制一个衡量、监督和评估的综合模式；确认你要求所有的参与者按照专门要求保持一份记录；确定中期报告的阶段性成果以及严格的时间；制定适当的衡量、监督和评估程序，确认参与者理解这些程序；搜集所有直接调查的信息，这些信息是有规律地采集到的；继续从外部资源搜集所有间接的信息，以便说明计划或项目的进程；不要把评估留到计划或项目结束的时候，要在计划或项目的早期阶段就开始这个评估过程，要使用已经获得的信息来评论和调整计划或项目。

三、城市更新的组织和管理

尽管从好的愿望到实际行动常常面临重重障碍和困难，但好的组织和管理确实能够提高城市更新成功的可能性。城市更新需要特别关注项目承担者和管理者所面临的一般矛盾、需要考虑的相关力量、可能需要消除的障碍和需要鼓励的行动。城市更新管理的基本目标是创造一个组织，使参与者分享知识，在战略目标上达成一致意见。管理的体制应当反映规划前和规划批准后的方式和执行城市更新的方式。

城市更新组织与管理的作用体现在三个周期性阶段上：

(1) 有关问题、潜在目标和城市中相关社会集团的总体认识。这些认识将使项目提出者建立起核心组织，发现参与者和关键问题，这些问题需要更详尽的研究和交流。

(2) 战略规划阶段。在这个阶段里，所有的利益攸关者聚集在一起，确认所认识到的问题和假定，在合作者之间就专门战略问题达成一致意见，并把这个意见提交给管理预算的部门。

(3) 在政府机构批准这个计划或项目之后，开始进入详细规划阶段。城市更新成功的关键与项目经理能否创造所有人分享信息、知识、理论和观点的工作环境的能力分不开。的确，并非所有的参与者都可以坐在合作董事会的会议桌旁，但是，组织体制和程序能够保证所有的参与者（工作小组、特殊关注团体、委员会），在编制城市更新战略的第二阶段围绕特殊问题发表意见，在执行城市更新的第三阶段就专门项目发表意见。这将提高项目规划师的理解，为整个城市更新提供新鲜观念，减少可能的反对意见。好的管理与好的规划相互交织在一起。

城市更新组织与管理的关键是，在城市更新计划或项目建立之初，就强调组织和管理问题，要建立一个清晰的组织和管理程序，要保证所有的参与者和合作者了解组织和管理体制，要保存好所有记录，要管理、监督和调整城市更新战略，在考虑具体细节时不要忽略战略角度。

第二章 我国城市更新的方式、流程与运行机制

第一节 我国城市更新的阶段演进

中华人民共和国成立以来，根据中国计划经济时代及转型中的社会主义市场经济体制下城市建设与规划体制的特点，可将我国城市更新划分为五个阶段。

一、计划经济时期（1949—1976 年）：工业建设主导的城市物质环境规划建设

这一时期处于城市工业大发展时期，治理城市环境与改善居住条件成为城市建设最为迫切的任务，同时又要满足工业生产的需求。在城市更新上主要采取“充分利用、逐步改造、加强维修”的旧城更新措施，鼓励在旧城改造中对原有城市设施进行充分挖潜利用。

二、改革开放初期（1977—1989 年）：恢复城市规划与进行城市改造体制改革

1978 年改革开放后，政府逐步认识到城市建设的重要性，加强了城市总体规划、近期规划与详细规划在城市建设中重要性的认识。这一时期的城市更新主要采取“全面规划、拆除重建为主”的方针，旧城区的城市更新开始按照总体规划逐步实施。如上海的旧区改造中，按照每年 15 万 ~ 20 万平方米的速度进行，拆除破败住区和重建多层和高层住宅楼，拆建比非常高，达到 1∶4，因此改造之后住区的人口密度、容积率都远大于城市新发展区，这实际上加剧了旧城地区的人口集聚和拥挤。在对旧住区进行的更新改造中，除了采用拆除重建的办法外，不少城市对可利用的旧住房进行整治与修缮，如上海 1983 年对旧里弄进行的局部改造活动。同时，开始探索多渠道、多方式集资建房，如集资联合建房、企业代建、与企业合建、居民自建等。

三、经济高速增长期（1990—2013 年）：地产开发主导的城市改造与更新

1988 年土地有偿使用制度的建立和 1998 年的住房商品化改革，极大地释放了土地的价值，地方政府、开发商及其背后的金融资本共同形成“增长联盟”，推动

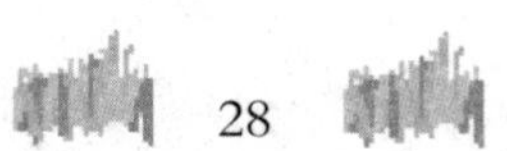

了20世纪90年代城市的“退二进三”和大规模建设城市新区与工业区的空间重构进程。地产开发商通过与地方政府合作，或者以独立的身份积极参与城市改造活动。地方政府也热心于城市更新项目，在城市改造中的角色由先前的主导更多演变为经济活动的积极合作者。通过拍卖土地筹得改造资金、增加地方财政税收，同时改善城市面貌和提升城市环境。

随着20世纪90年代初城市规划法的颁布，城市更新改造成为城市总体规划的一个分支，很多城市也颁布了相应的地方更新法规，城市更新逐渐趋向法治化与体制化。

四、新常态时期（2014年—2020年）：存量背景下的城市更新

2014年，习近平总书记提出“新常态”概念，我国经济社会发展进入新的发展阶段。城市发展也进入存量时代，逐渐从粗放式的增量扩张转向内涵提升的存量更新，城市更新开始成为城市发展的重要内容，城市更新的目标、内容、模式机制都发生了重大变化，表现在五大方面：

（1）旧城更新目标多元化。旧城更新是多目标的，不仅仅是物质层面旧建筑、旧设施的翻新，忽略社区利益、缺乏人文关怀、离散社会脉络的城市更新不是真正意义上的城市更新。

（2）旧城更新模式多元化，小规模的微更新开始出现。尽管大拆大建的模式仍然存在，但北上广深等发达地区大中城市在旧城更新中已经开始探索小规模、自下而上的微改造等新模式。

（3）旧城更新规划类型多样化，日趋丰富。由于旧城更新成为城市发展的重要战略，旧城更新承担的城市发展任务和目标、内容更加多元。旧城更新的规划类型日趋增加，如解决民生住房问题的棚户区改造规划、“城市双修”规划等。

（4）旧城更新的制度化建设。旧城更新已经从“零星改造”变成“日常性工作”，旧城更新成体系的制度化建设显得尤为迫切。如S市以《S市城市更新办法》《S市城市更新办法实施细则》为政策体系核心，陆续出台《加强和改进城市更新工作暂行措施》等10余个文件，在历史用地处置、小地块城市更新、容积率管理、地价计收规则等方面进行政策创新，建立起一整套城市更新制度体系。

（5）公众参与的意识和程度不断加深。随着物权法的出台以及公众意识的不断加深，公众参与在旧城改造中发挥的作用越来越大。如某市“恩宁路”改造，通过公众参与，政府重新编制了地区发展规划，并在实施过程中全程引入公众参与，取得了多方共赢的成效。

五、现代化与数字化并行时期（2021 年—）

“十四五”开局之年，以地方和区域实践为主的城市更新上升为国家战略。国家“十四五”规划纲要明确提出，“要实施城市更新行动，其总体目标是建设宜居城市、绿色城市、韧性城市、智慧城市和人文城市，并推动解决城市发展中的突出问题和短板，提升人民群众的获得感、幸福感、安全感”。中国在 21 世纪 20 年代开展的城市更新行动正面临现代化与数字化并行、全球多元格局和中国本土崛起同在的新场景。这些新场景不仅将对城市更新的过程和目标带来新格局、新样态，也有可能从源头直接触发城市更新的新型动力机制，并由此迎来全新的城市更新实践路径。新场景同时触发制度驱动、公众驱动和技术驱动三重动力机制，也将国内城市更新带入新阶段。特别对于正迈向现代化征程的中国而言，新场景下更新的实践路径将面临中国社会本土的诸多转型和未知挑战。渐近式更新、沉浸式更新和合伙式更新将是中国城市更新未来重要的路径选择。

第二节　城市更新的方式与流程

一、城市更新的方式

城市更新是城市发展的一个永恒主题，也是城市保持永久活力的基础。城市更新的方式有多种，为提升人居环境和城市品质、促进城市可持续发展，应结合实际情况，实施相应的城市更新方式。

无论哪一个城市，城市建设和发展始终处于不断新陈代谢的过程中，房屋、公共服务设施和市政基础设施等逐渐老化，需要通过城市更新予以改良，以适应城市和人全面发展的需要。导致城市需要更新的因素主要有以下几个：人口密度增大；建筑物的老化及损坏；居住、生活、环境质量的恶化；公共设施、公共绿地等有所不足；交通、环境和卫生等状况不佳；土地资源浪费、使用不当，经济活动效益下降；城市某些功能需要优化和提升等。

（一）城市更新的多种方式

与建筑物有关的城市更新方式有多种多样，根据更新力度的大小，可以分为全面更新、局部更新和微更新三种。

1. 全面更新

全面更新是指以拆除重建为主的更新方式，主要适用于对改善居民居住条件、完善地区功能、改善城市面貌等有较大影响的区域。全面更新主要有以下两种情况：

(1) 拆除重建后功能重新开发

按照城市规划，对没有保留保护价值的老旧建筑进行征收和拆除，形成“净地”后实施土地供应并进行后续开发建设。后续开发建设项目可以是经营性项目，也可以是公益性项目。在更新过程中，居民可能异地安置，也可能回迁安置；土地使用权主体一般会发生变化，土地用途和性质也可能发生改变或部分发生改变。目前，国内的棚户区改造项目主要采取这一更新方式。

(2) 拆除重建后原住居民回迁居住

对规划予以保留，但对房屋建筑结构差、年久失修、各类设施匮乏、居民居住条件差、无法进行修缮改造的老旧住房，实施拆除重建改造，项目完成改造后，居民回迁居住，居住条件和生活环境得到改善。这类项目在更新过程中，一般不涉及经营性项目的开发和建设，土地使用权主体基本不发生变化，土地用途和性质也基本不改变，而居民的居住面积会有一定程度的增加，如上海市静安区的彭三小区旧住房拆除重建改造项目。

2. 局部更新

局部更新是指通过对房屋实施局部改造、功能置换、保护修缮、活化利用以及公用设施、基础设施完善等的更新方式。局部更新又可分为功能改变类局部更新和功能提升类局部更新。

(1) 功能改变类局部更新

这类城市更新中，房屋性质、用途和使用功能发生了改变。

第一，居住类房屋功能改变。这类更新方式主要针对一些具有保留保护价值和商业开发再利用价值的历史建筑（主要是老旧住宅），通过将房屋征收或房屋置换，动迁原住居民，腾空房屋，再根据区域规划和功能定位需要，实施房屋修缮改造和招商引资，达到改善居民居住条件和城市环境、保护历史建筑、促进产业发展的目的。这类城市更新中，房屋用途发生了改变，由居住房屋变成了非居住房屋。目前这类城市更新项目很多，如上海市黄浦区的“思南公馆”项目、福建省福州市的“三坊七巷”项目、四川省成都市的“宽窄巷子”项目等均做得比较成功。另外，这些项目完成后，可能不全进行经营性开发利用，有的还承担了公益性任务，如博物馆、文化设施等，提升了地区文化层次。

第二，非居住类房屋功能改变。这类更新方式主要针对一些具有保留保护价值和商业开发再利用价值的历史建筑（主要是老厂房、老仓库等），通过房屋置换或房屋租赁，结合区域规划和功能定位，开展房屋修缮改造和招商引资，主要拓展一些适合在老厂房、老仓库中经营的产业，如创意产业、画廊、艺术设计工作室、餐饮、购物等，从而达到改善城市环境、保护和利用历史建筑、提升产业能级的目的。在此类更新中，房屋的用途发生了改变，由工业厂房、仓库变成了商业、办公用房等。目前这类城市更新项目很多，而且很有特色，后续经营较为成功。如：上海市静安区的“南苏河创意园”项目，该建筑原是建于20世纪初的老仓库，后来是上海市果品有限公司新闸桥水果批发交易市场；上海市普陀区的“M50创意园”项目，该项目是由原上海春明粗纺厂等老厂房改建而成的创意园区。

(2) 功能提升类局部更新

这类城市更新中，房屋性质和用途保持不变，但使用功能发生了改变，并根据经济社会发展需要加以进一步提升。

第一，居住类房屋功能提升。这类城市更新方式，主要针对一些具有保留保护价值但居住功能较差（如厨卫设施合用或无卫生设施等）的老旧住房，通过加层、扩建、局部调整原有建筑物平面等不同方式，实施旧住房成套改造、里弄房屋内部整体改造、厨卫设施改造等，就是通常所说的改扩建改造，最终达到既改善居住条件（每户居民有独立的厨卫设施），又保护历史建筑和风貌的目的。对这类项目实施更新的基本要求，是确保房屋结构安全、完善基本居住功能、传承历史风貌、优化居住环境。在更新过程中，一般不涉及经营性项目的开发和建设，更新完成后，居民回迁居住。在注重历史建筑和风貌保护的背景下，近年来实施的这类城市更新项目有不少，如上海市虹口区的春阳里里弄房屋整体改造项目、上海市杨浦区的控江四村旧住房成套改造项目等。

第二，非居类房屋功能提升。这类城市更新方式，主要针对一些具有保留保护价值的历史建筑（主要是老旧商业办公类建筑）。这类建筑的数量不多，其原始设计用途为商业办公金融。但当前有的由政府部门和国有企事业单位用于办公，有的由居民居住使用，使用功能粗放，资源浪费较为严重，其承载的功能、地位与区域发展规划不相匹配。

通过动迁或置换，并结合区域规划和功能提升需要，对房屋进行修缮改造和招商引资，打造符合区域规划的功能区，引进和发展相应的产业，达到既发展区域经济又传承历史风貌的目的。上海市黄浦区外滩沿线的老大楼置换项目、上海市黄浦区的“外滩源”项目等，均是这一类比较成功的项目。

3. 微更新

微更新方式，基本不涉及老旧房屋拆建和修缮改造，主要是在维持房屋现状建筑格局基本不变的前提下，通过房屋立面更新、老旧小区环境净化美化、市政基础设施完善、公建配套设施改造等方式，改善小区居住环境。在微更新中，居民房屋内的居住功能，不一定有明显改善。目前，通过微更新实施改造的项目也有不少。

（二）城市更新推进过程中要把握好的几个重点

城市更新，是一项艰巨而复杂的长期任务，也是一项综合性工程，政策性强，涉及多方利益，关系到居民生活条件的改善，关系到城市品质和综合竞争力的提升，在推进城市更新过程中，一定要把握好以下几个重点：

1. 推进城市更新，必须坚持以人为本

城市更新的出发点和落脚点应该是改善人民群众的居住条件和人居环境，切实改善民生，这应该是城市更新最主要的目的。为此，城市更新必须坚持以人为本，尊重民意，充分体现城市更新的公益性特征。通过城市更新，实现改善居住条件，提升城镇基础设施，完善公共配套服务，营造干净、整洁、平安、有序的人居环境等多重目标。通过协调、可持续发展的有机更新，提升城镇机能，让广大人民群众共享改革开放的伟大成果。

2. 推进城市更新，必须坚持历史风貌和历史建筑的保护及活化利用

历史建筑、历史风貌和文化，是一个城市不可多得的宝贵资源。保护和利用好这些宝贵的历史文化资源，对于延续历史文脉、留存历史风貌、维护城市脉络肌理、促进经济社会发展功能、提升城市综合竞争力、彰显未来城市魅力等具有重要意义。推进城市更新，必须保护好历史建筑和历史风貌，同时还要重视这些历史建筑的活化利用，它们是推进发展不可多得的载体，要在利用中达到保护的目的，实现历史文化保护、产业能级提升和城市有机更新的和谐共融、协调发展。

3. 推进城市更新，必须坚持因地制宜、多策并举

每个城市的建筑和街区，或者同一城市不同区域的建筑和街区，都有自身特点，无法照搬照套同一模式进行更新改造。从实践经验来看，一个成功的城市更新项目，一定采用了适合其自身的规划理念及更新方式。推进城市更新，应当结合城市总体发展战略和区域具体规划，将原有建筑、风貌、街区及周边地区的实际情况，以及人民群众的改造意愿等因素，纳入整个城市的发展中统筹考虑、全面分析，选择适合自身条件的拆除重建、修缮改造、环境整治、历史文化保护等不同城市更新方式，真正做到因地制宜、统筹兼顾、分类实施、多策并举，从而优化城市发展空间和战略布局。

二、城市更新实施全流程

随着“十四五”工作目标的确定，住房和城乡建设部党组书记、部长王蒙徽撰

写了《实施城市更新行动》，将“城市更新”作为城市建设领域“十四五”工作的主旋律。

但是，对全国各地方政府来说，城市更新是比较陌生的概念。政府主导的城市更新与深圳等地区以企业为主体的城市更新项目差异很大，不具有参照意义。那么，城市更新需要做些什么？地方政府又如何去做？资金从哪儿来呢？本文通过明确概念、实施流程，构建未来五年地方政府实施城市更新项目的基本框架。

（一）根据地方现状，确定实施范围

为什么要实施城市更新行动？是为了建设宜居城市、绿色城市、韧性城市、智慧城市、人文城市，不断提升城市人居环境质量、人民生活质量、城市竞争力，走出一条中国特色城市发展道路。虽然经过若干年的大力发展，各地区的城市建设初见成效，但距离新时代的城市发展路径与公共服务体系完善还有一定的距离，各地区应当根据地区的现状，合理确定城市更新的应用范围。比较常见的是以下几类：

1. 老旧城区的整体更新

“棚改”十年过后，各地的城市风貌有了很大改善，大量居民的居住条件得到了极大改善。但是，老城区的整体基础设施仍然普遍较为落后，配套公共服务、生态环境、老旧小区仍然需要进行投资。因此，老旧城区的整体改造是城市更新的主要实施方向之一。

2. 城市风貌保护与更新

发展文旅是生态屏障地区、中西部地区的重要发展方向，许多地区都对城市风貌的保护有非常急切的需求。因此，将修复山水城传统格局，保护具有历史文化价值的街区、建筑及其影响地段的传统格局和风貌，推进历史文化遗产活化利用与完善城市功能结合，是许多地区城市建设的主要目标。

3. 推动园区、核心区的智慧化改造

2020 年是国家推进新基建的元年，新型基础设施是城市地区未来的主要投资方向。因此，在核心城区、高新园区、经济技术开发区，可以通过推动城市更新、将这些区域进行智慧化改造。

一方面是推动这些地区的新旧动能转换、产业升级；另一方面也是为当地发展新基建提供试点和经验。

由于各地区的经济发展与主要需求不尽相同，在城市更新的实施范围与目标上将有很大差异。各地应当根据实际需求确定城市更新的应用范围，将城市建设的“十四五”发展目标与城市更新的实施范围相统一，以此奠定城市更新项目的工作目标。

（二）根据实施范围，确定项目构成

当各地确定了适合当地实际情况的实施范围以及总体的发展目标，就能以此为蓝本，梳理达到项目所需要进行的具体基础设施与公共服务投资，项目构成也自然诞生。

改善城市基础设施的项目，涉及拆迁、保障性住房建设、租赁住房建设、老旧小区改造、道路升级与改造、更新管网；生态环境治理项目，涉及修复河湖水系和湿地等水体、保护城市山体自然风貌、完善城市生态系统与改造完善城市河道、堤防、水库、排水系统设施；提升公共服务的项目，包括新建或扩改建教育设施、医疗卫生设施、养老托育设施、社区公共服务设施；完善城市管理的项目，包括信息化、数字化、智能化的新型城市基础设施建设和改造。

当项目构成确定，项目的总投资等经济数据也有了初步数据。同时，也可对居民意见、拆迁难度、公共服务投入进行摸底，为后续工作、决策提供支撑。

（三）根据项目构成，确定实施主体

明确项目构成之后，各地可根据实际情况来选择实施主体：政府投资范围的公益性项目由政府部门作为项目的实施主体；半公益性的、资金能够自平衡的准公益性项目由城投公司作为实施平台；市场化范畴的、适宜社会资本直接承接的项目可通过竞争性方式选择社会资本作为实施主体。

在新时代的城市更新项目中，往往是同时具有公益性、准公益性、经营性项目，实施主体可以有多个。根据不同的实施范围，将实施工作进行划分和分配，根据具体的工作内容选择适宜的实施主体。

（四）根据实施主体，确定实施模式

确定了实施主体后，采用何种方式实施城市更新也变得顺其自然。以政府部门作为实施主体的，可采用政府投资、地方专项债券等模式实施；以城投公司作为实施主体的，采用市场化运作、整体资金平衡、ABO[①] 等模式实施；以社会资本作为实施主体的，则采用招商、PPP[②]、混改等模式实施。

---

① ABO 模式一般指授权（Authorize）—建设（Build）—运营（Operate）模式，由政府授权单位履行业主职责，依约提供所需公共产品及服务，政府履行规则制定、绩效考核等职责，同时支付授权运营费用。

② 政府和社会资本合作（PPP，Public-Private-Partnership 的缩写）模式：指政府通过特许经营权、合理定价、财政补贴等事先公开的收益约定规则，引入社会资本参与城市基础设施等公益性事业投资和运营，以利益共享和风险共担为特征，发挥双方优势，提高公共产品或服务的质量和供给效率。

考虑到城市更新项目的体量基本较大，仅靠一个主体、一个模式实施的可能性不高，在“财政紧日子”的主旋律下，根据项目的具体性质进行合理拆分、组合实施，是促使项目更好、更快落地的必要条件。

（五）根据实施模式，确定筹资方式

城市更新项目采用多种模式实施，资金自然也需要多渠道筹集。根据不同的实施主体、实施模式，项目资金也有不同的来处：以政府作为实施主体的，只能通过财政预算内资金、地方专项债券筹集；以城市公司作为主体的，可以通过承接债券资金与配套融资、发行债券、政策性银行贷款、专项贷款等方式筹集资金；以企业作为实施主体的，可以通过商业性银行贷款、项目收益债、信托、投资基金等方式募资。

在有相应金融政策时，也可根据成本更低的资金渠道、募资方式，来调整实施主体与实施范围，既享受政策的红利，又能够帮助项目更好地落地。

（六）根据资金情况，确定实施进度

大项目有一个特点，就是资金往往根据项目实施情况分期到位，有时与项目的资金需求、实施进度存在一定的脱节。因此，在实施城市更新项目的过程中，也应当根据不同模式下资金到位的情况，合理调整实施进度，让资金与进度相匹配。既避免资金不到位可能性带来的负面问题，也避免临时筹资带来的隐性债务、高成本债务。

（七）根据实施进度，动态调整目标

城市更新的实施目标是远大的，但在短期之内也是非刚性的。如果涉及项目前期工作不成熟、市场环境不支持、项目自平衡有缺口，实施目标也应当动态调整。在“资金平衡”的基础上，公益性投入要量力而行，避免造成新增地方政府债务，也避免无效投资。

同时，也要注意政府主导项目与企业投资项目的根本不同，城市更新的核心是提升城市人居环境质量、人民生活质量、城市竞争力，而非商业化的盈利。在有盈余的基础上，地方政府也应加大基础设施与公共服务的投入，实现人民富裕、生活美好的根本性目标。

城市更新的涵盖范围很广，在不同的地区会呈现出完全不同的面貌，实施中切忌大干快上，也应避免生搬硬套。从核心理念上来说，城市更新项目原则上应当实现项目收益的自平衡，通过将有收益与没收益的项目相结合，实现资源横向补偿的

目标。

这既是帮助项目成功实施、筹资的关键，也是避免地方债务新增、推高地方平台债务的重要红线。因此，各地应当根据各地的实际情况、对照实施流程进行项目的推进，通过全流程、分步骤运作，实现城市更新行动的目标。

第三节　我国城市更新的运行机制

良好的城市更新运行机制是保证城市更新目标得以实现的根本途径。

一、切实的公众参与

（一）城市更新中公众参与的意义与特点

城市更新是重塑老化物质空间、提升城市功能的过程，是对城市既成空间环境与既有社会关系的一次整体调整，与公共利益密切相关，且涉及众多的利益相关主体。基于城市更新中利益协调的复杂性，城市更新中的参与式规划受到广泛关注，公众参与相关研究已成为城市更新领域的高度关联的重要议题。

已有观点普遍认为，在城市更新项目中引入公众参与机制对于推进更新项目实施、有效改善城市社会环境具有积极影响。观察已有的城市更新实践案例，可以发现提升公众参与的程度对于更新项目的推进具有双重影响。在我国，城市更新涉及复杂的土地与物业权属等历史遗留问题，甚至有大量同时涉及国有建设用地和集体土地的混合改造项目，实际推进过程中涉及的利益相关主体众多，各利益主体的视角与诉求各异。引入公众参与机制，有助于通过多元主体协商避免冲突的产生，同时优化城市更新的规划决策，使城市更新更好地满足公共利益。但与此同时，由于目前我国城市更新相关主体在信息获取、政策认知等方面能力各异，交易协商成本较高，导致耗时较长，公众参与流程不顺，从而增加了城市更新项目的推进难度。换言之，在城市更新中引入参与式规划机制，需要在公众参与的“度”上进行权衡，兼顾更新项目的合理决策和推进效率。

与一般的公众参与规划相比，城市更新规划中的公众参与具有鲜明的特点。首先，城市更新规划项目中公众参与的主动性更强。基于规划主体意识的局限性，对于与自己没有直接利益关系的城市规划项目，公众参与规划的积极性往往不高；而城市更新项目往往涉及产权拆迁补偿、居民安置、生活环境与设施条件变化等直接影响公众物质利益和生活权益的问题，公众有更强的主动性参与到城市更新项目中。

其次，城市更新规划项目中公众参与的主动权更强。一方面，城市更新项目的相关利益主体较为明确，以更新范围内的产权主体为直接利益相关方。相对明确的主体范围使得自下而上的自发性公众参与组织更容易形成，或依托于原有社区、集体自治组织等，从而在与政府、开发商等主体的博弈中享有更高的话语权。另一方面，除听证、公示反馈等一般化的公众参与规划编制的法定程序之外，城市更新的规划编制与实施中往往还会涉及直接利益主体的表决、拆补合约签订等程序，而公众主体在这些程序中享有较大的主动权，可以通过投反对票、拒绝签约等直接影响城市更新规划编制与更新项目实施的进程。

最后，城市更新规划项目中公众参与主体有明显的利益团体特征。城市更新一定意义上是在特定空间范围内进行资源的重组织与再分配的过程，各个利益主体都希望在土地、物业、设施等资源的再分配过程中使自身利益最大化。在城市更新资源分配规则的制定过程中，具有相似利益诉求的主体会自发形成联盟，以寻求在利益博弈中获得更大的话语权，从而形成若干利益团体。利益团体的形成对于提升公众参与程度具有积极意义，为自发性公众参与组织的构建提供了基础，但也在一定程度上强化了不同利益主体之间的对立关系，可能导致协商流程中出现盲从、对抗等现象。

（二）城市更新中的参与式规划流程与保障

1. 城市更新中的公众参与流程

由于城市更新项目的特殊性，加之我国土地利用与城市建设政策的地方性，制定具有普适性的城市更新公众参与程序难度较大。此外，在旧城镇、旧村庄等不同类型的城市更新项目中，涉及的公众参与主体和相应的公众参与流程组织也有较大的区别。目前，我国城市更新通常以省、市为单位制定更新规划的原则要求，在区级行政单位内制定具体的更新规划导则。总体来说，城市更新中的公众参与流程可以分为正式公众参与和非正式公众参与两种类型：正式公众参与流程通常建立在法律、法规保护的基础上，是保障公众基本知情权、参与权、监督权的法定程序，对于形式、内容有相对明确的要求，但往往存在程序刻板复杂、流于“象征性参与”的问题；非正式公众参与流程不受法律保护，不是规划具有效力的必备条件，往往建立在地方更新导则的要求或更新工作策略的实际需求上，其参与形式更为灵活，各利益主体之间的交互更为紧密，是对法定公众参与流程的有效补充。

城市更新中的正式公众参与流程可以分为两类。一类是《城乡规划法》所规定的公众参与政务公开的通用流程，主要以听证、公示的形式进行，包括规划决策编制阶段的材料公示、审批结果公示、城市居民或村代表听证会等。听证、公示流程保障了公众基本的知情权，主要对应“市民参与的梯子”理论中“象征性参与”层次的“告知”“咨询”阶段，是公众参与城市规划最基础的路径之一。然而，公众在听证与公示中只能通过后置反馈来被动地参与规划编制与决策，并不能对规划结果产生实质性影响。

另一类是由地方性政策文件所规定的公众参与流程，主要以表决的形式进行，根据地方情况和更新项目类型对表决环节、表决主体范围、表决通过比例等作出差异化规定。以 G 市的旧村庄改造为例，G 市《城市更新办法》《旧村更新办法》等文件规定了三个表决流程：①改造意愿表决，须获得 80%以上的村集体经济组织成员同意；②更新实施方案表决，须获得 80%以上的村民代表同意；③更新实施方案批复后表决，须在批复后 3 年内获得 80%以上村集体经济组织成员同意。佛山的旧村改造则将改造意愿表决、更新实施方案表决的通过的条件确定为 2/3 以上村民的同意，且规定了更新实施主体表决环节，即选定更新项目合作企业时需要获得 2/3 以上村民表决同意。在表决流程中，村民 / 居民对于城市更新决策结果和流程推进可以产生相对直接的影响，掌握更大的主动权和具有更大的影响力，对应“市民参与的梯子”理论中的“实质性权力”层次。但值得注意的是，表决流程通常是针对城市更新过程中直接利益相关主体（即既有产权主体）的公众参与作出的政策规定，公众参与的范围仅局限于既有的产权主体，间接利益相关主体不能参与表决流程。此外，参与城市更新表决流程的既有产权主体并不一定是更新区域未来的使用者，参与协商的目标往往优先考虑自身利益最大化，表决结果对于规划决策中公共利益的体现有限。

城市更新中的非正式公众参与流程目前主要包括规划编制前期的公众需求调研、规划编制阶段的互动活动、规划实施阶段的上诉等流程。目前，我国城市更新中的非正式公众参与流程大多数由政府、开发商或第三方专业主体发起，公众以被动参与为主。例如，更新规划编制前期对规划范围内的人群画像、空间及设施使用频率、出行方式、空间记忆等展开调研，可以一定程度上反映公众对于规划的需求。但公众往往对调研目的和规划决策的影响缺少了解，配合积极性较低。近年来，伴随着第三方专业主体的参与及自发性公众参与组织的建立，非正式公众参与的形式越来越多样化，如基于社区居民委员会组织“手绘社区”活动、专业主体深入公众进行更新方案讲解等。虽然非正式的公众参与流程不能对城市更新的规划决策和规划实施进程产生直接影响，但却能通过灵活的、互动性更强的形式增进公众对于更新项目的了解及对规划决策的理解，从而有效提升公众的配合度、参与度，是对正式公众参与流程的有效补充。此外，非正式公众参与流程的组织有利于增强公众参与城市规划的主体意识，提升公众主体的规划知识储备，并对自发性公众参与组织的能力提升有积极作用。

2. 城市更新中参与式规划的保障

分析城市更新中参与式规划的现状问题，可以发现公众参与城市更新规划需要建立在信息对称、有效引导、兼顾效率与公平的基础上。保障城市更新中参与式规划的有效推进，有以下三个要点：

（1）提升规划信息传达的有效性

有效的公众参与应当建立在信息对称的基础上。目前，我国城市更新规划流程已经建立了较为完备的信息公开制度，确保了公众对相关规划信息的知情权。然而，由于城市规划具有一定的专业性，公众受到规划知识储备的局限，对于已获取的规划信息往往难以充分理解，依靠个体力量很难通过图纸及专业文件等解读规划方案所表达的发展定位、利益分配、规划实施流程等。公众对于规划信息理解得不充分性是阻碍公众参与规划的重要因素之一，而在城市更新过程中，由于涉及复杂的利益关系及相关利益主体对于更新规划的密切关注，公众在未能充分理解规划信息的基础上往往很难进行有效的沟通、协商，甚至可能由于对规划信息的误读而产生不符合实际的收益期望或对抗情绪，从而对城市更新的推进产生阻碍。因此，提升规划信息传达的有效性是保障城市更新中参与式规划顺利推进的重要前提。

目前，我国规划信息的公开主要通过政府部门发布相关文件、公众自行获取的形式进行，公众需要主动查阅相关规划信息、主动积累理解专业文件的基本规划知识。这对于公众参与的主动性要求较高，造成了较高的信息传递壁垒。确保规划信息的有效传达，一方面需要优化规划信息发布的渠道，降低公众获取规划信息的成本，确保信息公开的及时性、广泛性，在政府政务公开平台以外拓展线上、线下多种渠道信息传达，如依托已有的即时资讯平台进行信息公开，对更新项目设立临时的线下规划展厅等；另一方面，还需要对信息发布的内容与形式进行优化，确保信息传递的可读性，在原有的专业性图文文件的基础上结合三维可视化技术、线上线下互动展示形式等，以更加直观、易懂的方式建立公众对于更新项目、规划方案的理解。此外，基于线上信息发布等形式对信息传递效率的提升，还应适当扩大规划信息公开的范围，提升各主体之间的信息互通性，在广度上促进信息公开贯穿项目确立、规划决策、方案拟定、利益分配、审核审批、施工及验收全过程，在深度方面可以通过线上、线下结合的方式建立更加及时、高效的信息传达和动态协商机制，促进公众对于建设难度、成本构成、收益流向等的理解，从而尽量减少信息不对称带来的冲突。

（2）兼顾规划参与度与更新效率

观察我国城市更新的实践案例，可以发现阻碍城市更新实施进度的往往有两种情况：一是在更新实施方案阶段的协商过程中产生分歧；二是在更新项目拆迁与建设阶段产生对抗。在第一种情况中，公众以表决权为筹码与开发商对峙，处于相对主动的地位。由于项目进度停滞不前会抬升项目成本，甚至导致项目超时，开发商在协商阶段需要兼顾自身收益目标与项目效率。由于在目前城市更新实践表决环节设定中表决频次高、通过比例要求高（往往需要达到80%～90%），每一个直接利益相关的公众个体都可以影响更新项目的进度，开发商往往需要作出让步或以额外利益补偿“逐个突破”。然而，协商环节的公众高度参与无法从实质上保障公众合理利益诉求得到满足，反而导致不公平现象的产生及不合理的诉求，对更新实施造成阻碍。在第二种情况中，由于公众在项目拆迁建设启动后缺少正式参与渠道，处于被动地位，只能通过上诉等方式表达自己的利益诉求。更新实施过程中公众参与渠道的缺失导致对抗、游行等激烈冲突事件的出现，从而阻碍更新进程。

综上可见，过高和过低的公众参与度都会阻碍城市更新的推进，影响城市更新效率：过高的公众参与度会细化并暴露出更多的利益分歧，增加协商成本与难度；过低的公众参与度则使公众利益诉求无门，激化利益冲突与对抗情绪。因此，保障城市更新中的参与式规划，应当兼顾规划参与度与更新效率之间的平衡。一方面，应当改变方案确定阶段集中参与、方案实施阶段“投诉无门”的现状，通过公众参与环节和路径的合理设计，使得公众在城市更新的全程中均有参与规划、表达利益的渠道；另一方面，应合理定义各利益相关主体的权利边界，给予公众适度的决策参与权，在保证公众充分表达自身利益诉求的同时规范他们的参与行为。

（3）丰富与强化“第三方主体”角色

在我国城市更新的实践中，尽管有部分项目引入专业规划机构、高校研究团队等中立的“第三方主体”，但它们在城市更新流程的实际推进中并未发挥充分的作用，往往只提供专业技术支持，或加入非正式的公众参与流程之中，未能在利益分配和方案协调方面扮演重要角色。事实上，“第三方主体”的中立角色和专业能力是城市更新项目的重要资源。

在目前的城市更新流程中，关于更新实施方案、拆迁补偿方案等的协商均由更新实施主体与其他利益相关方直接对接；由于大部分城市更新项目的实施主体为外部引入开发商，一方面开发商与公众主体之间存在利益博弈，协商难度较大；另一方面，政府在具体方案制定流程中的缺位可能导致公共利益未能充分体现。“第三方主体”的引入，可以凭借中立的角色立场，为公共利益和各相关利益团体之间协商提供桥梁：在更新规划编制前，以中立的角色收集、对接各方利益诉求，为政府划定更新范围、评估更新难度、确定更新规划发展方向等提供咨询服务。在更新规划编制阶段，“第三方主体”可以作为价值体系的构建者，为各利益主体的沟通与协商创造环境，并对协商方式提供合理高效的引导和监督，推动弱势公众主体平等、充分地表达利益诉求。另外，“第三方主体”具有专业知识储备、技术支持和更新实践项目案例的经验积累，可以有针对性地协助各个利益主体提高规划参与能力。

在更新规划编制阶段，“第三方主体”可以在具体的更新方案设计中扮演主导角色，利用其专业能力及对各相关主体利益诉求的充分了解，推动形成综合各方需求的更新、拆补方案，保障公共利益的体现。在更新规划实施阶段，“第三方主体”可以为公众主体理解方案、跟进项目等提供帮助，既提升公众参与的能力与效率，又避免缺乏专业规划知识的公众主体“过度参与”对更新规划进程的阻碍。丰富、强化“第三方主体”的角色，引导“第三方主体”从技术专家转变为价值体系构建者，不仅可以为更新规划决策提供高效、高质量的专业技术支持，还可以通过第三方对公众参与流程的介入，搭建城市更新中各利益主体之间协商、协作的桥梁。在城市更新中更广泛地引入“第三方主体”、丰富并强化其角色作用，可以为城市更新中参与式规划的有效推进提供保障。

(4) 借助博弈平台实现多方利益博弈优化

城市更新中的多主体协商平台解决方案如下：

城市更新多元主体利益协商平台以“实质利益谈判法”为理论基础，形成流程式的协商框架，运用线上平台辅助线下更新的协商流程，形成分析、策划、讨论多轮循环的利益谈判机制。平台围绕城市更新流程中改造意愿、现状认定、更新主体认定、拆迁补偿方案、更新规划方案、更新实施六大阶段展开设计，连接六类主体——政府、开发商、村集体 / 居委会、村民 / 居民、第三方专业机构、其他利益相关方，以线上电子化形式实现信息和利益诉求的高效、透明、标准化传递。其适用情景包括两类：一是拆除重建类的城中村更新；二是老旧小区改造。

在拆除重建情景下，App 系统整体架构将形成由改造意愿、现状认定、拆除 / 改造方案、更新 / 改造规划、引入企业、拆迁 / 改造实施六大阶段组成的流程式协商框架。针对每个阶段不同的协商主体、利益核心、协商标准和协商方案进行差异化协商模式设计，同时内嵌安置补偿面积测算、开发 / 改造情景模拟、更新 / 改造成本测算等技术模块，辅助利益协商的可视化。App 的使用主体包括更新核心利益群体（村民、村集体、租户、居民、开发商、政府）和第三方工作小组。其中，第三方工作小组扮演利益协商的组织者和协调者角色。由第三方工作小组启动利益协商流程，核心利益群体在 App 中表达自身利益，遵循一定的协商原则，通过互动协商方式达成共识，完成整个更新协商流程。

城市更新多元主体协商平台主要从五个方面提升城市更新流程的协商效率。

第一，构建“多对多”协商平台。在传统城市更新流程中，由于各阶段博弈、协商焦点的转换，协商通常以多个“一对一”形式展开，博弈主体频繁更换、部分缺位，使得协商难以达成一致。通过“多对多”博弈平台的搭建，可以实现城市更新全过程、全主体参与。

第二，协商流程线上化。在传统城市更新流程中，协商往往依靠开发商派出业务员逐户谈判，协商效率低下、时间成本巨大，且协商过程缺少有效监管。通过协商流程的线上化、电子化，可以减少时空协调成本，保证协商流程透明、高效。

第三，提供测算计算器。由于信息不对称，部分村民 / 居民对更新和拆补政策等了解不足或存在误解，导致过高的补偿诉求，或无法维护自身的权益。平台根据地方性法规与政策对面积认定方案、拆迁补偿方案、改造方案等进行定制化的测算，从而为村民 / 居民合理维护利益诉求提供参考依据。

第四，优化更新流程。城市更新部分流程存在重复表决等现象，耗费时间较长，且表决的“后置参与”的本质使得更新决策难以充分体现各主体利益诉求。平台构建“意愿摸底—协商—表决”流程，利用线上方式的便捷性收集意愿，从而提升决策对各方利益诉求的体现，减少重复表决。

第五，引入第三方专业机构。现行的做法往往由开发商主导更新实施方案的制定，推动协商流程。由于开发商与居民 / 村民之间存在利益博弈关系，部分不当执行方式容易激起对立情绪、引发对抗行为。平台以第三方专业机构主导推进城市更新进程，制定具体协商流程和方案，有利于对多方利益的协调。

二、对于城市更新目标可执行的考虑

在城市更新决策与规划过程中，在规划方案的设计时，存在许多的不可执行的因素，如果硬要将这些规划方案实施的话，将会造成潜在的危害。

(1) 城市更新目标在可行性的技术范围内。这里所指的技术性范围是指城市更新目标要符合实际情况，在科学性与现实性的要求之下所要达到的城市更新目标要具有可行性。

(2) 满足参与约束和激励相容。机制设计理论满足参与约束是实现城市更新运行目标的基本。参与约束是吸引各种参与主体参与城市更新运行机制的最低要求，如果没有这点，各主体就不想参与机制设计者提供的博弈，因为有更好的选择，那么机制将毫无作用。满足激励相容，使各利益主体在追求自利的行为中“不自觉”地实现机制的目标。

三、城市更新运行机制的辅助手段：城市管理的科技化与信息化

在规模报酬递增的经济环境中，通常不存在一个有限的信息空间的下界。换言

之，此时可能需要一个无限维的信息空间，从而需要无限维的成本。因此，在城市更新过程中，城市更新的信息和沟通成本特别重要。虽然城市更新的问题较多，但先进的科技手段还是给我们提供了“后发”与“跨越”发达国家的可能性。城市更新中纷繁复杂的问题要求以先进的科学技术和信息平台为依托，从城市管理主体的信息化及城市管理内容的信息化出发去纠正利益相关者的信息失衡。

政府作为公众利益的委托人，应当主动搭建信息交流平台，将“隐性”信息转化为“显性”，减少企业及城市居民在城市更新中获取信息的成本。

城市更新的失衡问题及优化管理是一个系统性的复杂过程，需要完备的理论支撑和技术支持。显然，在当前我国城市发展的大环境之下，要实现运行机制的优化还要面对许多的阻力，西方国家的城市更新经验对我国既有借鉴意义但又有所不同，如何在保障各方利益的前提下设计出实现城市更新目标的机制对于实现城市更新的效益具有重要意义。

第三章　城市更新规划与设计

第一节　城市更新规划的定位与目标

一、城市更新规划的定位

城市在不同时期会出现不同问题，更新规划则将所有的问题统一起来，立足于城市整体发展角度，针对问题进行统一解决，确保投入的资源能够利用，并且分配是合理的。规划工作是基于城市所有的资源而作出的一定时期内城市发展及需要解决的问题的计划，工作开展能够协调各方面，不仅效率能够得到提升，质量也能够得到保障。人们在发展过程中发现，城市发展是动态的，而规划工作往往是静态的，这是一种相对的关系，而管理者也认识到此问题，会对规划进行调整，使其符合社会发展需要。通常情况下，规划工作问题要领先于城市当前发展的水平，规划落实之后，预期效果与实际水平间的差距就会缩小，并且最终被实际水平所超越。此时就需要对规划进行更新。

（一）城市更新规划的特点

与一般类型城市规划相比，城市更新规划主要特点体现在与物权存在广泛联系。由于物权涉及相关利益主体的利益，公众、社会、政府对其都十分敏感。但同时物权也是促进社会民主进步与公民意识复苏的动力，物权在城市规划工作中带来的包括物也包括了人。城市更新规划需要重视人的需求，考虑到人的生活细节、行为特征，更好地体现以人为本的理念。人与人之间会存在利益冲突，与一般性规划工作相比，相关利益者参与规划工作的积极性更高，从而避免自身利益受损，并且希望获得更多利益，由此就会导致利益博弈产生。传统的规划更多的是行政命令式的方法，公众参与度较低。

城市更新涉及的特权比较分散，而这种分散性会使城市更新投入成本大于重新建设成本，政府在独自承担与借助市场力量方面通常会考虑后者，由此就会导致更新规划工作开展时，会受到市场条件约束。为了应答市场诉求，就需要依据市场规律来运作，从而获得发展空间。发展资源与权力分散于不同的利益主体，规划的话语权也不会如传统一样掌握在单一主体手中。

(二) 城市更新规划的现实意义

1. 城市总体规划工作能够弥补城市更新系统性研究工作的缺失

城市总体规划会考虑到土地资源性质与数量，但构成城市的整体系统内部与外部联系没有顾及总体规划与具体规划二者间的跨度过大。依据规划在城市建设工作中的作用，可以将其分为三个类别：总体规划包含的专项规划；对总体规划有完善作用并用的规划；指导城市建设工作开展的规划。强化规划工作从技术角度出发体现在细化总体规划，而从管理角度则是分解城市功能，从而对其进行专项性研究。如城市发展过程中会存在大量旧城镇、城中村等，都需要对其进改造，改造工作中容易出现的问题是忽视其内在联系与系统性，专项规划缺乏等，城市更新规划则针对老旧城镇改造问题，是对总体规划的补充，属于专业规划。

2. 实现城市规划的公共政策效应

目前，城市规划工作主要是通过对空间进行分解从而实施达成目的，规划工作常见的问题是时间不衔接，致使规划与政府长远与近期规划未能有效融合。城市更新规划需要通过落实总体规划安排，另一方面则需要通过时间上的安排从而使与其他规划有效衔接在一起，如城中村改造、旧城改造。规划在编制过程中公众参与度高，其公共政策性得以凸显，这也是与传统规划工作存在显著区别的地方。

3. 满足城市功能更新的管理要求

市场经济条件下，市场失效催生了城市规划需求，城市规划工作需要与社会保持同步发展，通过一定方法避免传统方式下存在的弊端。总体规划的侧重点在于研究技术的可行性及选择目标。具体规划工作则是着眼于小规模开发工作，规划目标如何实现的问题未能得到有效的解决。城市更新规划工作作用在于实现目标，而这一过程则是立足于管理层面。规划对综合目标分解，将其中的某些问题作为一个整体系统，从开发时序、速度、分布方面作出合理安排，指导具体工作开展与落实，满足市场需要的同时，资源利用效率也能够达到最优。

4. 促进土地资源集约利用，统筹城乡发展

经济发展过程中，人们逐渐认识到资源与环境问题的重要性，基于环境保护与资源节约，对经济结构进行调整，从而使资源利用效率提升，经济发展与自然环境二者协调。过去甚至当下，城市发展土地资源利用存在较多问题，如集约度低、与城市发展不协调。随着经济发展，出现的另一个现象则是城乡差距逐步扩大，不利于社会发展。因此，需要推动城乡统筹发展，而推动城乡统筹发展城市更新改造则是有效的途径。

(三) 城市更新规划在城市总体规划工作中的定位

1. 城市更新规划与其他规划的关系

城市总体规划为其他规划的编制提供了依据，城市总体规划主要从宏观角度出发，通过空间布局构建城市发展的主体框架，而其他各项规划则需要在总体规划范围内，并且是对总体规划的细化与落实。早期相关法律规范只是要求总体规划框架下需要编制相应的规划，但并未就具体规范作以说明。后期相关规范则明确了具体性规划的范围、原则、要求与标准。城市更新规划需要依据总体规划工作内容确定工作目标、布局、策略、范围、资源、开发时序、生态环境、历史文化等。从规划层次来看，总体规划位于更新规划之上，更新规划则是对总体规划的完善，将某些方面问题作为一个系统从而更好地开展研究工作。

城市更新规划属于长期调控类型规划，近期建设规划从总体规划中分离并独立，成为规划体系中单独的存在。而通过创新则可以在近期规划工作基础上创建长远规划，规划在时间衔接方面能够得到增强，近期规划政策性会增强，其本质是总体规划的分解与实施，也是近期工作开展的依据。从规划层次与内容方面来看，属于长期调控型规划范围；从规划深度方面来考虑，能够对下一层次具体规划提供一定指导。

2. 城市更新规划在规划体系中的定位

随着现实情况变化与理论研究工作推进，城市规划体系在时间与空间两个维度都发生也显著变化，在空间方面变化主要是向两头延伸，从战略与操作性规划向着区域层次及操作技术延伸。从时间方面来看，时段分解得到了强化，不同层次规划工作都新增了近期甚至是年度规划。除原有各种附属规划之外，出现各种专项规划。对城市更新规划进行定位，要从微观与宏观两个方面着手。从宏观层面来看，城市更新规划体现的是城市发展总体要求及目标，能够对地方发展与中央调控之间存在的矛盾有一定的缓解，是对总体规划进行的有效补充，也是对规划体系的完善。从微观层面来分析，地方政府开展城市建设工作，需要有相关的纲领性文件，并且依据此文件制定近期工作开展的规划及具体实施计划，发挥的是统领作用。角度定位可以将其表述为，城市更新规划是对总体规划进行的完善，其面向的对象是市场与政府两个主体，是调控型与指导型的规划，是近期规划制定与工作开展的依据。

城市更新规划由于其自身特殊性，导致其与法律法规之间的关系也是特殊的，现行法规则是政府主导的，无法容纳市场化运作存在的弹性空间以及利益博弈行为的动态变化。更新行为由政府主导并且与相关的法规捆绑在一起，一定程度上制约其自主性与灵活性。

(四)城市更新规划与现有的规划体系相衔接

现有规划体系主要是建立在城市新增用地管理基础上的，随着城市发展，土地资源越来越紧缺。在未来发展过程中，城市更新也许会替代新增用地管理工作而成为规划管理工作的主体。基于此，对现有规划体系进行修改及完善就显得十分必要，以此适应城市更新规划工作开展要求。对城市规划体系进行调整并不是单独设立新的规划体系，而是基于现行规划体系，对相关规划进行补充与调整，使城市更新规划与法规之间能够更好地适应。

城市总体规划工作方面，需要强化对更新工作方向及规模的规定。近期规划方面，对应的内容是城市更新工作开展的区域及相应功能定位，对与更新工作相关的基础与公共服务设施建设工作作出相应规定。

详细规划，也可以称之为控制性规划。作为与城市更新规划对接的平台，规划的控制作用体现在，对城市更新工作中市场及政府各自扮演的角色进行区分。将公共利益因素从市场博弈中抽离并交由政府进行控制，并通过一定的规划手段进行保护。控制性规划需要对更新规划工作的范围进行限定，其内容涉及更新项目功能定位，公共服务及基础性设施建设工作、生态及历史文化保护、容积率控制、城市设计控制等一系列工作。

城市更新修建性规划，将相关群体利益诉求纳入其中，同时使市场运作的弹性空间得以保留。一般性修建规划基础上，更新规划工作重点在于土地市场经济核算等具体工作对应的内容，新增利益方博弈与谈判的程序。

综合整治规划，通过逐渐用有针对性的综合整治规划来替代原有的大规模拆建方式，综合整治规划工作要求尊重各方目标，全面把握建设条件、现状权属，考虑到居民在经济承受能力方面的限度及生活实际需要，确定更新工作方法与内容。

城市发展是一个动态变化的过程，也是管理经验逐渐积累的过程，城市规划工作是为了更好地对城市实施管理。与此同时，城市更新的比例也在逐步增大，并且在地方规划管理工作中作用日益凸显。城市更新规划会对城市规划工作产生深刻影响，同时也是对传统城市规划在方法与体系方面的变革。城市规划与城市发展而言是相对静止的，规划要实现与城市发展相适应，就需要适应城市发展实际情况，不断对自身进行调整，才能更好地适应城市发展。

二、多重目标导向下城市更新规划

结合以上城市更新的时代诉求，本文结合不同目标导向制定了相应的城市更新策略，通过明确更新目标、对象、内容、模式与实施主体，合理引导各类城市更新，以期针对不同类型项目采用不同的技术引导办法，使各类城市更新项目内容与重点明确、开发模式符合实际建设，避免过度设计、无重点规划甚至形象工程式更新。

（一）留住城市记忆：社区更新

城市包含建筑这一“凝固的音乐”，是难得的艺术品汇聚处。更新改造过程中保留曾经在此居住和生活过的人们的想象力，可以涵养一种独特的历史记忆与人文气质。上海武康路项目是基于合理保护基地内名人故居和历史建筑，才得以将武康路更新为富有老上海风情与优雅的“浓缩了上海近代百年历史的名人路”。

城市社区更新包括城中村改造、老居住社区更新，这些社区多存在建筑质量较差、布局凌乱、设施配套不足、消防通道不畅、停车困难等问题。社区更新内容主要可以概括为服务功能的完善，并且不能仅仅关注商业性项目的植入，还包括文化、休闲等社区主体居民真正需要的公共性内容。

社区更新需要考虑多户目标、城市形象、公共服务等，利益矛盾突出，实施较为复杂，需要多元平衡的城镇更新组织模式和规划融资模式，构建多部门联合参与、共同协作的规划平台，实现相关主体利益的综合平衡。

（二）文化传承与创新：街区复活

城市中的遗迹已成为一个时代的缩影，成为一代人珍贵的记忆，我们不可再以简单粗暴的方式抹去时代的印记，需要以更加灵活有效的方式去保留和利用它们。

文化主导的更新模式可大体归为两类：①通过大型的更新改造项目，建立城市旗舰式地标建筑对城市文化形象进行重构；②从文化产业的角度出发，研究以创意阶层融入城市，形成创意产品与创意消费相结合的创意街区。文化传承与创新包括文化政策、文化设施和文化事件等多方面，如西班牙毕尔巴鄂古根海姆美术馆、“欧洲文化之都”“全球创意城市网络”、北京798文化艺术中心等。

文化街区的复活首先依赖高品质的物质空间环境，文化小品、广场、喷水池、景观步行道、街道家具、照明和景观构成了空间提前。其次，短期的文化事件（如展销、传统节日）将为城市更新计划增加价值。可以说，文化活动作为重要的文化策略，在城市复兴中发挥着独特的作用。

（三）城市交通疏导：站点周边更新

城市轨道交通逐渐成为城市主要公共交通，站点周边用地已经成为新型城市综合体、城市功能节点的首选区域。站点周边用地包括已开发区域、待开发区域，已开发程度越强，更新难度越大。

站点周边用地将呈现复合性，如居住商业混合、商业文化混合、商业办公等的多元混合。可升级配套的功能主要有商业零售中心、商务办公与公寓、商业服务为主的商住区等。

开发模式与实施上，站点周边土地利用呈多元化、空间需考虑垂直利用等，根据站点周边的不同距离圈层，主要有整体开发、分区开发两种开发方式。

(四) 经济复苏与改革：旧产业区改造升级

产业园区的升级改造是城市更新的重要内容之一，通过产业转型是寻找城市经济新的增长点的必由之路。政府和企业联合对产业园区进行改造升级，通过产业运营方式进行城市更新，盘活存量土地，同时进行旧厂房改造是产业地产更新的路径。主要措施包括：产业转型发展上，淘汰高能耗产业，发展新型产业；厂区改造上，对旧工业区的建筑密度加强控制，使土地和存量资源得到盘活和高效利用。通过改造旧建筑，设计营造特色景观环境，运用可持续发展的理念、绿色建造技术和材料，使旧厂区的环境品质不断提升。

(五) 城市事件注入新血液：旧区全盘塑造

2008 年北京奥运会，2012 年英国伦敦奥运会的举办，以及 2010 年中国上海世博会的举办，大事件对推动城市整体的综合发展起到了重要的推动作用。大事件是推介城市形象的重要工具，在政府的主导下进行，往往被希冀作为城市空间的拓展的重要机遇。综观国内外的大事件营销目标，除了要满足事件举办所需场所空间和完善的场馆设施，还要注重大事件场址能对城市空间的可持续发展发挥积极的作用。

结合我国城市更新发展的趋势分析可知，城市更新正在大规模、规范化铺开，已成为一种新常态，也已经成为政府的重要议程。只有认清城市更新的必然趋势、明确时代诉求，才能更有针对性地循序渐进地开展城市建设运动。留住城市记忆、文化传承与创新、交通疏导、经济复苏与改革、新型城市事件这五大目标导向，是对城市更新方法与策略的总体思考。

随着城镇化不断推进，以激发城市活力、再造城市繁荣的城市更新模式日益受到重视，城市更新参与主体及途径、运营模式也逐渐多样化。而城市更新的观念、政策和实践的方法体系还没有完全形成，城市更新这个课题仍需不断探索。

第二节 项目策划方法在城市更新规划中的应用

相比西方国家，我国的城市更新研究起步较晚，早期的探索普遍基于单个的住宅展开，在旧住宅改造政策的引导下完成了一批老旧房屋更新改造工程，① 如北京的菊儿胡同有机更新改造工程、天津的吴家窑街坊旧住宅成套改造工程。② 此后的更新改造逐步以政府专项计划推进，如老旧小区的综合环境整治、既有住宅的电梯加建、停车场扩建等。同时，各城市响应国家大力推进棚户区改造的工作目标和任务要求，强力推动城市的老旧城区改造，取得了不少成效。随着2013年中央城镇化工作会议提出“盘活存量、严控增量”，旧城区物质、功能等方面的更新急迫性愈发凸显，深圳、上海等城市创新更新规划编制方法，依托城市更新专项规划与城市更新详细规划两个层面的技术手段，整合更新区域对象，系统推进旧区改造。笔者总结了各城市在两个层次下更新规划具体编制要点，对城市更新的规划编制技术手段提出完善与优化建议。

一、城市更新专项规划

城市更新专项规划应当体现战略高度与统筹思维，确保更新工作的有序开展。目前，许多老城区用地矛盾突出的大城市都编制了城市更新专项规划，如《G市“三旧”改造专项规划》《深圳城市更新专项规划》《成都北部城区改造规划》等。总体来说，专项规划层面应当重点考虑市区范围内的城市更新区域布局结构、更新规模、居住环境、产业、文化等目标任务，确定更新策略和方式引导，提出土地利用、开发强度、配套设施、综合交通等方面的具体引导要求，确定重点更新区域与城市更新实施机制。其中，诸如总体结构、功能、用地、公服等方面的编制内容与传统新区规划形式上差别不大。除此之外，专项规划的编制内容还具备以下几个要点：

（一）摸底调查与数据库建立

专项规划编制前期，在规划主管部门的组织下，进行更新区域的详尽摸底调查，以宗地为基本单位，具体对象为老旧社区、村屋、工厂建筑的建设情况，包含了结构、质量、权属、改造意愿等内容，建立现状基础数据库，作为专项规划的重要基础支撑。规划在现状数据库的基础上对规划范围内旧城资源分布进行调研和综合评估，总结旧城空间特征和现状问题，以识别未来的潜在发展区域。此外，摸底调查

① 杨仲华．城市旧住宅可持续性更新改造研究 [D]. 杭州：浙江大学，2006：19.
② 张大昕．城市已建成住宅改造更新初探 [D]. 天津：天津大学，2004：21.

和数据库的建立还有利于对更新对象进行动态跟踪和后期调校，确保规划实施成效。

(二) 确定更新范围与更新目标

专项规划的编制依托更新对象划定了详细的更新范围，构建了更新目标体系，并将其作为统领全市城市更新工作的主要依据。更新范围依据现状摸查和综合评估的结果确定，以成片连片为原则，考虑更新改造条件的成熟程度划定更新片区，用以规范城市更新项目进行申报的具体范围至边界。而更新目标往往是综合与多层次的，响应城市总体规划以及国民经济发展规划提出的要求。

(三) 更新模式引导

更新模式的分类与引导有利于各级城乡规划管理部门有针对性地管理更新对象，有利于规划高效实施，优化城市结构，促进环境改善。不同的更新模式可以对应不同的改造方式和改造原则，政府也可以给予差异化的改造政策，针对区域特点和发展导向重点解决。此外，在建设总量和容积率等开发强度指标上进行统筹协调，保持总体平衡，还可以对提供公共要素的更新奖励容积率、建设量或减免部分费用。

通过政策分区设定不同的更新模式，进行改造强度的总体平衡与联动，保证各政策分区内的开发强度得到合理控制和引导，使旧城“该高的高、该密的密、该疏的疏、该绿的绿”。

(四) 确定重点地区

重点地区应当是对城市发展有结构性影响的区域，或者是需要特别进行多方利益与改造资金平衡的区域，其对城市更新的规模和重点的合理调控起关键作用，也是在详细规划与项目实施阶段制定年度计划的依据。

二、城市更新详细规划

详细层面的更新规划是城乡规划 (或城市更新) 主管部门作出更新许可、实施管理的依据。各城市以“更新单元”为核心制度，在现行控制性详细规划的编制模式上进行了规划内容上的探索，针对旧城更新的重点与难点，加强对更新改造项目的规划管控。

(一) 规划编制空间单位：城市更新单元

城市更新单元是作为详细层面更新规划中的空间单位，在各城市的具体实践操作中有不同的表述。更新单元的划定应当保证基础设施和公服设施相对完整，综合考虑道路、河流及产权边界等要素，并符合成片连片和有关技术规范的要求，其范围内可以包含一个或多个更新项目，内容深度参考控制性详细规划，并可以深化到修建性详细规划。

作为空间整合和管理的基本单位，更新单元改变了原来各地块之间“各自为政”的规划管理局面，对各单个地块进行统筹考虑，实现片区整体升级转型和土地高效利用。同时，更新单元规划的制度可以作为规划管理部门协调更新活动的平台。依托该平台，政府作为监督者、审查者来调控土地和空间资源的分配，掌控更新项目实施的进度，各产权主体对自身的更新与发展诉求进行协商，强化统筹引导作用的同时利于实现公共利益最大化的城市更新目标。

（二）城市更新单元与控制性详细规划的关系

因规划编制、管理框架与决策机制存在细微差异，以及城市更新与规划管理主管部门的事权划分存在差异，各城市的更新单元编制内容以及其与控规的关系略有差别。

（三）规划管理技术指标

针对城市更新的技术管理规定体现了城市更新有别于新区建设的开发模式，通过控制参数的差异化确定，使得详细规划既立足于现实又具备可实施性，规划管理更加科学、精细。例如，配合城市更新办法，上海市制定了《上海市城市更新规划技术要求》，从用地性质、建筑容量、建筑高度、地块边界等方面对旧城地区的控制指标确定方式进行了规定。

（四）地权重构与产权安排

旧城区域权益复杂，主体众多，城市更新详细规划作为利益协调平台应当在具体实践中发挥重要作用。将重构地权作为规划编制中的特殊管控要素，围绕多个主体协商形成利益平衡方案，在单元内实现产权有机整合与违法建筑疏导，同时落实公共利益项目，令更新改造在实施操作困难的现实难题上得到破解。

例如，S 市的更新单元规划编制过程中，需要对土地与建筑物的权属合法性、手续完整性进行了充分核查，以其作为权益分配的基础。在单元内的权益初次分配过程中，优先保障公共利益项目的用地，以反向的“征地返还”的手法，向城市更新单元索取“大于 3000 m^2 且不小于拆除范围用地面积 15%”的归政府支配。权益的再次分配过程中，按照原有权益的比例构成情况分配基准增量，按照贡献公共设施的比例分配奖励增量，同时在单独的“地权重构”图则上予以落实，绑定各权益主体承担的拆迁、配套建设、安置等责任。总体而言，地权重构作为城市更新单元规划内容的组成部分，要将产权类型、用地主体、建筑共有三个层面的权益分配进行规划安排。

三、城市更新规划编制的优化与完善

（一）完善编制体系

建议将城市更新规划纳入现有规划管理和编制体系，加强更新专项规划支撑，与各级法定规划相调校。建立总体层面、街道层面、实施层面的三级规划编制体系与现有规划体系相适应。一是总体层面，编制主城区城市更新专项规划。二是区级层面，编制街道更新规划。三是实施层面，编制更新项目实施方案。除三级规划编制体系外，可在街道更新规划完成后，根据需要和实施时序拟定城市更新年度实施计划。

1. 总体层面——主城区城市更新专项规划

第一，主要内容。城市更新专项规划对接总体规划，主要内容是明确更新目标、原则、对象、策略及重点任务，提出空间政策及实施机制，划定主城区城市更新范围，并进行分类，明确不同的更新方式。

第二，编制与审批。市城市更新主管部门（即初期的城市更新工作领导小组办公室）依据全市城市总体规划和土地利用总体规划，定期组织编制主城区城市更新专项规划，指导主城区范围内的城市更新对象划定、城市更新计划制定、街道城市规划和城市更新项目方案编制。市城市更新主管部门将全市更新规划报市人民政府，经市人民政府常务会议审议通过后实施。

第三，跟法定规划的关系。如同步编制总体规划，则纳入作为专章；如不同步，则作为专项单独实施，指导下一层更新规划编制。

2. 区级层面——街道城市更新规划

第一，街道城市更新规划主要内容。首先，街道城市更新规划对接控制性详细规划：①进行区域评估：原则上以街道为基本编制评估单位，主要评估建设情况；②根据评估结果，明确片区的更新目标与主导功能，更新规模与模式、重点工作、改造时序等，明确项目实施指引。其次，区域评估主要对公共要素展开评估，包括城市功能、公共服务配套设施、历史风貌保护、生态环境、慢行系统、公共开放空间、基础设施和城市安全等。经过区域评估划定更新项目范围：将现状情况较差、民生需求迫切、近期有条件实施建设的地区，划为一个或几个更新项目。更新项目一般最小由一个完整地块构成，是编制城市更新实施计划的基本单位，更新项目可按本细则相关规定适用规划土地政策。最后落实更新项目的公共要素清单，结合评估中对各公共要素的建设要求，以及相关规划土地政策，明确各更新项目内应落实的公共要素的类型、规模、布局、形式等要求。

第二，街道城市更新规划编制与审批。主城各区更新主管部门组织编制街道更新规划。各区更新主管部门将区域街道更新规划报各区人民政府，经区人民政府常务会议审议通过后，如不涉及控制性详细规划的修改，由区人民政府批准并送市城市更新主管部门备案，如涉及控制性详细规划的修改，由区人民政府报送市人民政府审批。

第三，街道城市更新规划跟法定规划的关系。如涉及修改控制性详细规划的控制要素，则相应同步修改控制性详细规划；如不涉及可直接指导更新单元实施方案的制定。

3. 实施层面——更新单元实施方案

第一，更新单元实施方案主要内容。更新单元实施方案即拟定更新项目的具体实施方案，需包含以下内容：项目所在地现状分析、更新目标、项目设计方案、公共要素的规模和布局、资金来源与安排、实施推进计划等。更新项目建设方案的编制应遵循四个原则。首先，优先保障公共要素。按区域评估报告的要求，落实各更新项目范围内的公共要素类型、规模和布局等。其次，充分尊重现有物业权利人合法权益。通过建设方案统筹协调现有物业权利人、参与城市更新项目的其他主体、社会公众、利益相关人等的意见，在更新项目范围内平衡各方利益。再次，协调更新项目内各地块的相邻关系。应系统安排跨项目的公共通道、连廊、绿化空间等公共要素，重点处理相互衔接关系。最后，组织实施机构应组织更新项目内有意愿参与城市更新的现有物业权利人进行协商，明确更新项目主体，统筹考虑公共要素的配置要求和现有物业权利人的更新需求，确定各项目内的公共要素分配以及相应的更新政策应用等。

第二，更新单元实施方案编制与审批。①由区政府组织申报单位委托专业设计机构编制城市更新项目实施方案。②城市更新项目实施方案应经专家论证、征求意见、公众参与、部门协调、区政府决策等程序后，形成项目实施方案草案及其相关说明，由区政府上报市城市更新主管部门协调、审核。③市城市更新主管部门组织召开城市更新项目协调会议对项目实施方案进行审议，提出审议意见。协调会议应当重点审议项目实施方案中的公共要素配置、改造方式、供地方式及建设时序等重要内容。涉及城市更新项目重大复杂事项的，经协调会议研究后，报市城市更新工作领导小组研究；涉及控制性详细规划的修改，报市人民政府审批。④城市更新项目实施方案经审议、协调、论证成熟的，由市城市更新主管部门向所属地各区政府书面反馈审核意见。区政府应当按照审核意见修改完善项目实施方案。⑤城市更新项目实施方案修改完善后，涉及表决、公示事项的，由区城市更新主管部门按照规定组织开展，表决、公示符合相关规定的，由区政府送市城市更新主管部门审核。⑥市城市更新主管部门负责向市城市更新工作领导小组提交审议城市更新项目实施方案。城市更新项目实施方案经市城市更新工作领导小组审议通过后，由市城市更新主管部门办理项目实施方案批复。⑦城市更新项目实施方案批复应在市城市更新部门工作网站上公布。

第三，跟法定规划的关系。如涉及修改控制性详细规划的控制要素，则相应同步修改控制性详细规划；如不涉及，可直接指导项目实施。

4. 其他——城市更新年度实施计划

在主城区内进行的城市更新建设活动实行年度实施计划制度。市城市更新主管部门会同市发展改革、财政、城乡建设等相关职能部门，统筹编制主城区的城市更新年度实施计划。城市更新年度实施计划以更新项目为最小单位，主要明确项目名称、主要更新方式、主要权利人和参与人、资金及其来源等内容。

各区人民政府应当提前向市城市更新主管部门申报纳入下一年度实施计划的城市更新项目。市政府各部门、有关企事业单位也可提出城市更新项目，在征求项目所在地区政府意见后，由所在区人民政府统一申报。城市更新年度实施计划由市城市更新工作领导小组审议通过后，报市人民政府批准实施。

城市更新年度实施计划应以城市更新规划为依据，以现有物业权利人的改造意愿为基础，发挥街道办事处、镇政府的作用，依法征求市、区相关管理部门、利益相关人和社会公众的意见。城市更新年度计划可以结合推进更新项目实施情况报市城市更新工作领导小组进行定期调整。当年计划未能完成的，可在下一个年度继续实施。完成审批之后一年内无法启动实施的更新项目自动清退。

（二）明确法律地位，出台编制指引

更新专项规划是城乡规划编制体系中的重要组成部分，其法律地位应当按照《城乡规划法》的规定，作为总体规划和分区规划的附属内容和进一步深化予以明确。同时，在管理实施层面，更新单元规划与法定控规充分对接。针对各城市的更新项目的规划编制采用一般区域的规划标准，缺乏明确统筹指引与专项指导的问题，各级政府应当结合管辖范围的旧城实际问题，尽早出台城市更新专项规划编制指引，应对“存量时代”的城市发展需求，填补相关管理空白。

（三）强化区域统筹，明确更新模式

旧城区同时面临发展与保护问题，对于开发强度极度敏感，以单个项目研究难

以平衡建设容量与相关人利益。加强区域统筹，一方面可以对城市片区的现实问题做系统研究，另一方面提供了可操作的区域内利益平衡与建设量平衡的实现方式，依托更新单元的划定过程应当明确具体的更新模式，并给予相应的规划政策支撑。

（四）深化管理体制，制定配套政策

明确城市更新改造的专职管理部门与机构，出台更新办法、实施细则等政策。如有必要，研究制定更新条例的可能性。加强对国土、财政等公共政策以及专家论证制度、项目退出机制的研究，保障城市更新中的资源高效配置。

第三节　旧城社区更新中城市规划方法的应用

一、从旧城改造到旧城更新

第二次世界大战之后，为了改善战后城市面貌和解决住房危机，旧城问题逐步引起人们重视。1958 年 8 月，在荷兰海牙召开了第一届关于旧城改造问题的国际研讨会，第一次对旧城改造的概念作出了比较完整的概括：旧城改造是根据城市发展的需要，在城市老化地区实施的有计划的城市改造建设，包括再开发、修复、保护三个方面的内容。

虽然“旧城改造”更易于被社会及大众所熟悉和理解，但经过近多年国内外城市规划学术领域的研究和探讨，学界现已基本达成共识，普遍认为“旧城更新”比“旧城改造”更能体现经济、社会和文化多目标价值追求理念和未来发展方向。故本书使用“旧城更新”，而不使用“旧城改造”一词。其目的是通过学术研究引领全社会对旧城改造有更全面和更深入的认识和理解，打通社会和学术界之间的藩篱。

随着城市的发展，资源流在城市不同地区间转移，过去的发展核心由于吸引资源的能力下降，逐渐成为“旧城”。虽然旧城综合发展相对落后，但它是城市社会、经济、文化、历史等非物质要素的物质载体，具有多重属性。正如方可所说，旧城“只是用来专指城市由于历史发展形成的现存环境，并不带任何贬义，同时在含义上不仅限于物质实体环境，也包括附着在物质环境中的社会、经济、文化等非物质环境”①。而这里所说的“更新”则主要是以社会视角来看，采用更新改建、整治和保护等多种方法，从改善旧日城物质环境着手，但物质更新只是达成目标的过程与手段

① 方可 . 探索北京旧城居住区有机更新的适宜途径 [D]. 北京：清华大学，2000：16.

之一。在此期间，通过转变规划方法，最终实现旧城社区全面可持续发展。

二、旧城更新流程

旧城更新流程主要分为前期准备阶段、搬迁实施阶段、土地拍卖阶段及开发建设阶段。

(一) 前期准备阶段

前期准备阶段主要包括项目的立项、评审及复审等一系列流程，详细如下：

(1) 旧改办公室前往地块现场勘查，确定是否符合旧改条件，如需进行危房鉴定，到区危指办申请危房鉴定。

(2) 街道办对将要改造的地块进行摸底调查，确定搬迁地块的户数及面积，并征求拟被拆迁范围内单位与户主的意见。街道办将摸底调查情况整理后报区旧改办。

(3) 投资方与旧改办签订投资整理协议。

(4) 区旧改办向区政府提出申请，经区政府同意将地块纳入旧改批复文件。

(二) 搬迁实施阶段

搬迁实施阶段直接关系到拆迁户的切身利益，是旧城更新过程中最复杂也是最为关键的阶段，主要内容如下：

(1) 投资方与区旧改办签订委托搬迁工作协议，明确搬迁过程中双方的责权利关系。

(2) 投资方、旧改办、银行共同签订资金监管协议。

(3) 旧改办依照法定程序确定搬迁代办公司。

(4) 由区旧改办编制搬迁维稳评估报告，街道办编制搬迁维稳方案，投资方按照搬迁评估维稳风险等级向区财政缴纳维稳基金。

(5) 区旧改办、投资方和搬迁代办公司共同拟定搬迁补赔偿安置方案。

(6) 召开搬迁动员大会，由住户代表在大会现场抽取评估公司，邀请公证人员做现场公证。

(7) 若搬迁户对房屋实际面积和权证面积存在异议，搬迁户可提出申请，旧改办组织测绘单位对搬迁房屋实际面积进行测量。

(8) 在评估公司出具拟搬迁房屋评估价格后，区旧改办和投资方共同明确搬迁安置方案。

(9) 将旧城更新批复、搬迁公告、安置方案、补赔偿安置协议 (空表)、评估报告等在搬迁现场公示上墙。

（10）带方案进行模拟搬迁，入户签订模拟搬迁安置协议。若在模拟搬迁期限内，签约率达到100%，则所签模拟搬迁安置协议正式生效；若在模拟搬迁期限内签约率达不到100%，则终止模拟改造搬迁，所签搬迁安置协议自动终止。

（11）模拟搬迁安置协议正式生效后，投资方向区旧改办缴纳按时安置返迁户保证金。

（12）正式开展发放补赔偿款工作。

（13）搬迁住户向旧改办移交腾空房屋。

（14）搬迁代办公司对搬迁房屋进行拆除、打围平整、产权销户等。

（15）审计单位对搬迁项目进行审计。

（三）土地上市拍卖阶段

土地拍卖阶段主要是指土地的招标与评标阶段，主要目的是确定开发商，详细如下：

（1）区旧改办向国土局申请国土证销户。

（2）区旧改办向市土地拍卖中心提出土地拍卖申请。

（3）市土地拍卖中心分别向市规划、国土、文化、电业等有关部门发函要求出具如下土地拍卖相关文件：①面积计算（市规划勘察设计院）；②地籍前置调查（市地籍调查中心）；③红拨、界址点成果表（市规划勘察设计院）；④红线图（市规划局）；⑤规划设计条件通知书（市规划局）；⑥文物勘探（市文化局）；⑦电网配套方案（市电业局）；⑧地籍前置调查（市地籍调查中心）；⑨起始价评估（市地籍调查中心）；⑩搬迁安置审查（市征地事务中心）。

（4）与市土地拍卖中心商议土地起拍价和上市拍卖条件。

（5）由市土地拍卖中心上会（土地供应会）审批，并根据旧城更新土地上市条件的要求，制定上市拍卖标书（带返迁设计条件）。

（6）区旧改办与土地拍卖中心签订土地上市工作责任协议（带详细拍卖内容、条件）。

（7）市土地拍卖中心在拍卖开始日前30日发布公告，公布拍卖出让宗地的基本情况和拍卖的时间、地点。招标拍卖挂牌公告应当包括下列内容：①出让人的名称和地址；②出让宗地的位置、现状、面积、使用年期、用途、规划设计要求；③投标人、竞买人的资格要求及申请取得投标、竞买资格的办法；④索取招标拍卖挂牌出让文件的时间、地点及方式；⑤招标拍卖挂牌时间、地点、投标挂牌期限、投标和竞价方式等；⑥确定中标人、竞得人的标准和方法；⑦投标、竞买保证金；⑧其他需要公告的事项。

（8）公司索取土地出让文件，招标拍卖挂牌出让文件主要包括招标拍卖挂牌出让公告、投标或者竞买须知、宗地图、土地使用条件、标书或者竞买申请书、报价单、成交确认书、国有土地使用权出让合同文本。

（9）报名及缴纳竞买保证金。报名所需资料：报名表、法人代码证书、企业法人营业执照、法定代表人证明书及身份证、资质证书等。

（10）根据土地出让的方式（注：商业兼住宅可挂牌，住宅兼商业或纯住宅必须拍卖）、竞买人数等确定竞价的策略。

（11）公司竞得土地后办理成交确认手续，签订土地成交确认书，土地成交确认书应当包括出让人和中标人、竞得人的名称、地址，出让标的，成交时间、地点、价款，以及签订《国有土地使用权出让合同》的时间、地点等内容。成交确认书对出让人和中标人、竞得人具有合同效力。

（12）开发商竞得土地之后，根据成交价格向市土地拍卖中心缴纳服务费。

（13）开发商向市地税局缴纳拍卖总价3%的契税，并与市国土局签订《国有土地使用权出让合同》后，按土地成交价格的50%缴纳土地款给市国土局，经市财政局收取土地成交价的5%的耕保基金和社保基金后，市国土局将余额返还区财政局。区旧改办收到投资方的返还土地整理成本申请后，上报区政府审批。审批后区财政局按土地整理成本的50%（已含资金成本）将资金返还投资方。

（14）区旧改办按照搬迁总成本的一定比例作为投资回报，回报给投资方。

（四）开发建设阶段

根据旧城更新对象的不同，可将旧城更新分为城市中心区改造、棚户区改造、城中村改造、历史文化区改造、工业集聚区改造、旅游度假区改造、港口码头改造。我国比较常见的类型主要是前五种。一般来说，旧商业区、具有旅游价值的历史文化保护区处于城市核心地带，土地价值较高，这类改造大多由开发商主导、利益驱动；棚户区、旧工业区、城中村改造一般改造成本大于土地收益，大多由政府主导。根据旧城更新的盈利程度不同，社会融资的模式和渠道也不同。

1. 城市中心区

在城市经济发展的推动下，城市中心区市政配套和功能结构一直处于更新与再开发之中，城市中心往往成为旧城更新的重点区域。中心旧城区内通信、供水、供电等基础设施非常完备，学校、医院、金融和商店等配套设施也相对集中，并且城市中心区拥有核心区位与交通枢纽优势。但劣势在于建筑密度大、公共绿地少、生活环境质量差、停车场以及停车泊位少等。

城市中心区改造存在的一系列矛盾，诸如商业活动减少、居住环境恶化及周末和夜晚成为死城等，是开发企业无法回避的难题。由于拆迁成本与容积率的要求，城市中心改造需要边际利润更高的商业项目，但开发企业不能一味地追求经济效益，对承接大面积旧城更新的企业而言，需要注意改造区域内的功能调节。

2. 棚户区

棚户区通常位于城区的中间圈层，是早期规划短视的产物，由于历史原因，棚户区内集中了居住、商业、工业、市政设施等多种土地类型，道路狭窄、建筑密集，区域内人口购买层次低，无力承担改善居住置业的成本，且区内工业以小型企业居多，拆迁难度大。

3. 城中村

城中村是50多年来因城市扩展所包围的原城边村居。许多城中村仍有集体经济与行政合一的组织机构，建筑杂乱密集。由于二元体制的惯性，这种“都市中的村庄”仍旧实行农村管理体制，在建设规划、土地利用、社区管理、物业管理等方面都与现代城市的要求相距甚远，甚至出现管理上的真空。近年来，北京、深圳、珠海、南京、杭州、西安等大城市的城中村改造都已纷纷启动。

4. 历史文化区

每个城市都有自己的历史文化遗址，如北京的四合院、西安的钟鼓楼、南京的夫子庙、黄山的屯溪老街等。城市历代古城建筑真实地记录了城市个性的发展和演进，是城市不可再生的宝贵资源，也是城市底蕴和魅力所在，更是城市竞争优势的关键因素之一。然而，早先的开发改造规划由于对其风貌保护不够重视，导致城市历史濒临绝迹。例如，在旧城更新的实施过程中，许多古城门和城墙因为被定位于阻碍城市交通发展而遭到拆除；或者为了单纯的经济效益而盲目改建，如大量私家园林被改造成高级招待所。对城市古建筑、历史街区进行的大拆大建，其实质无异于杀鸡取卵，损害的不单是开发企业的长期利润，更是一个城区的人气与商业竞争力。

5. 工业聚集区

在每个城市的发展过程中，工业企业的布局因为城市规模增大、城市功能调整而变得不再合理。从国外工业化城市发展的历史来看，几乎都经历过工业厂房的调整改造。由于工业区产权结构与建筑结构简单，且容积率较低，拆迁量相对住宅片区要小很多。此外，工业区供电、供气、给水排水设施的容量优于普通住宅，工业区改造往往免除大规模的市政投入。

从PPP看旧城更新，其核心和重点在城市运营，过去以大拆大建为主，是因为重建设、轻运营，这带来很多问题。PPP的优势就在于能够长期持续地解决城市发展、更新过程中出现的各种问题，化解各种风险，并且有企业参与的城市运营将会更注重城市的盈利能力，对促进城市活力和提升创新程度有正面作用。

旧城更新是一个系统工程，其目的是追求经济效益和中长期社会效益的平衡，投资规模通常都以十亿元甚至百亿元来计算。单凭地方政府财力进行旧城更新压力很大，政府会通过制定积极的激励政策吸引私人机构参与旧城更新 PPP。

在政府层面，旧城更新 PPP 能保障资金来源，缓解政府的财政压力。参考国内外旧改融资经验，目前 PPP 是国内外常见的旧城更新主要资源。虽然目前我国新型的融资模式已经逐渐多样化，并且也在某些旧改项目中予以应用，但由于政策不明朗、成功案例有限，我国旧改项目还是以银行贷款融资和土地出让融资为最主要的融资模式；再者旧城更新类项目公众参与程度偏低，房地产企业仍是旧改项目的主力军之一，旧改的融资模式创新不足。寻求一种基于公共部门、私人开发商及社区居民等多目标、多中心的旧城更新的合理融资模式成为当前我国旧城更新的重要任务。融社会、经济及文化等多层次目标为一体的 PPP 模式就成为我国旧城更新工程的一个重要选择。

在推进城市治理现代化层面，旧城更新 PPP 有利于政府在城市治理工作方面形成科学决策、持续发展的新常态。通过 PPP 将社会资本的市场经验和高效率管理带入旧城更新过程中，有利于提高旧城更新工作效率和绩效水平。旧改项目采用 PPP 模式是目前最优选择。

在促进旧城更新健康发展层面，由于政府认为开发商往往将经济效益作为旧城更新的首要甚至唯一出发点，导致受旧城更新影响最大的旧城居民容易被忽视，城市文化遗产、城市肌理易被破坏，由此会带来各种长期的后续的社会问题。而政府和社会资本合作既能保证旧城更新必要的专业化程度和工作效率，又能保证其根本的公益性。PPP 会成为政府对公司的硬性要求。

在旧城更新风险控制层面，旧改 PPP 参与各方重新整合，组成利益共同体，对改造运行的整个周期负责，合作中共担风险和责任，社会资本分担了原先由政府（包括村镇集体）承担的风险，降低了政府的风险成本。

三、旧城社区更新中城市规划角色转变

虽然相关利益者可以通过多种途径来协调旧城社区更新中的利益冲突和矛盾，城市规划只是其中的一种方式，并且城市规划远远没有经济等其他方式所起的作用大，但这并不意味着城市规划毫无作为。新版《城市规划编制办法》结合我国转型时期的制度和环境，指出“城市规划是政府调控城市空间资源、指导城乡发展与建设、维护社会公平、保障公共安全和公共利益的重要公共政策之一”。[①] 作为城市公

① 潘悦，刘媛，洪亮平．城市规划角色转变下的旧城改造规划策略研究 [J] 中国名城，2013.（3）：19-24.

共政策和建设管理措施的城市规划，应摆正自身角色，以更好地落实政府相关职能，避免经济利益对社会利益的侵害，引导旧城社区更新的可持续发展。

(一) 旧城社区更新中的政府角色转变

我国在经济体制市场化转型过程中，政府的职能定位从原来对微观主体的指令性管理转换为对市场主体的服务，其角色定位也由“经济建设型”转变为“公共服务型”。政府应该是市场经济的服务者而不是审批者，其主要职责是创造市场经济发展的大环境，维护市场经济秩序，为经济发展提供有效的宏观调控，为经济和社会的协调发展提供基本而有保障的公共产品和有效的公共服务。而城市规划则应承担起引导、管理城市空间发展的重要公共政策职能和为城市发展中相关利益群体提供公共服务职能，从城市政府行政计划的实施机制转变为多方利益表达的平台和群体利益再分配的工具。

旧城更新规划作为城市规划的一种类型和政府管理旧城更新相关的空间手段之一。其目的在于提升城市形象，改善居民生活环境，加快中心城区土地增值，保护城市历史文化等。然而，旧城更新规划仅是旧城更新项目成功与否的必要条件，而非充分条件。城市规划的“公共政策”和“公共服务”职能，主要是通过对旧城更新地块中的空间属性管理进行引导，达到控制其经济属性与社会属性的目的。即通过研究更新地块的经济属性（包括影子价格因素）与社会属性（包括外延社会效益）对其空间属性采取定位、定性、定量、定界方面的指导、控制与管理，从而为相关利益者的利益博弈提供交流协商平台。

城市规划的“角色”定位直接决定了旧城更新中的规划模式、方法及技术手段。在“公共服务型”政府角色转型背景之下，旧城更新中，城市规划应该体现出“公共服务”与“公共政策”的双重角色。两者相辅相成，有利于实现“和谐社会”和“科学发展观”的构建。作为“公共服务”角色，城市规划为旧城更新中涉及的各相关利益主体提供一个博弈的平台，也是公共政策的运作平台。作为“公共政策”角色，城市规划对更新过程中的各相关利益主体行为提供引导与控制，从而在保障社会公平的同时提高经济效益。

(二) 城市规划的公共服务职能

城市规划的公共服务职能体现在城市规划管理部门在旧城审新规划编制与管理的各个环节为政府、开发商与居民三个主体需求提供服务。

对政府主体：一般情况下，政府组织编制宏观层面的旧城更新规划，微观层面规划由开发商负责组织编制。政府侧重“服务型”管理职能，运用市场化手段推动旧城更新项目。因此，城市规划在以下两个方面进行调整将有利于政府服务职能的发挥。一是旧城更新规划属于非法定规划，其规划成果应该与现有法定规划成果保持一致。宏观层次旧城更新规划以城市总体规划成果为指导，微观层面旧城社区更新规划内容以控制性详细规划为指导，当出现矛盾情况时，相互协调统一后指导旧城更新项目实施。二是政府需宏观把握全市旧城更新后的经济、社会、文化与环境等多重目标，制订相应的各类规划，引导城市健康有序发展，以免因为配置不当造成资源浪费。而旧城更新规划应该在不同层次与这些规划成果，大致包括产业类规划（比如地区转型发展规划、产业规划）、物质类规划（包括旧城更新规划等）、行动类规划（重大改造项目规划、投融资规划）相协调。同时，城市规划管理部门作为旧城更新规划编制与管理的行政机构，在行政上与各管理部门（如文化局、民政局、发改委）的行政管理内容上对接。

对开发商与居民主体：城市规划不仅是政府的调控和管理手段，更要站在可持续发展的角度，公平公正地对待开发商与居民主体的利益，两者之间的协调平台主要体现在微观层面的旧城更新规划。同时，两者之间关注利益点的错位（前者注重经济价值，后者注重使用价值）显示出旧城更新规划需要提供不同规划控制手段兼顾各方利益。

（三）作为公共政策的城市规划

公共政策作为满足城市规划公共服务职能的工具与手段，通过引导、调节、控制相关利益者的行为达到更新预期目标的目的，从而反映出公共政策的本质，即利益的合理分配与利益的优化增进。针对不同主体的行为特征，旧城更新规划需要提出相应的规划对策。

政府的基本职责在于保障更新地块中的公共事业（包括社会服务设施、市政基础设施与道路交通设施）建设，分为经营型、准经营型与公益型公共事业三类。针对更新地块内的不同类别的公共事业，旧城更新规划需提出不同的控制力度。旧城更新规划作为物质性功能承载平台，为旧城更新中涉及的各政府相关管理部门提供“一张图”统一管理模式，在其中统筹安排各类公共事业设施的布局、规模、建设计划等信息，加强政府管理的工作效率和控制效果。其次，发挥旧城更新规划的多元化调控手段。根据公共事业的不同经济效益、社会效益与自身特征，旧城更新规划拟定相应的控制力度。一般而言，外部效益大、经济收益小的基础性公益设施采取刚性控制，而外部效益减弱和社会资金投入多的经营型与准经营型公共事业相应放开控制弹性。以旧城更新中的文化教育设施为例，职业教育与义务教育设施的外部性效益与经济收益是相悖的，在更新过程中，需要加强政府或开发商承建义务教育设施的责任和义务，对于前者可采取多方博弈方式、引入社会资本与采取多元的规划利益补偿手段解决。其三，对于政府的管理行为依然需要加强市民的“公众参与”监督，公众对于旧城更新具有参与权与表决权。旧城更新项目不仅涉及更新地块内的居民利益，对周边居民的生活就业产生影响，更关系到城市历史与文化保护。

开发商是关注项目更新后带来的经济利益，城市规划应该约束其提供社会责任的前提下满足其效益诉求。针对不同更新项目特点，旧日城更新规划制定多元化利益补偿机制，如转嫁开发权、提高开发强度等方式。目前城市规划的调控手段比较单一，如广东省各市级政府为了推动城市产业转型与提升城市景观环境，编制“三旧改造”专项规划引导后，将单元规划项目更新交给市场，开发商根据政府提供的可改造地块清单，经过效益评估后选取更新地块。政府大多通过提供容积率应对企业收益、产业升级与景观环境，然而较高的开发强度已经影响周边地区交通、居民生活与城市整体环境。

在旧城更新的博弈平台中，居民属于最弱势的群体，政府及其城市规划不仅需要角色上转变，更需要通过配套技术和制度加强居民主体的话语权。一个行之有效的方式是多元化居民主体的“公众参与”的形式与途径。目前，各地的旧城更新规划方案仅出现在城市规划管理局大楼前，或媒体报纸中的一隅之处，用十分专业的少量图纸公示30天。这些图纸反映的信息，即使专业人士在缺乏相关背景解释与完整图纸的前提之下也难以提出意见，何况普通居民。公众参与的根本前提是让大众群体有所参与，在信息流动便捷、科技发展的今天，应该采取多种途径的公众参与途径。比如，采用形象、直观、生动的影视文件和模型展示、对比规划的前后成果，通过具体数字反映对比改造前后的经济与社会效益，同时加强进行有效宣传，这样才能真正体现城市规划的公共政策本质。

四、基于社区发展的旧城社区更新规划方法

旧城社区更新不仅关乎城镇经济和建设发展，更是人民群众十分关心的社会问题。旧城社区更新规划的方法是否合理，直接关系到规划是否能顺利实施，更新是否成功和社会是否和谐。

“城市规划的理论”是指导规划方法的理论基础。曹康、张庭伟在回顾梳理“城市规划的理论”的演变历程后指出，从20世纪90年代至今，城市规划已进入合作规划理论的时代。在合作规划理论的指导下，基于社区发展的旧城社区更新规划方法应强调利益相关方之间的协商互动，搭建合作规划平台，着眼于培育社区治理和

提升社区资本，以融入社会关怀的规划方法指导规划实施。①

(一) 有效引导市场力

1. 积极与社区协调，提高效率

传统的旧城更新方式中，市场力与政府力结合较为紧密，而与社区的联系仅仅有关于“拆与被拆”。将来，随着政府力的调整、社会力的发展壮大，社区自主意识将会越来越强烈。市场力为适应这一变化，应当积极寻求与社会力协调，降低更新阻力，提升效率。这主要表现在两个方面：第一，社区拥有自主选择规划编制单位和更新开发的企业，通过市场机制选择有竞争力的单位；第二，在方案研究和实施过程中，居民会更多地参与进来，只有更好地结合居民意见，才能顺利地推动项目。

2. 尝试多样化的更新手段

市场力介入旧城社区更新的方式不是只能推倒重建。为了获得更好的效益，许多管理者、学者和开发商都对更新开发手段进行了研究。现在，越来越被大家认可并模仿的方式就是通过功能置换和对建筑的“整旧如旧”，同时实现文化旅游的商业价值与老旧城区的环境改善。

此外，针对环境质量尚可的地区，完全不必要全部拆除重建，应当吸引市场资金进行整体修缮和整治。大量地区都可以通过这种办法整体提升环境水平，不仅所需资金少，而且启动快、见效快。

(二) 积极培育社会力

1. 加强社区基层行政组织建设

我国社区建设改革的方向是不断把社会服务型职能下放给社区，而传统的社区管理模式已不能适应这种变化。目前，街道办事处作为政府的基层派出机构具有较强的行政色彩，居民委员会在法律意义上，是居民自我管理、自我教育、自我服务的基层群众性自治组织。但实际运行过程中，其任务主要是执行上级传达任务，工作被动，难以成为社区居民代言人，且规模偏小，无法适应城市居住小区一级规划的管理需求。当前，各地社区自治的试点改革正在不同方向上摸索社区管理体制改革的经验。例如，上海一些社区中成立的“居民议事会”作为完全意义上的居民自治组织参与社区管理；南京城里的“社委会”，属于介于街道与居委会之间的基层群众性自治组织。一般在1500户范围内设置；而北京市则将居委会的规模调整为不小

① 曹康，张庭伟．规划理论及1978年以来中国规划理论的进展[J]. 城市规划，2019，43(11)：61-80.

于1000户；有的城市则在旧城改造中应运而生了“居民监理团”。[①]

随着经济发展和社会的转型，城市社区发生了深刻变化，一方面居民对居民委员会的归属感和认同感普遍较弱，另一方面居民委员会承担的管理任务和居民对社区服务的需求都大大加大。首先需要通过民主选举产生组织，从而提高居民公众参与的积极性，实现社区居委会真正意义上的自治和管理职能。鉴于现有居委会普遍管辖范围较小，可以将若干个居委会联合组成社区居民委员会，以便于在更大范围上负责社区的规划发展及其他公共事务。同时，下设多个从属机构，针对不同类别的事务各司其职。

2. 鼓励发展社区NPO和NGO组织

社区管理机构为更好地实现社会服务，往往需要依靠外部组织提供专业化的指导。在发达的市场经济国家，非营利组织（NPO）和非政府组织（NGO）是除了传统政府部门和私人部门以外重要的“第三部门”。它们在克服“市场失灵”和“政府失灵”造成的严重社会问题时，扮演着重要的角色，发挥着重要的作用。在公共管理的社会本位理念中，政府已经不是公共管理的唯一主体，政府、第三部门和市场三类管理主体，在社会公共事务中“平等协商、良性互动、各尽其能、各司其职”[②]。但是，目前我国民间组织建设仍处于发展初期，整体来说相当薄弱，能力不足，主要表现在以下几个方面：第一，尚未建立关于NPO和NGO整体发展的法律法规体系；第二，NPO和NGO资金严重不足，主要来自财政拨款、补贴和政府的项目，过度依赖于政府，缺乏自筹资金能力；第三，缺乏NPO和NGO专业人才及其培训机制，工作人员流动性大，主要依靠志愿者开展活动；第四，缺乏来自政府和民间的管理监督，以至于公众质疑其公益性。

随着当前我国民主意识提高，公众对自我管理和参与管理的愿望也随之增强，NPO和NGO组织的发展正是实现这些目标的主要途径。但目前，针对社区发展的NPO和NGO组织在我国更是少之又少，社会应重视其建设。它们在参与社区更新规划中，可与正式的社区行政管理机构形成优势互补及一定的竞争关系，可以满足市场经济条件下越来越多元的社区需求，使更多的专业工作者通过民间渠道进入社区，并提供公共服务，从而提升社区规划的专业化程度。[③]

（三）开展以社区组织为平台的规划参与

在旧城社区更新中，“社区组织”是社区参与的轴心，从而真正发挥出社区力

① 叶南客．中国城市居民社区参与的历程与体制创新[J]. 江海学刊，2001(5)：34-41.
② 朱冠錤．我国NGO发展现状及路径选择[J]. 国家行政学院学报，2008(01)：89-91.
③ 杨荣．论我国城市社区参与[J]. 探索，2003(1)；55-58.

量，并维护社区利益。政府对项目给予政策上的支持，酌情给予土地优惠政策及减免相关税费，鼓励市场经济，但保障居民利益和公共利益。开发商通过招投标或与社区协议的方式参与更新，保证合理拆迁赔偿和较高的回迁率，按时按质完成政府要求的公益性服务设施建设。社区则需要形成社区组织，发挥组织功能，协调统一居民集体意见，与政府、开发商博弈。我国社区基层组织程度历来很高，街道、居委会等行政组织在社区的发展和运行中发挥较大作用，并且，社区 NGO 组织也在蓬勃发展。

社区组织与居民的关系：第一，代表居民利益与政府、开发商博弈，争取居民合理权益；第二，通过社区组织协调居民之间的利益，按照绝大多数人的意见作出决策，最大限度地保障个人利益和社区集体利益；第三，通过社区组织将众多的个人力量有效集中起来，提高居民公共参与的积极性。

社区组织与政府的关系：第一，政府为减少社会负担而下放权力，需要有强而有力的基层组织承接，社区组织正是良好的选择，它能够进行日常的社区管理和开展基本的社区建设；第二，社区组织是居民与政府沟通的桥梁，能够化解彼此之间的误会与矛盾，有利于和谐社会的建设；第三，政府应当对社区组织进行培训，提高其专业技术能力。

社区组织和开发商的关系：第一，开发商与社区组织沟通，能够提高运行效率，并减少后期摩擦，有利于项目的顺利推进；第二，若社区组织较发达（如城中村的村集体组织），可与开发商协商进行更新开发，对社区来说，缓解了资金和技术问题，对开发商来说，减少了拆迁补偿额度及社会风险。

（四）实施社区主导的小规模持续更新

传统的旧城社区更新，无论是出于政府对政绩考核的要求还是开发商对资金回报速度的要求，往往采用“大手术”的方式一次性解决问题。物质环境的确能在短时间内发生翻天覆地的可喜变化，但从此一劳永逸了吗？且不说建筑物依然会在将来面对老化问题，就说其社会、文化和交通等方面，可能都需要对这个“新生儿”重新适应。但政府和开发商往往是不会对这些后续问题长期追踪的，只有居住在其中的居民才会深刻感受到它对生活的影响，并对负面影响进行积极的改善。

对于自行改造的项目，实施主体在取得城市更新项目规划许可文件后，应当与市规划国土主管部门签订土地使用权出让合同补充协议，或者补签土地使用权出让合同，土地使用权期限重新计算。权利人可自行改造，以及自行改造的项目不需要以“招拍挂”方式出让土地使用权明确之后，将大大促进原权利人进行改造的积极性。

旧城社区更新不强调一劳永逸，而是鼓励社区主导的动态长效更新，是一种过程式的、生长式的更新，即分期滚动式开发或者小规模的长期维护。演替式城中村社区是社区中比较特殊的一类，具有自主更新的社区基础。然而，对于大多数社区而言，可能更多的是小规模的持续更新。它把“社区更新”理解为促使社区物质、文化和经济全面进步的常态行为，通过发挥社区能力，不断实现社区综合可持续的发展。在这个过程中，单靠社区自身的力量肯定是不够的，还需要依靠政府的财政支持和开发商的投资，甚至是专业部门的策划服务，形成互动的良好局面。

（五）引入社区治理的规划工作方法

社区治理的本质是希望通过政府和社区对公共事务和公共生活的协商共治，从根本上缓解我国政府强大的单中心主义倾向，增强社会力量的话语权，形成多主体合作模式，减少社会矛盾，利于和谐社会的构建。

在旧城社区更新中，引入社区治理的规划工作方法的目的是整合资源和培养社区能力，进行符合社区需求和得到居民认可的更新活动，利于缓解更新中的各种社会矛盾，以实现社区可持续发展。在应用此方法时，政府需提供宽松的政策环境支持社区发展，规划工作者在规划过程中需要着重社区调查和社区意见收集。对于治理能力不同的社区，在展开具体步骤时应选择不同的方式。因此，在规划之前对社区治理能力的评价是十分必要的。

1. 旧城社区更新中社区治理的类型研究

在社区治理类型的研究中，常规将治理的类型分为行政主导型、政府与社区合作型和社区自治型。魏姝指出，这种分类方法“可能更适合于历史的、纵向的描述”。因为若按照这种分类，社区内部的细小差异无法体现，中国的大部分社区都将被纳入行政主导型，一部分会被纳入合作型，而自治型社区几乎没有。因而她提出以两个变量为依据（治理网络扩展的方向和范围，以及治理主体的协作形式），将中国社区治理的类型分为传统型、协作型和行政化三种。[①] 然而这种分类方式，一方面与常用的行政型、合作型和自治型，在名称和内容上都高度相似，容易混淆；另一方面，强调静态的组织关系，忽略社区治理中动态的社区参与，难以涵盖向上的扩展类型（即上一级政府对社区公共事务的参与和责任）和向外的扩展类型（即政府外的行为者与社区居委会分担社区公共事务的责任）。并且，这种分类方式也并未涵盖在旧城社区更新中发育出的如自改委等社区内部社会组织，因而，此种分类方法也具有一定缺陷。

---

① 魏姝．中国城市社区治理结构类型化研究 [J]. 南京大学学报（哲学人文科学社会科学版），2008(4)125-132.

结合旧城社区更新中治理主体数量和关系的动态发展，笔者按照治理能力的高低，将我国混合式社区和演替式城中村社区的社区治理类型分为命令式社区治理、保障式社区治理和合作式社区治理。当然，在城市中也存在主要依赖村集体经济组织的治理类型。但在实践中，其往往也需要受到政府基层组织的管理，笔者将这种类型也归结于上述三种之内。

命令式的社区治理能力较低，是由政府通过下级相关部门和组织，控制着没有明确职责分工的社区治理主体。也就是说，在旧城社区更新中只有形式上的社区治理主体，并没有实质上的治理主体。保障式的社区治理能力一般是有较多数量和类型的治理主体，包括各级党组织、社区居委会、社区工作站、单位组织、经济组织、非营利组织和社区组织等。但在旧城社区更新中，仍由处于主导地位的主体掌握各种资源、信息和权力。合作式社区治理的治理能力较强，是指有较多数量和类型的治理主体参与，并且依据规定或协商确定主体的职责、工作内容和形式，各个主体之间为平等的合作关系。

2. 旧城社区更新中社区治理能力评价体系构建

关于治理绩效的评价体系，程增建通过研究，总结出国际上影响较大的有“世界治理指标”“人文治理指标”“民主治理测评体系”等，国内有“中国治理评估框架”“政府绩效评价指标体系”“治理评估通用指标”等。[①] 可以看到，目前对于社区治理能力的研究多采用定性分析，而较少定量研究，并且多集中在社会学和公共管理学领域，在城市规划领域对社区治理能力常常缺乏较明确的认识。笔者尝试在已有研究和实践的基础上，建立一个初步的社区治理能力评价指标体系，并赋予权重系数，确定社区的治理能力，为旧城社区更新选择合适的工作方法进行事前评估。这样，可以有效避免由于社区治理能力不足或能力无法施展而导致的规划结果偏离，更加稳妥地推进规划。对于能力高的社区，社区处理更新矛盾的能力强，应制定合作规则，赋予社区权力，将社区纳入主体构成中，由社区承担所有更新工作，或者与政府或开发商共同承担更新工作。对于能力较低的社区，则需由行政主导或偏重行政指导，鼓励社区参与解决问题，并且找出评价体系中得分不高的因子，有针对性地制定改进措施，以提高能力，减少未来的更新阻力。

(1) 社区治理能力的概念

基于前文分析，笔者认为，社区治理能力是指社区在非营利组织等的帮助下，依照相关规定和法规，通过合适的方式，培育和激发社区力量，以及促进多主体协商合作共同处理公共事务，实现综合利益最大化的本领和能量。

① 程增建. 旅游开发过程中的农村社区治理评价研究——以阳朔县历村和木山村为例[D]. 桂林：桂林理工大学，2010：17.

(2)社区治理能力评价指标体系

从旧城社区更新和社区治理的经验来看，影响社区治理能力的要素并不是单一的，并且这些要素之间还具有千丝万缕的联系。结合哈迪(Hardy)、李勋华和刘永华①、徐金燕和蒋利平②的研究成果和实践调研资料，笔者认为，旧城社区更新中社区治理能力评价的要素可以分为外部因素和内部因素。其中，外部因素包括制度环境要素和发展条件要素，内部因素包括社区主体要素和物质空间要素。

制度环境要素主要是指政府和社会环境的支持度。实践和经验表明，社区治理能力的发展无法离开上级政府的政策资金支持，信息透明公开，规划程序开放，以及社会大众、媒体、非营利组织、公益组织、社区规划师等社会组织的关注和协助。结合姚引良等的研究和调研成果，笔者认为，制度环境要素应包含支持政策的完备度、资金投入的比重、信息公开的程度、规划程序的开放度和社会组织的活跃程度。

发展条件要素主要包括社区所处区域的经济发展情况和对社会资金的吸引力。区域的发展水平越高，社区发展的机遇也就越多，并且也会提升民生水平。此外，由于政府的资金有限，若能吸引开发商或公益基金的投资，则更易推动旧城社区更新。

社区主体要素主要是指社区自身参与治理的意愿和能力，具体表现在社区自主经济、组织、交流和参与等方面。目前，我国许多社区的自主经济、组织和整合资源的能力很弱，参与的意愿也较低。经验证明，导向性明确的政策将会激发社区的参与意愿，促进社区参与。蔡尔德(Child)指出，意愿是社区主体的想法、态度等在过程中的表现，当治理主体具有强烈的参与意愿时，他们对各种技术、观点的学习接受能力将会更强。适度的社区参与将会有效提升社区归属感，为社会稳定提供心理支持，消解群体性事件发生。可以看到，社区主体要素是社区发展和参与治理的基础，强调社区依据环境条件的改变，整合和调整各项资源的能力。笔者认为，社区主体要素应包括社区经济的发展情况、社区组织的种类和数量、社区管理的运作和社区参与的程度。物质环境要素主要结合城市规划要求进行考虑，包括社区的区位条件、社区环境质量、基础设施水平和拆迁安置数量。这些要素与旧城社区更新开展的方式和难易程度具有一定的相关性。

3. 合作式社区治理的规划工作方法探讨

在命令式和保障式社区治理中，囿于能力有限，社区较难成为实质上的规划主

① 李勋华，刘永华．村级治理能力体系指标权重研究[J]. 湖南文理学院学报(社会科学版)，2008(3)：29-33.

② 徐金燕，蒋利平．社区公共服务政府与社区的合作治理：现实层面的解读[J]. 广西青年干部学院学报，2013(1)：75-79.

体之一。而在政府政策支持下，通过规划工作方法的引导，具有合作式社区治理能力的社区能够成为真正的更新主体之一，体现出促进社区发展的效果。不同于在命令式和保障式社区治理中仅由单一主体主导，在合作式社区治理中，强调包含社区在内的多主体。运用这种方法，需要规划工作者转变工作方法，积极发展社区组织，搭建社区平台，引导社区参与，加强规划工作者、社区居委会和社区居民“面对面”的合作，直接做到既实现旧城社区更新又服务社区发展。这也正是基于社区发展的旧城社区更新规划的目标。结合案例实践，此方法的构建策略主要体现在以下方面：

（1）规划工作者的角色定位

不同于在命令式和保障式中的教育者和精英角色，在合作式社区治理中，规划工作者一方面需明确自身的角色定位，即在前期，扮演行动的主持和引导者，帮助利益相关方确定各自的职责和权利；在社区组织成长之后，扮演支持、辅助的角色。另一方面，促进地方政府管理方式的变革，使政府行为与公众需求相吻合。

（2）规划工作者的工作目标

不同于在命令式和保障式中仅满足社区形式上和被动的参与，在合作式社区治理中，规划工作者的工作目标是积极促进社区主动参与，明确社区内各个组织的职责和权利，完善参与制度和表达机制，采用多样化、合适的参与方式，激发社区参与公共事务的积极性和热情，促进社区与政府合作共同推进更新项目。如目前合作式社区治理常采用的开放空间会议方法，就是将学习、对话、想象、规划集中在一个开放式的会议中，让政府工作人员、社区居民和与会的专家学者分组围坐在一起平等交流。此方法能更有效地促进民主参与，培养社区组织能力，形成行动计划和确定职责分工，以指导更新。这些规划前期的基础工作为后续的规划实施奠定了广泛的社会基础，有利于社会和谐发展。

（3）规划工作者的工作出发点

不同于命令式和保障式社区治理主要以满足居民的生理需求为出发点，在合作式社区治理中，规划工作者的工作出发点应是以满足居民高层次的需求为导向，采用上下结合的方式有效吸纳居民意见，完善更新项目的推进方式和协调更新中的矛盾冲突，并且协助政府和社区构建宣传规划、传达信息、接触公众、收集意见和提供咨询等服务平台，促进利益相关方合作，满足居民自我实现的需求。

（4）规划工作者的工作方式

不同于规划工作者在命令式和保障式中仅需要了解居民想法的工作方式，在合作式社区治理中，规划工作者应首先建立与社区居民的信任关系，通过理解居民寻找合适的切入点，并且需要相信每一个人都具有改变想法的可能和意愿，尽量在居民自治管理体系中化解社区矛盾冲突。

(六) 提升社区发展能力

1. 构建社区规划师体系开展社区主体培育

社区成员作为社区主体，是社区发展的首要对象，同时也是促进社区发展的重要因素。在旧城社区更新规划中，地方政府和规划工作者通过开展各种正式和非正式的教育培训，为社区所有成员提供可获得多样化的发展资源和教育资源，完善主体培育机制。通过将外部的发展动力输入社区，提升主体能力，能更好地理解规划和更新环境，进而内外动力聚合，一起促进社区发展。

(1) 在旧城社区更新规划中，首先规划控制出为本地弱势群体开展本地化、门槛低的特色商业设施，以及为非正规经济服务的空间。之后，若有地方政府的支持，社区组织可以向本地创业人员办理小额担保贷款服务，帮助其创业。并且通过“就业孵化器”活动向辖区内的下岗失业或无业人员提供免费的技能培训，帮助其二次创业。这样，一方面能有序组织空间，促进社区活动发生；另一方面通过主体培育，提升居民自我实现能力和发展社区经济。

(2) 借由旧城社区更新规划契机构建社区规划师体系，同时社区规划师在更新实践中也会快速成长，增强其和社区居民的相互信任度。在更新中，社区规划师可以通过公共财政经由社区组织支付报酬，其职业目标是不妨碍城市利益，代表本社区谋求长远利益。主要职责是向社区解读旧城更新相关规划，培育公众参与意识和能力，提供技术教育，提高规划建设水平，推动重点项目在社区的落实。

社区规划师在社会生态理论注重实践的指导下，强调扎根社区，运用专业技术能力，通过讲座、课堂、培训、参观学习、志愿者培训等一系列教育培训，加强居民，特别是弱势群体改善环境的能力，消除社会力量在旧城社区更新中与政府、市场博弈的经济、技术壁垒，使更新后的生活环境能更好地满足使用者的需要。在正街社区和上沙村的前期调研中，课题组将调研活动作为实习和社会实践，锻炼在校学生的谈判、劝说和协调的社会组织能力，以期培养社区规划师能力。在研究过程中，将居民建议最大限度地反映在方案中，力图编制符合主体需求的规划方案。

2. 建立多方参与土地再开发机制

在旧城社区更新规划中，需要建立多方参与土地再开发的决策、管理和服务机制，采用有针对性和适合的参与方式，进行简单、迅速和低成本的参与活动，综合考虑多方意见，最大限度地满足总体目标。

地方政府与开发商“自上而下”地进行旧城土地再开发，可能会引发利益和过程矛盾，使得“民生工程”不一定满足当地居民需要。利益矛盾来源于土地再开发，通常会涉及与公共利益相关，且易产生矛盾的土地征收、拆迁补偿、产权和土地发展权等问题，常常出现地方政府代替市场机制，或者过分依赖市场机制的现象。过程矛盾来源于信息交流不畅，无法“对症下药”，以得到居民认同；并且居民也难以了解规划意图，质疑政府公信力。

（1）参与规划的方式应多样化，利于信息沟通，了解不同居民的需求和规划要求。规划工作者通过专业知识和沟通技能，了解居民意图，并帮助不能较好表达自己需求的居民表达意愿。此外，政府和规划工作者还应鼓励社区组织发展。对于混合式社区，主要利用原单位形成的社区组织和社会网络的基础形成组织参与；对于演替式城中村社区，主要依托原村集体组织和社会网络形成组织参与，在涉及集体用地和集体经济发展时，更需要形成组织的形式，与其他利益集团博弈。此外，还有出资或出力参与规划管理和项目实施的方式，可以塑造社区归属感，改善邻里交往和促进身心健康。

（2）参与阶段可以发生在规划过程中的任意节点，如调查阶段、初步方案阶段、方案协商阶段等。这样，公众可以根据自身能力和需要，在事前、事中、事后的任意节点参与，了解信息及表达意见。

为了鼓励居民选择公寓式安置方式，应采用渐进的更新方式，由政府政策引导和开发商先行出资在就业用地内修建安置房，再进行拆迁。该更新项目的融资渠道，一方面可以来源于保障性住房建设资金或政府担保银行低息贷款，另一方面征集有社会责任感的开发商进行投资，并准许其参与后续的更新规划。

3. 建立社区运行管理和自主社区经济的赋权机制

社区组织除服务和管理社区之外，还应具有一定程度的自主能力。虽然社区规划师体系旨在通过长期的在地化运作，为社区提供专业咨询服务，提升社区品质，但作为外来人员的专业者实际上无法长期驻扎在社区，如S市社区规划师的挂点时间仅为一年。若社区组织缺乏自主能力，当专业者离开之后，社区事务将会回归先前状态。因此，借由旧城社区更新规划的契机，在社会政策和资金支持的外力推动下，发展社区组织与社区一道成长。这样将会更有效地实现社区发展。

（1）社区组织通过规章公约形成赋权制度主导社区的运行管理

形成赋权制度，首先需要有成熟的社区组织。我国社区组织的基础薄弱，虽然有较强的动员公众参与能力，但缺乏技术和宏观把握能力，因而需要非营利组织和社区规划师协助发展。在混合式社区中，因为其已是城市管理方式，主要在政府和专业工作者的协助下，组成自改委、自管小组、互助组织等社区组织进行更新过程的运行管理。而在演替式城中村社区中，由于更新，使得农村的管理方式转制为城市的管理方式，将会重组原有的组织和社会关系网络。因此，需要在政府的主导下，非营利组织和社区规划师扮演催化剂和中介的角色，协助社区挖掘村内血缘、宗族、地缘等丰富的非正式网络资源，利用公众参与的过程和方式，改变传统的“小农意识”和等级分层等农村组织的先天缺陷，构建适合本社区更新管理的新的组织形式。

其次，虽然我国旧城社区更新规划需要政府行政和专业者的协助和介入，但需明确社区的运行管理应以社区居民为主体，社区资源应由社区组织来运作。

在更新初期，规划工作者通过技术性较低的空间改善规划，形成社区组织；之后，依据社区需要，组织居民主动讨论公共事务以凝聚共识，发展社区组织能力，并且由社区组织自发解决社区事务。这样也会增强社区组织对居民的约束力，有利于赋权机制的形成。进而，社区组织通过与居民研讨，拟定如认养公园制度、楼道公约、社区环境保护规范、公共用房使用制度和大院规范等社区公约或规范，约束居民行为，强调社区在更新中和更新后运作管理的自主性，形成良好的赋权机制。这样，不仅有利于社区意识的形成，而且即便专业者离开社区，社区依然能够继续运作管理，实现发展。

(2) 社区还应有自主经济的赋权制度

一方面，社区需要扩展社区经费的来源，包括增加政府行政划拨资金和发展社区经济；另一方面，社区需要规范化争取、使用和管理经费的相关制度，加大经费使用的透明度。

社区经费最主要的投资主体就是地方政府的行政补助，但笔者在武汉市和钦州市调研过程中发现，政府财政在社区中的投入较少，若想开展活动，只能从社区居委会的办公经费中抽取，不利于活动展开。因此，政府在未来应增设专项资金用于社区公益事业，并调整财税体制，增设或调整地方税中属于社区支配或共享的税种，由区财政代征。

除行政补助外，社区经费还主要来源于社区自身可产生收入的社区经济。地方政府应鼓励社区经济的发展，以有效服务社区。并且，社区经济还应包括传承社区文化特色的产业和保障弱势群体后续生活的产业。社区可以利用旧城社区更新规划的机会统筹规划管理，保证经济活动的有序性和合法性，因地制宜地开拓社区经济的模式和思路，提高服务产业技术含量，如发展传统产业、空巢老人社区照顾产业，完善社区服务、社区保障和就业体系。

在演替式城中村社区中，社区经济主要来源于村集体经济和集体土地。由于城中村更新涉及集体土地国有化转制问题，因而，相关的更新政策均对原村民还建安置用地和原村民劳动就业用地的建设进行规范。如某市政府文件指出，城中村不论是村经济实体自行改造，项目开发改造，还是统征储备改造，都需要还建住宅用地妥善安置原村民，并预留产业用地或建设商服设施，发展社区经济，以确保社会保障资金和安置劳动力就业。

目前，在土地转制基础上，通过城中村更新规划集约利用就业用地，将会创造更多效益。在增加社区经费来源的基础上，通过经济赋权机制，培育社区自主经济的能力，让社区拥有并能自主使用可以支持社区发展和运作的经费的能力，更好地服务社区和发展社区。混合式社区通过政府协助，规划工作者指导和社区讨论，制定各项有关社区资金的筹集、使用、管理和监督的制度。演替式城中村社区，在更新过程中，需要明确村集体组织改制的方式、资产处置方式、改制的程序和政策等。在改制之后，引入市场化运作，明确资金管理和使用规范，不仅能更好地发展经济，还能减少居民生活的后顾之忧。如将集体土地作价入股的社区，自主运营方式能满足社会保障和社区发展的需要。自主经济的赋权机制形成后，社区组织能够根据社区需求弹性安排资金，更有针对性地将资金运用于社区服务项目、保障事业和经济发展项目等，以及推行各种有益于社区发展的活动，如闲置地整治、社区环境美化和讲座参观等，有效实现社区发展。

4. 社区特色宣传

老旧社区环境往往较差，经济条件较好的居民常选择品质较好的住宅，搬离社区，留下来的大多是无力搬离的弱势群体，存在文化疏离和认同感较弱的现象。在追求经济利益的导向下，许多居民将空置住房或自住住房出租，自己到别处租房。

借由旧城社区更新机会，挖掘社区文化和资源特征，并顺应社会发展趋势和大众审美要求，在规划中凸显本地特色，大到产业、服务设施的选择规划，小到标志物形状、材质的选取，进而为宣传社区打下基础。之后，通过诸如城市节庆活动、寻找城市特色活动、民俗活动、植树活动、放羊吃草等宣传策略，强化社区特色。一方面增加社区宜居性，加强居民对社区的认同感；另一方面宣传社区，吸引市民和媒体前来参观，提升社区吸引力，间接增加社区经济。

第四节　城市既有住区更新改造规划设计探究

随着岁月的更迭，既有住区已不能满足人民日益增长的物质生活的需求。需要对既有住区进行更新改造，对其进行合理的规划设计，改善其破败的面貌，优化其功能结构，对其进行重塑再生，使之既可为人们的生活场所，又使其原有的文化与肌理得到保护传承。

一、既有住区的基本内涵

(一) 既有住区的界定与概念

从广义上讲，已经建成的住区都隶属于既有住区的范畴。由于住区建设年代及使用年限的增长，其原本的居住功能、形态在物质和社会的双重影响下，出现了居住功能物理老化及居住组织形态失效的现象，因而既有住区是旧住宅单体与其居住环境在一定的使用时间段、社会形态、经济形态、自然空间和地域空间的整体作用下功能性的集合。

在我国，既有住区的建设与发展主要集中于三个时间段：中华人民共和国成立初期到20世纪80年代；20世纪80年代到2000年；2000年至今。这些既有住区中，处于第一阶段的住区由于物理老化严重已达到住宅使用年限，以及建设初期规划设计功能性差的原因已经被大面积拆除重建；而2000年至今的既有住区由于建设时间相对较晚，住宅和配套设施的规划建设都比较完善，且物理老化现象不明显，所以不在既有住区更新改造对象的范畴内。本书研究的既有住区范畴主要是指建造于20世纪八九十年代的目前尚在使用的既有住区。

(二) 既有住区的分类与特点

1. 既有住区的分类

既有住区分类方法较多，可以从不同的属性角度来对其进行归类分析，既有住区分类如下：

(1) 既有住区按照住区的主体不同，可依据社会经济地位和年龄进行划分。其中，依据社会经济地位来分，可分为高收入阶层住区、中等收入阶层住区和低收入阶层住区；依据年龄来分，可分为老龄住区、中龄住区和青年住区。

(2) 既有住区按照住区的地域分布来划分，可分为中心区住区、中心外围住区和边缘住区。

(3) 既有住区按照社会——空间形态的构成特征来分，可分为传统式街坊住区、单一式单元住区、混合式综合住区和流动人口聚居区。

(4) 既有住区按照居住环境类型来分，可分为平地住区、山地住区和滨水住区。

(5) 既有住区按照建筑类型来分，可分为低层住区、多层住区和高层住区。

2. 既有住区的特点

(1) 建设标准低。目前，我国城市中的大部分既有住区都是指建设于20世纪90年代以前的住宅区。自改革开放以来，我国的社会经济得到快速化发展，城市化水平得到大幅度的提升。虽然当时建造的住宅区普遍拥有三十年以上的使用寿命，但由于建设年代久远、建设标准不高和维护不当等原因，如今已不能满足居民现代化生活的需要。因此，对城市既有住区进行整治改造已刻不容缓。

(2) 规划结构较开放。在我国的城市既有住区当中，相当多的小区采用开放式结构，与周围环境没有明显的分界线。住宅单元楼不封闭，直接连通周围的城市道路，车辆和行人可以随意进出小区，周边的各项公共设施（如医院、超市和学校等）为小区共享。虽然这种规划结构符合当时的经济情况、社会环境和发展要求，但随着居民生活水平的不断提升、城市化建设的不断提速、对城市服务功能要求的不断提高，这种规划结构下的城市既有住区，由于功能单一和基础设施不足等缺点已不满足人们的居住需求。

(3) 产权多样化。我国城市既有住区大部分是以单位为编制的住区，其产权很多隶属于国家或集体，即政府部门或企事业单位都是城市住宅小区的业主。但随着我国城镇住房制度的深化改革，城市既有住区的产权发生了翻天覆地的变化。除了一部分住宅小区的产权仍归国家管制之外，部分单位和企业解散，使得产权隶属不明确或是单位、企业等将产权转售，导致了城市住宅小区产权由公有向私有转变。

二、既有住区更新改造的内容

既有住区更新改造具有长期性和阶段性的特点，在改造过程中考虑的因素越多，最终产生的效果就越明显，这就需要在更新改造前对既有住区的现状和城市的发展进行系统的了解，在了解的基础上，对更新改造的主要内容进行具体分析和更新改造。既有住区更新改造内容如下：

(1) 既有建筑更新改造。选择合理的更新改造方式，对既有建筑外部形体进行优化处理，对外围护结构进行整修设计，对其建筑空间进行合理重塑，以改善住区居民的居住条件，提高居住生活质量。其包括空间结构更新改造、建筑立面更新提升、屋顶更新改造。

(2) 既有交通更新改造。对住区内的既有交通进行对应的优化，通过对道路、车道及人行道、停车设施及无障碍设施进行有针对性的更新改造，营造便利出行的氛围，为居民提供良好的生活环境。

(3) 既有管网更新改造。对既有住区内的给水排水系统、电力电信系统、燃气系统和供暖系统等进行整体的更新改造，对老化的管网合理排查，并对其进行更新优化处理，以满足居民日常生活的需要。

(4) 既有设施更新改造。对既有住区内的基础设施进行更新改造，并且对住区内能满足安全使用的原有基础设施予以保留，增设配套设施及公共服务设施，保证住区内的居民生命安全、创造便利的生活快捷方式。其包括建筑配套设施更新改造、住区配套设施更新改造、公共服务设施更新改造。

(5) 既有园区更新改造。整合园区内现有的景观绿化并对其进行修复改造；对园区内的出入口进行改造，提升优化其功能；对园区内地下空间进行重塑设计，以改善园区内的生活环境，创造高质量的居住环境。

三、既有住区更新改造的模式

根据既有住区的现状特点，本书尝试将既有住区更新改造模式归纳为房改带危改模式、循环式有机更新模式、居民自主更新模式、“平改坡”综合性更新模式，分别从“适用范围”“改造方式”“改造定位”三个方面来探讨这几种更新改造模式的基本内涵和特征。

(一) 房改带危改模式

1. 适用范围

(1) 位于历史保护地段或附近，与历史文化风貌相协调的或具有一定历史文化保护价值的街区。

(2) 既有住区有一定规模且建筑外观有一定的特点，但建筑整体质量较差，没有保护和修缮的价值。

(3) 人口密度大，建筑内部居住拥挤，难以满足现代居住的要求，建筑设计功能不系统，急需更新，但地理位置优越，居民搬迁较难。

2. 改造方式

(1) 就地安置原住地居民，完善既有住区的使用功能，目标是建成能延续历史风貌且内部大致能适应现代化居住生活的特色住宅区。

(2) 条件允许时，可以适当扩大规划改造面积，适量新建部分商品房作为建设费用的贴补，新建建筑部分应保持街区的传统建筑特色，并与环境在历史风貌上协调统一。

3. 改造定位

房改带危改模式的发展目标是提升居民的生活质量，改造过程是对历史文化传统的延续，更新后住宅的居住功能应完全满足居民现代化生活需要，使居民有归属感和亲切感。

（二）循环式有机更新模式

1. 适用范围

（1）位于历史文化保护区内，具有鲜明的民俗特色和独特的自然景观特征，并且具有一定历史文化保护价值的既有住区。

（2）住区有一定规模，有文物保护建筑存留，具有完整的建筑布局且建筑风格鲜明，具有保护价值或具有较为典型的代表意义。

（3）居住密度高，不满足现代生活需求，建筑使用功能不系统，但地理位置良好，居民搬迁难度大。在延续原有建筑风格和居住风貌的基础上，优化其结构、改善环境并完善功能，基本能实现现代化的居住环境。

2. 改造方式

（1）鼓励居民外迁，结合房屋置换和原地留住等方式，合理疏解人口。

（2）在延续原有建筑风格和居住风貌的基础上，优化其结构、改善环境并完善功能，基本实现现代化的居住环境与市政基础设施的改造，优化使用功能，目标是建成延续历史风貌，内部基本适应现代化居住功能的特色住区。

（3）条件允许时，可以适当扩大规划改造范围，适量新建商品房来补贴建设费用，但新建建筑部分应保持街区的传统建筑特色，并且与环境在历史风貌上协调统一。

3. 改造定位

循环式有机更新的发展目标是内部改善住宅居住功能，满足居民现代化生活的需求；外部延续历史文化特色，可以进行适当的创新来提高住宅的使用性能。整体上应保留该地区及相邻地区的城市格局和历史文脉，尊重居民的生活作息，对历史文物建筑进行保护，并对城市在历史上产生并留存下来的各种有形或无形的资源和财富予以继承。

（三）居民自主更新模式

由于居民是最了解自己的生活环境的，居民自身发起的旧住宅改造更新通常是最经济有效的住房更新方法。因为居民以满足自身需求为目标，所以经过改造更新之后对自己的住宅更具有责任感，同时得到自我实现和自我价值的确认。

1. 适用范围

（1）位于历史保护地段或附近，有历史文化风貌协调要求或具有一定历史文化保护价值的街区。

（2）规模不受限制，建筑布局系统，有一定的建筑外观特色，存在一定的建筑质量问题，有保留和修缮的价值。

2. 改造方式

居民自主参与对住宅的局部修缮和维护等工作，以较少的成本投资更新自己的房屋，完善其使用功能。

3. 改造定位

居民自主改造更新模式的目标是通过自身耕耘获得优越的居住生活条件，改造规模小，过程不会对既有住区历史文化产生影响，但一旦全面开展，将对整个既有住区的改造更新产生非常好的效果，居民自身参与新住宅的建筑也就更容易被接受。

（四）“平改坡”综合性更新模式

“平改坡”是指在建筑物结构允许和地基承载力满足建设要求的前提下，将多层住宅的平屋面改造为坡屋顶，以达到改善建筑物功能和景观效果的目的。

1. 适用范围

（1）城市内一般地区均适用。

（2）住宅多为建造年代久远的老旧多层平顶住宅，建筑外观和质量水平较低，难以满足居民现代化的居住需求。

2. 改造方式

（1）在保证居民生活不受干扰的前提下，对住宅进行改造更新，对住宅使用功能进行完善。

（2）在建筑物结构允许和地基承载力满足要求的前提下，将多层住宅的平屋面改造为坡屋顶，同时对外立面进行一系列的整治，以达到优化居住区环境、修缮公共设施和完善住宅功能的目的，并建立优质持久的物业管理机制。

3. 改造定位

除了显著改善城市景观和居民生活条件外，在确保与周边环境协调一致的同时，依据具体项目周边的特征，采用多种建筑形式，增添屋面的层次感和立体感，丰富立面效果。在确保居民生活不受影响的前提下实施，有利于促进社会的和谐和以人为本的发展。

四、既有住区更新改造的特点

（一）复杂性

既有住区更新改造的复杂性在于不仅需要深入调查和分析更新地区现状的物质环境（包括地上地下），还牵扯到大量的社会、历史和政策方面（如私房政策、居民搬迁等）的其他问题。其涉及的内容多，涉及的人员广泛，牵扯的部门也多，各方的利益需平衡兼顾，很多时候还必须通过选择进行取舍。

（二）长期性和阶段性

城市在不断地更新演替，人民生活水平的提高和科学技术的进步也必将不断地对城市建设提出新的要求。因此，城市建设不可能是一劳永逸的，新建只是相对的，而更新却是绝对的，城市既有住区的开发也是如此。由于居住区是大规模建造的，其各项建设指标都必将受到一定时期的经济水平的制约，而建设标准与经济水平同步提高，这就决定了既有住区的更新的阶段性和长期性。

（三）综合性

既有住区的更新往往牵扯到城市的总体格局，如二次开发的人口密度需要考虑人口的疏导（尤其是城市核心区的更新），建筑层数的确定要考虑附近城市基础设施的适应情况。对于一些传统特色的老旧住区的更新，不仅要考量其本身的经济效益，而且还要充分研究历史和艺术的保留价值及城市与建筑文化的环境效益。

五、更新改造的价值

随着岁月的更替，既有住区由于受到各种因素的限制导致其不能满足居民日常生活的需求。对既有住区进行合理化的更新改造，对其空间功能进行优化重构，对既有住区的可持续性发展意义重大。

（1）降低能耗，延长寿命。我国既有住区内的大部分建筑都难以满足现行法规的耗能标准。通过对既有住区实施更新改造，不仅可以大幅度地降低既有住区的建筑能耗，延长其使用寿命，还可以避免大规模拆迁造成的资源浪费和环境污染，对城市的健康发展具有重要意义。

（2）延续城市肌理和发展脉络。既有住区更新不仅保持和增强了居民的归属感，还能进一步增强城市的历史感和彰显城市个性。其中一些既有住区已经建成超过20年，是具有时代特征的城市发展过程的现实体现。这些既有住区形成的社区氛围已经相对稳定和成熟，应避免大拆大建，保持其完整性。通过对既有住区进行合理化的更新改造，不仅可以延续其社区文化和氛围，还能继续传承城市发展历程中风貌和肌理的变迁，是城市建筑多样化的重要保证。

（3）缓解居民住房需求。随着社会的发展，居民对现代化居住条件的需求和目前既有住区的现状矛盾日渐加深。与此同时，面对高房价的商品房和供不应求的经济适用房，应对这些既有住区进行合理化的更新改造，改善居住环境，增加居住面积，更新厨房和卫浴设施，以最小更新成本最大化地提升居民对居住品质的需求。

六、既有住区规划

(一) 规划设计的内容

住区规划任务的制定应根据新建或改建情况的不同区别对待，通常新建住区的规划任务相对明确，而对于既有住区的改建，需对现状情况进行详细的调查，并依据改建的需要和可能，来制定既有住区的改建规划方案。

住区规划设计的详细内容应根据城市总体规划要求和建设基地的具体情况来确定，不同情况应区别对待。一般来说，它包括选址定位、估算指标、规划结构和布局形式、各构成用地布置方式、建筑类型、拟定工程规划设计方案和规划设计说明及技术经济指标计算等。详细内容如下：

(1) 选择并确定用地位置和范围（包括改建和拆迁范围）。

(2) 确定规模，即确定人口数量和用地的大小（或根据改建地区的用地大小来决定人口的数量）。

(3) 拟定住区类型、层数比例、数量和排布方式。

(4) 拟定公共服务设施（包括允许设置的生产性建筑）的内容、规模、数量（包括用房和用地）、分布和排布方式。

(5) 拟定道路的宽度、断面形式和布置方式。

(6) 拟定公共绿地、体育和休息等室外场地的数量、分布和排布方式。

(7) 拟定有关的工程规划设计方案。

(8) 拟定各项技术的经济指标和进行成本估算。

(二) 规划设计的原则

由于既有住区的环境复杂多变，更新改造和规划设计形式也千差万别，为了更好地实现既有住区的更新，在规划改造中，我们应该遵循相应的规划设计原则，将其纳入理性化、规范化的轨道上，以改变以往的盲目性和随意性。

(1)“以人为本”原则。以切实解决现实存在的问题、改善生活设施、美化居住环境、提高居民生活品质为目的，强调服务对象为住区现在和将来的居民，规划标准的制定、规划方式等都应该从居民自身的需求和支付能力出发。

(2) 适应性原则。提供规划改造的多种途径，适应政府、集体或居民自发改造，尽可能多地提升住宅区室内外生活环境质量；户型改造要适应特定家庭的生活需求和生活方式。

(3) 经济性原则。尽量保持原有建筑结构，减少改造成本，提高效用—费用比，创造更大的经济效益和社会效益。

(4) 公众参与原则。健全公众参与机制，组织居民参与改造的策划、设计、施工、使用后评估整个过程，真正满足使用者的实际需求。

(5) 可持续发展原则。结合既有住区的实际情况确定改造方案，延长住宅使用寿命，节约建设资金和资源；同时，采取适当方法，使规划改造行为本身具有可持续性。

(三) 规划设计的目标

对既有住区进行规划设计，是在对其更新改造的基础上，对其功能结构进行合理的优化，目的是优化配置土地资源，营造文化生活空间，打造美好居住环境，提升居民生活质量，实现规划设计所追求的目标。

(1) 优化配置土地资源。合理有效利用城市居住区土地资源，通过对既有住区用地与功能结构的合理化调整，提高土地综合利用效益、优化配置，并使居民生活环境改善。

(2) 营造文化生活空间。规划改造的过程中应充分体现对城市传统风貌、建筑文化、人文特征的尊重，注重保护具有历史价值的地段与建筑，同时增加社区文化设施，营造富有文化品位的生活空间。

(3) 打造美好居住环境。运用适当的技术手段，改善或增加必要的环境设施和休闲空间，改善居民的生活环境，减少交通噪声干扰，为居民提供舒适美好的居住环境。

(4) 提升居民生活质量。通过更新整治，对环境不良的住宅群与房屋进行改造，以弥补既有住区在交通、环境和基础设施等方面的短缺，增加既有住区配套医疗和文娱活动设施，从根本上提升居民生活的舒适度。

既有住区的规划改造应满足居民不断提高的居住需求，同时规划改造是一个动态的过程，一方面要适应居民生活不断提高的需求，另一方面也有推动社会进步的作用。

(四) 规划设计程序

既有住区的规划设计从收集编制所需要的相关资料，确定具体的规划设计方案，到规划的实施及实施过程中对规划内容的反馈，是一个完整的流程。从广义上来说，这个过程也是一个循环往复的过程。但从既有住区所体现的具体内容和特征来看，其规划设计工作又相对集中在规划设计方案的编制与确定阶段，呈现出较明显的阶段性特征。规划设计程序如下：

（1）确定既有住区规划区。在对既有住区进行规划设计前，必须先确定规划设计区。通过规划区的划分，合理确定功能区间，为后续的设定规划目标工作打下基础。

（2）设定规划目标。在确定既有住区规划区后，应该着手考虑怎样进行规划设计。只有设定好规划目标，才能进行实地调研考察，判断此目标是否适宜该规划区后期的发展以及方案编制工作的开展。

（3）调查分析。确定规划目标之后，应该进行实地考察，毕竟实践是检验真理的唯一标准。既有住区问题突出，我们应该对影响既有住区规划的各种因素进行调查并进行合理的分析，为后期编制规划方案的确定提供建议支持。

（4）编制规划方案。当各种相关工作已准备好后，应该对规划区进行方案的编制，并为后期的建设方案提供技术指导，保证规划工作有条不紊地进行。

（5）编制建设方案。当规划方案编制完毕后，应开展建设方案的编制工作。建设方案的编制应整合利用现有的资源，应对建设过程中可能发生的情况进行综合考虑，为后面的规划实施提供有力的技术保障。

（6）实施规划及反馈。当前面的相关准备工作都完善后，应对规划区进行规划设计。规划的实施要紧密结合现场的实际情况，一旦现场实际信息与计划有出入，应该进行及时的反馈，调整修改方案，保证规划的顺利进行。

（五）规划设计成果

随着城市化浪潮的冲击和使用方式的不断更新，大量的既有住区因为年代久远、建造工艺落后等相关因素的影响，已不能满足时代发展要求。通过对既有住区进行规划设计，并将其功能进行合理优化，可以焕发既有住区的蓬勃生机，极大地改善居民的生活条件，为既有住区的经济发展带来巨大的效益。

对既有住区进行规划改造设计是改善其现状窘境的关键步骤。而规划设计是对既有住区进行系统的设计分析，考虑多方面因素，并对其优化处理，最终以规划文本、规划图、附件三个模块作为其工作过程的成果展示。①

（1）规划文本表达规划的意图、目标和对规划的有关内容提出规定性要求，文字表达应当规范、准确、肯定、含义清楚。

（2）规划图用图像表达现状和规划设计内容，规划图应绘制在近期测绘的现状地形图上，规划图上应显示出现状和地形。图样上应标注图名、比例尺、图例、绘制时间、规划设计单位名称和技术负责人签字。规划图所表达的内容与要求应与规

① 蔡子畅，朱建君，薛屹峰，陈敏．城市既有住区住宅适老化改造设计指标研究 [J]. 建设科技，2018(21)：43-51.

划文本协调一致。

（3）附件包括规划说明书和基础资料汇编，规划说明书的内容应包括现状分析、规划意图论证和规划文本解释等。其中，规划设计图应有相关项目负责人签字，并经规划设计技术负责人审核签字，加盖规划设计报告专用章；规划单位应具有相应的设计资质，现场规划设计人员应持证上岗，出具的规划设计图应具备法律效力。

第四章　城市公共空间更新的多维视角

第一节　“人性化”视角下的城市公共空间更新

一、人性化概念略述

（一）人性化理论基础——科学人本主义

人本主义一词源于西方，它有很多种含义。西方人本主义，又译人文主义，它反对以神为本的旧观念，宣传人是宇宙的主宰，是万物之本，用“人权”对抗“神权”。这也是人文主义的立场，所以人文主义有时也被译为“人本主义”。它也译作“人本学”，泛指任何以人为中心的学说，以区别于以神为中心的神本主义。文化的人本主义或人本主义的文化则是指西方文化的底蕴，它主要起源于古希腊和罗马，其发展贯穿于整个欧洲的历史。文化的人本主义现今构成了西方人文科学、伦理学和法律的基础。

关于研究人类思想的理论自古就有。在西方，人的认识作为一种觉醒了的人的理性反思，随着中世纪的结束而开始。到现在，人类学已经由人文主义、人道主义、人本主义、新人本主义发展到我们所说的科学人本主义。科学人本主义的代表者、人本主义心理学的奠基人马斯洛在《动机与个性》一书中提出了需求等级论，认为人的需求由低级到高级，由物质到精神，有着不同的层次，即生理的需要、安全的需要、归属与爱的需要、自尊的需要、自我实现的需要。通过研究马斯洛的需求等级论，我们不难发现他力图说明人性所能到达的最高境界，这种存在价值是人的最高的、固有的、根本的本性。一旦人的生存的基本需要得以满足之后，这种本性就会驱使人产生追求如何生存得更好，成为“真正的人”的各种需求。马斯洛等心理学家创立的科学人本主义心理学，提出了人的基本需要理论，分析了人的需要等级。现在，这个理论已被广泛运用于各种科学领域。

科学人本主义强调以人为本的思想，充分重视人的主观性、意愿、观点和情感。其设计理念是经过形式主义、功能主义等思潮走向成熟时期的设计理念，也是哲学人本主义的实践延伸，它主张任何人造物的设计（或非物质设计）必须以人的需求和人的生理、心理因素即人为设计的第一要素，而不是技术、形式或其他。

(二) 人性化概念简述

人性在现代汉语辞海中的解释：①在一定的社会制度和一定的历史条件下形成的人的本性；②为人所具有的正常的理性和感情。人区别于动物的一点在于人有精神活动，有心理运作。人类心理机制的完善表现为它形成了一个对外界事物进行判断，发生反应，并提出心理需求，甚至感受心理满足的整个过程。

华沙宣言指出："每个人都有生理的、智能的、神的、社会和经济的各种需求，这种需求作为每个人的权利，都是同等重要的，而且必须同时追求。"

所谓人性化，是指从人性视点出发，建造重视人性、尊重人性的各种模式。即是使社会的方方面面尊重人性、顺应人性，满足人的生理和心理各个层次的需求。古人云："仓廪实而知礼节，衣食足而知荣辱。"其意是人的需要由低至高，表现为不同的层次。按照美国人本主义心理学家马斯洛的观点，人的需求分为"生理""安全""交往""自尊""自我实现"五个层次，一个理想的社会模式就是能完全满足人的自我实现需求，这也是我们社会发展的理想目标。

为此，要倡导人性化，发现并改正我们社会中有悖人性的问题，按照符合人自身发展的方式去建设和发展我们的社会。在具体的实践中，人性化主要体现在以下两个方面：

第一，科学技术层面上，也即人的生理感受，要将科技服务于人，人的价值不应在科技面前贬值。法兰克福学派的代表人物之一阿多尔诺这样评价技术："一种技术能否被认为是进步和'合理的'取决于它的环境的意义，和它在社会整体及特定作品结构中地位的意义。一旦诸如此类的技术进步将自身作为物神树立起来，并以其登峰造极的表现使那些被忽略的社会任务显得已经完成了，就会充当赤裸裸的反动力量。"因此，在具体的设计当中，新技术的采用应同具体的情况相适应，分析环境、社会诸多因素之后，选择出最恰当的解决方案，人性思想应体现在每一处与人相关的环节，技术作为实现的手段，在完成自己充分为人服务的同时也实现其自身的合理性。

第二，思想文化层面上，也即人的心理感受，人性思想体现在人自身发展的自由和对自我的解放上。文化是某种人类群体独特的生活方式，是一整套共有的理想、价值观和行为准则，它是使个人行为能为集体所接受的共同标准。通过文化，人们传达、继续和发展他们对生活的认识。文化具有强烈的地域特征，当今全球化趋势日益加强，如何在保持文化的开放性吸纳新事物的同时，延续和发展自身特有的文化轨迹，是我们必须面对的挑战。吴良镛在《国际建协（北京宪章）——建筑学的未来》中写道："文化是经济和技术进步的真正度量，即人的尺度；文化是科学和技术发展的方向，即以人为本。"

在马斯洛的理论中，生理需求是其他各种需求的基础，只有在较低层次的需求得到满足以后才会产生较高层次的需求。但是，需求层次的演进不是阶梯形的而是波浪形的，在较低层次的需求尚未达到高峰时，已经孕育着较高层次的需求，在较低层次的需求高峰过后，较高层次的需求才起主导作用。处于高峰状态的需求支配着意识生活，是行为组织的中心。

这一理论模型在西方具有较大影响，但对其合理性和通用性一直存在争论。兰（J.Lang）等人扩展了这一理论，认为人的行为来源于动机，而动机产生于需要。他把人的需要按其重要性和发展次序分为六个等级：

（1）生理的需要，对饮食、庇护和其他生活必需品的需要。

（2）安全的需要，避免受到威胁和伤害，保持自身安全和个人私密性，以及在环境中定向的需要。

（3）交往和归属的需要，互相交往和认同，拥有爱情和友谊，以及归属，即从属于特定场所和社会群体的需要。

（4）尊重的需要，自尊和被人尊重的需要。

（5）自我实现的需要（Actualization Needs），按照个人愿望，最大限度发挥个人能力，实现个人抱负，取得权利或技艺方面的成就，体现个人试图对环境加以控制的需要。

（6）认知和美的需要，渴望获得知识，理解事物的意义和爱美的需要。当我们用人的基本需求对空间环境作出解释的时候，会发现对于人的需求的把握并不是那么一目了然，人们对于空间环境要求的复杂性也并不是清晰的层次划分所概括得了的，这种复杂性既来自不同人对于不同层次需求的不同程度，也包括在波浪形演进过程中不断萌生的新的需求。

二、人性化设计概念和内涵

（一）人性化设计

人性化设计是一种注重人性需求的设计，又称人本主义设计。最早出现在工业产品设计中并得到了广泛的推广和应用。美国设计师普罗斯说过，人们总以为设计有三维——美学、技术和经济，然而更重要的是第四维：人性。这里所说的人性，就是通常所说的设计人性化、设计"以人为本"。设计的核心是人，所有的设计其实都是针对人类的各种需要展开的，这些需要不仅仅是物质生活需要，更是包含着人们的精神生活需要。从这个意义上来说，人性化设计的出现，完全是设计本质的要求。设计的主体是人，设计的使用者和设计者都是人，人是设计的中心和尺度。它既包括生理尺度，又包括心理尺度，而心理尺度的满足是通过人性化设计得以实现的。为了人身心获得健康发展，健全和造就高洁完美人格精神的设计才永远具有人类生命的活力，离开了关爱人、尊重人的目标，设计便会偏离正确的方向。

人性化设计较直白地说就是指在设计过程当中，根据人的行为习惯、人体的生理结构、人的心理情况、人的思维方式等，在原有设计基本功能和性能的基础上，对建筑和展品进行优化，使用起来非常方便、舒适。它是在设计中对人的心理生理需求和精神追求的尊重和满足，是设计中的人文关怀，是对人性的尊重。

人性化设计是科学和艺术、技术与人性的结合，科学技术给设计以坚实的结构和良好的功能，而艺术和人性使设计富于美感，充满情趣和活力。

(二)“人性化”语境下城市公共空间更新的原则与策略

1. 因地施策

依据场地条件和附近适用人群行为特点因地制宜地开展设计，将街角、绿化带等“闲置空间”改造成口袋公园，充分优化城市空间资源配置，让人们切身享受到家门口公共空间的便利。

2. 确保空间的舒适性

舒适的空间才能吸引人们停留，继而探索自身与空间的关系。关注人们在视觉、嗅觉、触觉、听觉等方面的体验感，满足生理和精神上的舒适性需求。

3. 激发活动的可能性

城市公共空间中的人及他们的活动与互动才是这个空间中最有价值的部分，也是设计的最终目标。通过空间流线的引导，充分发挥景观、设施等行为“发生器”的特性，为不同使用场景创造空间条件，激发对话、互动的可能性。

三、城市公共空间更新的设计方法

本节围绕人在城市公共空间中的行为、感受和体验，探讨人性化理念落实在流线、空间、材料、设施、管理五个层面的外在形式和空间内涵。

(一) 柔和的空间界面

空间界面由线、面界定，过于平铺直叙的直线会使得空间的通过性过强。曲线是来自大自然的语言，使用曲线能让空间界面更加柔和亲切、更易于引导流线，避免对人心理造成压迫，反而更能营造生动多变的空间。丹麦国立艺术博物馆前广场采用不同尺度的类椭圆形作为绿地和水池的边界，流线充满趣味性和不确定性，不知不觉将人引导至博物馆前的水池边，吸引人们停留欣赏。

不同曲线组合生成的空间开合给人们提供了停留的区域。圆桥（Cirkelbroen）是哥本哈根连接港口两岸的步行桥，本是以通过性为主的交通空间，设计巧妙地采用五个圆形错落地叠加在一起，形成“曲折”的路径，让人们行走时从不同角度欣赏水景，交通空间以外的区域则成为人们驻足、会面的场所。

(二)“自主”探索空间

“设计行为”和实际行为有出入是常有的事情，人们不一定会按照设计者的意图去使用空间。既然未来发生的行为具有不可预见性，不妨提供一个空间容器，让人们主动探索它的可能性，形成“主动健康空间”。

夏洛特广场（Charlotte Ammundsens Plads）利用街角空置的带状空间，居中设置下沉活动场，一反常规地采用自由而跳跃的三角形空间折面衔接高差，创造了“不被定义”的空间，邀请使用者尽情发挥他们的想象力。这样的空间吸引了众多轮滑和小轮车爱好者前来探索运动技巧。同时，三角形折面元素在场地中不断重复，形成散落在活动场上的“礁石”，人们或坐或倚靠，更是孩子们攀爬游戏的趣味装置。

超级线性公园（Superkilen）创造性地将地面隆起形成2.5m高的“土丘”，体量流畅，让人不禁想登高而上。人们在土丘上漫步、奔跑、俯冲、观景，用自己的方式与空间互动。这些自发的行为活动又进一步感染公共空间中的其他人，拉近人与人之间的距离。

(三) 舒适的材料配置

材料是人通过触觉、视觉甚至听觉感受空间最直接的渠道，温度、硬度、色彩、质感、纹理等都极大地丰富了空间的维度，决定了更深层次的空间体验。针对人群和行为恰如其分地进行材料配置，能满足人们对舒适性的需求，与空间产生共鸣。

栏杆扶手的可触面、室外落座区的可坐面材料应选用温度变化较小的木材或塑料制品。少儿活动区采用塑胶地面，可以降低儿童受伤风险，减轻跌落疼痛感。此外，塑胶地面与周边地面的分界线界定了儿童区的范围，强化了游玩的归属感。此外，材料的选择会带给空间不同的氛围。石材给人稳重、冰冷的感受，而木材来源于生命体，带给人生机和温暖。海上青年之家（Det Maritime Hus）采用起伏柔和的屋面，目的是吸引人们“亲近”空间，木质屋面的材料则极大地强化这种氛围，迅速拉近空间与人的距离。

（四）设施激发活动

如果说空间是行为的容器，设施则是行为的“发生器”。如今随处可见的量产化健身器材是没有吸引力的，因为它们的使用方式已经固化。公共空间真正需要的是与空间整体设计、浑然一体，从而协同发挥作用的设施。

同样是休憩设施，奥雷斯塔德城市小岛（Øerne i Ørestad）通过统一的语言将交通空间与休息长凳整合在一个圆形空间之中，围合式的长凳让休息区具有一定的独立性，同时又与交通空间紧密联系。休息长凳在不同的位置或开放，或围合，或邻水，展现出不同的表情，满足人们不同的心理需求。

围合式布局更能促进人与人之间的对话。人们日益注重日常健身与运动，街区型公园的健康步道常常人满为患。在公共空间中引入运动设施，能有效弥补城市体育设施的短板。运动设施的设置应保证公平性，除了普及性较高的运动如篮球、乒乓球等，还应该兼顾小众运动，如滑板、攀岩等。

此外，互动型娱乐健身设施往往能起到画龙点睛的作用，极大增强公共空间的标志性和魅力。卡维波滨水空间（Kalvebod Bølge）中的娱乐装置沿步道线性展开，其形式自由而动感，激发出跑酷、攀爬、游戏等多样的活动，鲜明的色彩更是为该空间注入活力。

总之，设施与空间统筹设计相得益彰，最大化地发挥公共空间的社会价值。

（五）空间自我管理

设计的根本是解决实际问题，提供实用性的空间答案。一个在设计层面较为完善的公共空间，必须统筹考虑投入使用后管理运维的实施模式，做好空间上的准备，通过设计解决甚至消除潜在的问题。与其耗费人力和资源维持公共空间品质，不如综合人们的使用心理，通过空间解决方案来限定、引导，反而能取得比人工管理更积极的效果。

哥本哈根北门枢纽站（Nørreport Station）是丹麦最繁忙的轨道交通枢纽站，为应对大量的自行车停放需求，将自行车停车区分为八组，分散布置于人们乘车的必经之路上，不仅顺应人们“抄近路”的心理，而且避免自行车流线的拥挤。同时，创造性地将自行车停车区设计成下凹的“车池”，人可以省力地将车推进“车池”停放。竖向上的高差巧妙地避免了车辆无组织的蔓延，大大降低自行车管理的难度。

以“人性化”为目标的城市公共空间设计，需要围绕人的各方面生理和心理需求，开展精细化设计，在空间的不同内涵和各个维度扩展设计的范围。城市公共空间涵盖的公园、街道、建筑场地等不同领域空间的设计者更需要协同工作以实现人性化理念的连续性和整体性。就提升城市活力、增强人民幸福感而言，城市公共空间的人性化设计领域还有很大的提升空间。

第二节　供需视角下的城市公共空间更新

城市更新是针对城市建成环境日益老化所带来的各种旧城问题而开展的城市建设活动，是城市空间增长由外延式增长发展到内涵式增长阶段的必然要求，其发展演变很大程度上由社会经济需求与城市空间环境供给的矛盾关系推动。当前，对城市更新的认识主要集中在物质建设环境领域的讨论，如：有的研究从更新内容的角度，将城市更新区分为清除贫民窟、带有福利色彩的社区更新、市场导向旧城再开发、社区综合复兴等不同时期；有的研究从更新方式的角度，将城市更新区分为推倒重建、邻里修复、经济复原与公私合作制和多方伙伴关系等；有的研究探讨影响城市更新物质环境变化的驱动因素，如经济、文化和科技等。

这些研究从物质空间环境的视角对城市更新历程进行梳理，对于理解城市更新的供给主体有重要意义，但城市更新作为城市公共政策的重要组成部分，不仅需要从供给方进行考虑，更应关注不同社会经济需求对城市更新理论政策的推动作用。

一、供需视角下西方城市更新中公共空间更新研究的演变历程

从供需双方关系演变的角度出发，西方城市更新大体可划分为四个阶段：20 世纪 50 年代以前，基本生活的需求与物质性空间供给；20 世纪 50—70 年代，城市复兴的经济需求与功能性空间供给；20 世纪 80—90 年代，社会公平的需求与设施性空间供给；20 世纪 90 年代以后，文化、科技、生态的多样化需求与多元空间供给。本节按照这四个阶段对供需视角下城市更新中公共空间更新研究进行分类阐述，并从演变历程、实践的角度切入。

（一）20 世纪 50 年代以前：基本生活的需求与物质性空间供给

二战后，城市旧区出现了大量的贫民窟，这些贫民窟首先存在的问题是住房紧缺。1920 年，美国贫民窟中每 100 所房屋要容纳 122 个家庭。因此，美国提出清除贫民窟行动，希望用新建住房、绿色空间和商业开发区取代贫民窟。英国、法国、俄罗斯提出贫民窟改造计划，对住房建设提出了不同要求，英国居民想要获得设施齐全的居住小区，法国居民希望能拥有固定住宅，俄罗斯政府提出要在最短的时间

内满足居民的居住要求等。

面对基本生活的需求与物质性空间供给之间的矛盾，各国政府主要通过制定住房政策和房屋增建计划来予以解决。对应的城市更新政策的制定围绕满足基本生活需求，以增加住房为主。如美国1949年的《联邦住房法》要求重建用地50%的土地面积必须用于居住。又如英国政府1949年颁布的《住宅法》提出政府提供的住宅是为满足人民一般需要而建造，以满足社会各阶层的住房需求。房屋增建方面，美国政府将增加房屋供应作为规划性策略，启动房屋计划、贫民窟改造行动。该时期在政府的支持下，西方城市更新实践按居民需求不同，可分为两种类型：公有住房导向下的贫民窟改造和私有住宅导向下的贫民窟改造。

公有住房导向下的贫民窟改造是针对低收入群体的需求提出的，仅为解决住房问题及满足基本的生活需求。针对底层群众经济能力不足的状况，美国、德国等通过建设公共住房，为居民提供租金低廉的社会福利性住房。美国建设大量的高层公共住房作为低收入群体的房源。20世纪50年代，美国普鲁伊特—艾格社区在低收入群体集聚的原有地址上新建33幢11层的公共住宅。20世纪中期，在芝加哥旧城园畔项目中，政府对该社区内的人群进行划分，针对住房困难的群体提供公共住房、针对可负担房租的家庭提供租用房和商品房等，满足了750户家庭的居住需求。在开发商和居民对房屋供需双方共同引导下，美国1912—1918年城市公寓建设数量从25%上升至超过50%。尽管这种社会福利性住房采用工业化措施，但配备了一定的基本服务配套设施，如独立厕所、厨房、自来水、集中供暖和入户服务等，给入住居民的居住质量带来了实质性的提升，同时对街区的服务功能进行了完善。

面对有一定经济能力的社会居民，政府区别化对待，并提供私有化住宅。私有住房在住房供给中仅占小部分，大多数是公共住房。20世纪40年代，洛杉矶猎人风景住宅区为典型的老旧住宅区，居民亟须改善住房环境，政府针对该区内住房需求，建设了公寓住宅、行列式住宅和独立住宅在内的多种住宅形式，丰富了社区居民的生活空间。法国的私有型住宅建设存在地区限制，只针对危房地区。相对于政府提供的整个住房量来说，该时期的私有化住房满足了少部分社会居民的需求，而大多数居民追求的为公共住房。

综上，该时期的需求主要围绕居民住房及基本生活配套设施需求，供给是以政府所提供的带有配套性设施的公有住房和私有住房为主。这两种住房在一定程度上解决了居民对于基本生活需求的问题，住房紧缺的问题有所缓解。但是，随着城市的发展，内城活力不足、居民失业等新的问题逐渐显现，政府开始将城市更新的重心转向促进内城复兴。

(二)20世纪50—70年代：城市复兴的经济需求与功能性空间供给

20世纪50—70年代，美国、英国的城市内部集聚了大量低收入群体，内城缺乏经济活力。为此，美国提出消除贫困的现代城市计划，英国在城市更新政策中增加复兴内城的目标。但内城复兴的同时，居民受商业环境影响，无力承担高涨的房屋租金和通勤所消耗的交通、时间成本，陷入失业状态。因此，该时期的需求以复兴内城活力和解决居民就业为主，空间供给以开发商和企业所推动的购物中心、零售商业和商业街的建设为主。这种以经济为导向的城市更新成功地激活了内城的活力，改善了居民的就业状况。但由于过度注重商业建设，部分低收入群体利益被忽视、社会排斥及社会责任不明确等问题引发了对社会公平的关注。

为缓解城市复兴的经济需求与功能性空间供给间的供需矛盾，欧美等国政府企图开始从经济的角度制定内城复兴的政策，吸引开发商和企业对市中心进行投资并开展居民就业培训。如美国在1963年颁布《职业教育法》以帮助学生完成学业，对中等职业教育进行上岗前培训，培养高级人才，减缓就业市场的压力。经济元素的加入成功推动公共部门与私营部门、商会及其他组织进行联盟，促进了内城商业性设施建设，满足了居民就业的需求。该时期在开发商和企业的共同参与下，西方城市更新实践按类别的不同，可分为大型购物中心导向下的空间改造、零售商业导向下的空间改造和商业街导向下的空间改造。

购物中心建设起着完善周边基础服务设施、引进资本、创造商业性设施空间的作用，能达到刺激经济和解决居民就业的目的。20世纪60年代，某购物中心通过改善原有设施，建成一座5层7座的办公楼、一座20层728间客房的酒店及一个封闭的购物商场。建成后的大型购物中心在发挥零售、商业、会议活动等作用的同时，满足了居民就业的需求，更满足了政府对于激活内城活力的需求。美国某市购物街结合酒店改造新建150家商店和2个百货大楼，每天吸引超过2万名购物者来此消费，解决了约5000人的就业需求，促成了该市中心的复兴。

零售商业区建设主要依靠区域优势，政府、开发商和企业通过引入产业空间，并升级改造，促进零售型的商业空间发展，解决居民就业问题，满足内城复兴的需求。20世纪60年代，美国昆西市场拥挤混乱，在开发商和波士顿重建局的积极参与下，紧邻城市金融区的市场被改造成20345.8 m^2的零售空间、13285.1m^2的小型办公套房和160家小型商店的城市零售商业区，包含49个食品店、36个专卖店和2个花店等。改造后，昆西市场所产生的经济效益超过了销售预期，1981年昆西市场食品摊贩年平均销售额是一般商业中心的3倍有余，成功地激活了地区的活力。

(三)20世纪80—90年代：社会公平的需求与设施性空间供给

20世纪80年代，大量崛起的城市开发公司推动设施性空间的建设，鼓励提高地区的生活质量。社会排斥、阶层隔离、对人性需求的忽视等社会问题日益凸显，社会呼吁城市更新要关注社会公平，注重人的需求，突出居民和社区参与。在社会的鼓励之下，政府、私人和社区三方合作的理念得到落实。英国推行内城伙伴关系计划和国王十字伙伴合作计划以加强公、私、社区之间的合作；美国提出关照弱势群体，让尽可能多的公民参与城市更新。对于该时期公共服务设施的建设，西方城市更新实践按服务性质的不同，主要对教育文化、公共交通和基本消费三类设施进行更新改造。

大量建设的教育型设施对于提高居民生活质量发挥了良好作用。如西班牙毕尔巴鄂市实施融文化、艺术、贸易和旅游为一体的综合性城市复兴计划，在公共和私人机构共同参与下，建设欧洲计算机软件研究中心、大学分部、国际性博览会议中心和商务文化中心，刺激以文化创意、艺术和旅游为导向的第三产业快速发展。总体而言，该时期的经济发展刺激了人们对于接受良好教育和相关科学文化研究的需求。在政府和开发公司的协助之下，该时期所建设的教育型设施不仅包括传统的院校类机构、创新性的研发公司和文化交流中心，还包括教育培训等，极大地满足了人们对于教育的需求，也促进社会公平发展。

城市空间联系的需求和对社区安全生活的追求，刺激了城市交通公共服务设施的建设。交通的类型、方式增多，对不同群体的交通需求的考量促进了社会公平的发展。大量消费性公共服务设施的建设有助于改善社区居民的日常消费需求，进而刺激地方经济的需求。以美国和英国为代表的西方国家城市在这一时期涌现了大量的开发公司在城市中心建设大型的公共设施空间。如美国巴尔的摩的查尔斯项目，在旧城中心区实行商业、办公设施混合规划，建设了可容纳1800人的剧院、800间客房的酒店、可放置400辆汽车的停车场以及办公楼、音乐厅、水族馆等，以满足居民的文化需求。

该时期的需求以突出社会公平为主，供给是以政府所提供的消费性、教育型和交通型公共服务设施为主。大量设施的建设满足了社会群体参与城市更新的意愿，缓和了社会矛盾。受社会新思想的影响，可持续发展新思想被纳入城市建设体系，在社会的共同参与下，城市更新开始注重文化、科技、生态的多样化发展。

(四)20世纪90年代以后：多样化需求与多元空间供给

20世纪90年代后，能源紧缺，气候变暖，新一轮的信息技术变革加快城市发展，国际社会受可持续发展思想的影响，要求城市发展应实现协调发展，注重土地、文化、经济、环境等的可持续发展。各国开始研究城市遗产保护、创意产业思想和生态保护策略。如西班牙在《建筑能源性能指令》中将能源消耗、排放和节约列入城市更新体系。2007年6月，美国华盛顿召开城市街区研讨会，强调城市建设要减少对能源、原材料的消耗和对环境的影响等。在新区域主义、新城市主义、再生理论等思想影响下，可持续发展被列入城市更新的指导思想，要求对变化中的城市实现长远、协调性的改善和提高，要加强对城市空间文化的保护，加强对气候变化、能源需求、环境质量的关注度，推动城市更新走可持续发展道路。在政府、市场、社会的共同参与下，该时期城市更新实践按城市需求不同可分为以下四种：土地集约利用导向下的空间功能混合；历史文化保护导向下的地方特色挖掘；新型科学技术引导下的智慧城市建设；生态环境导向下的健康城市建设。

城市土地集约化利用的需求刺激了城市多重功能混合下的复合型空间的供给，有效地提升土地价值，促进土地资源的可持续发展。面对城市土地资源紧张和城市功能需求复杂化等问题，社会开始注重对土地集约化利用，在混合使用地区，把办公、文化、休闲等功能结合。澳大利亚的悉尼达令港为促进城市空间整体化发展，在政府、开发商和规划公司合作下，将其打造成综合体街区，规划建设国际会议中心、展演中心、生态公园、电影院等，满足举办零散型活动和大型活动的需求。菲律宾马卡蒂市为发展土地经济，在市政府的领导下启动城市重建特别区域计划，博东伦博实行“生活、工作、娱乐”改造理念，将多户住宅单元、商业建筑、社区零售商店和交通枢纽设施整合，最大限度发挥该地区潜力。

基于保护文化的需求，激发了对城市地区文化品牌的塑造，促进了城市文化创意地区和城市历史性景点的发展。为促进地区文化品牌发展，以激活空间为目标，在基辅建筑局和规划人员支持下，乌克兰基辅在一座废弃的摩托车厂内创建公司孵化器和IT专业的商业校园，引导人们来此交流与培训。

该时期的城市更新推动了高新技术和材料在城市更新中的应用，缓解了城市能源危机，加速了智慧城市的发展。受全球能源危机和环境的影响，各国主张采用节能型材料以改善城市能源紧缺问题。借助现代科学技术的高速发展，节能型的材料和技术被广泛应用于城市更新中。

基于保护城市生态环境的需求，一些城市开始关注生物多样性发展，着手创造宜居环境为未来发展提供保障。具体实践如荷兰的奥利广场改造计划，广场内绿地采用无边界设计，极大地提升周边的宜居性，也为场地未来发展预留了足够的空间。

(五) 供需视角下西方城市更新理论框架

从以上不同阶段西方城市更新发展演变历程可以看出，供需矛盾关系是推动城市更新发展的重要驱动力。

20 世纪 50 年代以前基本生活的需求与物质性空间供给阶段，许多城市居民缺少基本的住房保障，提出想要解决住房的需求，政府通过改造市中心的贫民窟，建设公有住房和私有住房。20 世纪 50—70 年代城市复兴的经济需求与功能性空间供给阶段，西方国家城市中心的活力较低，政府提出要提升内城活力，居民希望能解决就业，在开发商、企业的参与下，通过内城改造和绅士化在市中心建设商业设施，形成产业空间。20 世纪 80—90 年代社会公平的需求与设施性空间供给阶段，种族冲突、阶级隔离等问题日益突出，在强调社会公平思想指导下的城市更新更加注重教育、交通、娱乐等公共设施的改造。20 世纪 90 年代后多样化的需求与多元空间供给阶段，社会各界对土地、文化、科技、生态非常关注，提出要集约土地利用，实施历史文化保护、科技创新和城市生态化建设。在政府、市场、社会的共同参与下，通过多种改造方式创造复合型空间，塑造地方特色，创建智慧社区、健康社区等。

二、供需视角下国内城市更新中公共空间更新实践

党的十九大报告将人民日益增长的美好生活需要作为国家工作的重点。在新的历史时期，城市发展主要矛盾从建设用地不足、低效利用与城市经济发展、城市规模扩张之间的矛盾，演变为人居环境改善、产业转型升级、文化传承等需求与城市经济发展、城市规模扩张之间的矛盾。因此，随着供需矛盾的演变，城市更新的主要任务也在不断调整。城市更新项目由于物质环境、配套设施、产业基础和居民意愿等方面的不同，所采用的更新改造模式大不相同，不同需求导向下的城市更新模式具有不同的特点和效果。

(一) 土地需求影响下的城市更新

中国城市化进程的加速加剧了城市土地供给不足的态势，工业用地资源需求尤其紧张。土地需求影响下的国内城市更新实践包括释放生产低效的旧厂工业用地和活化旧村中的公共空间等。随着对城市人居环境改善和历史文化保护的要求逐渐提高，“三旧”改造经历了由“大拆大建”向“微改造”更新模式的转变。

以释放产业低端、用地低效的旧厂工业用地为导向的城市更新，是指一些临近城市中心的旧厂房，周边设施齐备且位置优越，通过开发可获得新的生产空间，提高城市存量土地利用效率。如 S 市采用复合式更新模式快速推进旧工业区的升级改

造，以达到提升片区功能、落实产业布局、经济效益和环境保护并举、保护工业历史遗存等多重目的。在改造模式方面，倡导以综合整治为主，在符合规划开发强度的前提下，鼓励适度加建与功能转变；在政府引导方面，建立新的利益分配模式，并在地价、年限及土地贡献等方面进行适当的政策倾斜。

以活化旧村中的公共空间为导向，基本保持村庄原有风貌不改变，是对旧村"微改造"的常用思路，既能保证改造更新后建筑和原有机制的密切贴合，又能通过小范围的激活影响村庄内部更大片区甚至整个城市的变化。如泮塘五约"微改造"中，使用原有材料对位于主街的房屋进行修缮，保留了街区的特色风貌；平整土地与加宽广场使公共空间得到活化，由此获得的空间用以举办民俗活动，起到文化保护与传承的作用。

（二）住房改善需求影响下的城市更新

从"三旧"改造到城市更新，房地产开发逐渐成为主要的更新模式。该更新模式可改善城市环境和风貌，完善城市配套设施，进而提升城市地位和竞争力。同时，由于旧村、旧厂房的位置优越，出售速度快且利润较高，市场接受度较高，资本更加倾向以房地产的方式进行开发。此类城市更新模式的实践主要包括提高城市容积率的住房更新和提供全面改造型的住房更新。

以提高城市容积率为导向的城市更新模式，能大幅提高地区人口承载力。城市更新涉及许多不同利益主体，审批流程较长，常常因为"拆迁难""钉子户"等问题使得项目陷入僵局，导致城市更新的成本较高。许多城市更新项目通过提高项目地区的容积率，获得更多的建筑空间。如在G市城中村全面改造中，猎德村改造后容积率为5.2，林和村改造后容积率为6.2，更新改造后的城中村容积率基本在5.0以上。容积率提升为城中村提供了更多建筑居住空间，有利于营建好的经济发展环境和生活环境，完成平衡经济发展与社会发展的目标。[①]

以提供全面改造型住房为导向的城市更新模式，可以为城市更新改造融资，保障财政基础，实现城市资产的良性循环，促进区域环境的改善。

全面改造型的住房更新模式，是指将原有区域的所有建筑物拆除推倒，建设新的房产并销售。如随着G市的城市发展以及"退二进三"政策的实施，加上广钢集团本身面临重组，G市钢铁厂进行了搬迁，改造后的广钢新城项目通过房地产开发的模式解决了改造融资难的问题，也为G市提供更多的住房空间。

① 郭友良，李郇，张丞国.G市"城中村"改造之谜：基于增长机器理论视角的案例分析[J].现代城市研究，2017(5)：44-50.

(三)产业转型需求影响下的城市更新

转变经济发展方式，突破经济增长瓶颈是我国城市亟须解决的重要问题，也是各城市实现复兴的经济需求，促进产业转型升级成为新时代中国推动经济高质量发展的重要途径。2018年，中央经济工作会议中提出要坚持适应把握引领经济发展新常态，推进由中国制造向中国创造的转变，实现产业的转型升级。国内缓解这一供需矛盾的实践包括提供良好经济转型的制度环境和支持新兴产业发展等。

以提供良好经济转型制度环境为导向的城市更新，具体表现为：政府通过行政手段为产业的兴起和发展，出台税收优惠、融资便利等相关政策，为相关产业的引入提供金融保障和服务；政府通过发布相关标准，允许开发商在产业园区建设公寓和商业体，完善产业园区的配套设施，提供优质服务。如S市在《S市城市规划标准与准则》中表示，对于城市更新“工改工”项目，开发商可以利用项目30%的建筑面积来建设园区配套公寓和小型商业以促进空间形态的多元化，吸引更多优质企业的入住，进而促进产业的集聚和转型升级。

以高新技术产业为导向的城市更新模式主要适用于旧工业区，将旧工业区升级改造为用地性质为新型产业用地（M0）或普通工业用地（M1）加新型产业用地（M1+M0）的新型产业园。改造后的新型产业园中除了产业用房之外，一般还设有配套公寓、文娱商业等多元化物业形态，配套设施齐全，且生活环境优越。高新技术产业是国家目前大力发展的产业，以高新技术产业为导向的城市更新模式受到各级政府的欢迎，在政策和资金上获得当地政府支持的可能性更大。以高新技术产业为导向的城市更新热潮持续高涨。但这种城市更新模式也存在一些问题，一些新型产业园改造项目负责人对产业基础把握不够深入、产业定位不够清晰，相关配套建设不够齐全。这将导致高新技术产业资源难以引进，产业空间出现空置现象，无法有效地推动产业的升级。

(四)人居环境需求影响下的城市更新

受可持续发展思想的影响，城市更新实践呈现多元发展趋势，国内对城市更新工作的认知也在不断刷新，城市更新的内容与内涵更加丰富且深化，目标更为综合，更加注重人的需求。在此转变过程中，国内开始主张以渐进式的微更新、微改造方式更新城市，强调以持续的、合作的、参与的方式合理解决城市问题。因此，该时期的需求主要围绕促进土地集约化利用、文化保护、节能发展和生态保护等，供给方面则围绕功能混合空间、文化特色空间、智慧城市、健康城市等内容。此外，绿色空间的设计强调以人为本，以实现人与自然社会的协调发展为目标，城市绿色空间的建设对于城市空间结构具有重大意义，具体实践包括以文化为主导和以城市绿地为主导的更新模式等。

以文化主导策略为导向的城市更新模式，既能盘活存量空间资源，也能推动文化创意产业的发展。

传统街区是老旧城区的重要组成部分，是城市中拥有稀缺文化记忆的区域。但由于建设年代久远，不少传统街区的建筑形象破败，建筑分布密度高，公共空间环境差，基础设施落后。此外，传统产业逐渐衰败，传统街区内的产业主要为批发业和零售业等低端产业。然而，对于城市空间而言，传统街区是宝贵的存量空间资源。如某街道通过对局部建筑功能置换，激活存量空间，一部分被改造成为青年公寓和民宿，一部分用于承载社会活动。改造后的永庆坊吸引了众多的文化创意企业和商家入住，包括特色餐饮、手工艺品店和生活创意体验馆等，在社会网络再生产的基础上实现传统街区社区可持续的再生产。

以城市绿地为主导的城市更新模式满足了以人为本的城市发展要求。① 城市绿色空间是城市的基础性公共产品，不直接与经济利益挂钩，市民能够平等、不排他性地享用空间。因此，在引导城市绿色空间构建的过程中，将建设重点放在城市绿色空间的利用是否公平合理上。如更新后的 G 市琶洲村的绿地可达性分布发生了变化，可达性指数最高的绿地分布在中心地带，面积最大，更新前的低等级区域直接上升为中、高等级区域，绿地在空间分布上也更为均匀。更新后的绿色空间的可达性指数较更新前的可达性指数发生明显变化，低、中、高等级的可达性指数较更新前普遍呈正向增长。这说明更新改造后 G 市琶洲村的居民享受绿色空间的社会公平性增高，周边居民享受绿地游憩服务的公平性明显增强。

三、供需视角下的国内外城市公共空间更新对比

通过以上分析可知，国内城市更新模式倾向于满足城市经济发展的需求。如土地需求下的城市更新是通过“三旧”改造挖掘可利用空间，目的是用以承载产业发展；住房改善需求下的城市更新，既能安置居民，又有助于推动当地房地产的发展，地方财政由此得到保障；产业转型需求下的城市更新解决了当前城市经济发展的主要问题，是城市经济发展的主要途径；人居环境需求下的城市更新以满足居民文化、生态等多样化需求为主要目标，但此类模式的城市更新在整体更新项目中占比较小。此外，国内城市更新依旧存在相关利益群体覆盖度不足、对社区供需缺乏了解、交流机制不完善导致建设存在偏差等问题，阻碍了中国推进城市更新发展的进程。因

① 周武忠，马程，李佳芯．论城市软更新 [J]. 中国名城，2021，35(12)：1-7.

此，人居环境需求影响下的城市更新模式将成为城市更新的发展方向。此外，国内与西方城市更新中的公共空间更新存在差异。

中西方城市更新所处阶段不同，关注的重点也有所不同，当前国内仍更多关注城市更新中的经济需求。西方的城市更新可以追溯至1950年前后，距今已有70多年的历史，研究资料与实践经验丰富，法规成熟。而国内城市更新的正式推广在2008年前后，在十余年间快速发展，现有公共空间的研究实践虽然开始关注人居多样化的需求，但更多关注的仍为城市经济发展的需求。国内公共空间的城市更新进程如此之快，衍生了许多城市问题。为此，2021年住房和城乡建设部发布了《关于在实施城市更新行动中防止大拆大建问题的通知（建科〔2021〕63号）》，强调城市更新的高质量发展。

中西方城市更新的研究侧重点不同，当前国内仍更多探索城市更新中经济可持续的途径，西方则倾向于探索加强社区文化及归属感的途径。西方国家的城市更新在实施中更加注重人文关怀，更加尊重实行更新区域的居民意见，对当地的历史文化、社区归属感保护力度大。现有文献中，西方关于社区归属感、邻里关系等的研究十分丰富，国内相关研究仅在起步阶段。反观国内，以房地产为导向的更新模式是城市公共空间更新的重要途径，更看重物质性的补给，居民参与感较西方弱。

中西方人口密度、居住习惯等存在明显差异，满足基本生活需求的强度和方式不同，当前国内借助城市更新供给住房空间的能力更强。西方国家的住宅多以独幢的楼房为主，土地所有权采用个人所有制。而国内由于人口基数庞大，住宅的特点是密度大、集约度高、土地公有。因此，在缓解基本生活的供需矛盾时，国内物质性空间，如住房空间的供给力度更强、供给方式更为多样。

从国内城市更新的实践来看，城市更新呈现如下特征：越来越注重通过城市更新的内涵式发展转变来促进城市转型提质、提高综合竞争力；更新改造的重点逐渐从具体地块的单一物理实体空间改造转向全面性、系统性的更新；城市更新的对象也开始从关注老旧危的产权资源转向城市的公共资源、空间系统。在此基础上，我们要深刻认识中国城市更新工作的新特征、新要求，必须加快完善城市更新体系，强化政策顶层设计，为“十四五”期间规划城市更新营造更有利的政策环境，构建城市更新长效发展机制。合理引导城市更新的走向兼顾历史保护与现代发展的道路，切实改善旧城人居环境，这是时代赋予我们的重要使命。

第三节　知觉体验视角下的城市公共空间更新

一、梅洛—庞蒂知觉现象学中的知觉体验描述

现象学是归属于哲学范畴内的思想理论，在20世纪发展为重要的哲学流派。经过一系列发展，现象学衍生出了很多不同方向的分支，本节研究的主要就是梅洛—庞蒂提出的知觉现象学理论体系。

本节将通过对梅洛—庞蒂的《知觉现象学》理论进行分析，从中选取与空间、设计相关联的三个论点——身体、超越身体综合的感知、被身体感知的物质存在对城市公共空间微更新进行分析研究。

（一）关于“知觉”的理论

法国哲学家梅洛—庞蒂所研究的知觉现象学是本课题研究的理论重心。其中，知觉被置于首要地位。在身体知觉感官中，主要概括为身体五感知觉的表达。最终形成知觉与被知觉的认知体系。下文将立足于身体与知觉描述的立场进行分析和阐述。

1. 知觉的首要性

梅洛—庞蒂在《知觉的首要性及其哲学结论》中认为身体中的知觉是开展一切行为活动的第一步，并反复试图说明知觉就是身体的知觉。

同胡塞尔和萨特有关意志的概念比较，梅洛—庞蒂强调的也是对自身的感觉，而认识世界就是梅洛—庞蒂认识人和他人关系、与社会关系的基础，也就是克服意志内在性的场域。梅洛—庞蒂认为知觉必须要先感受、再感知，即人类要利用的感官系统接收外部的反馈讯息，这就点明了知觉的首要性。

2. 知觉的感官体验

梅洛—庞蒂在知觉现象学中主要表达了关于“感知的存在”这一存在主义理论，将感知摆在第一位置，而承载感知的载体即为身体。也就是说，梅洛—庞蒂将身体作为媒介，提供感知的器官，同时进行反馈。不同的是，身体作为媒介，同样会跟随知觉的变化产生更迭，同时随之更迭的还有身体的感知、对空间的感知、对时间的感知。这就是身体知觉与身体运动与空间的关系。由此形成了梅洛—庞蒂独特的知觉现象对世界的认识论。可以发现，在知觉现象学理论体系中，身体与感官都从属于体验。从某方面来说，感官是观察世界的一种工具或方式，然而身体的感官又存在综合其他感官的超越身体的感官体验，感官系统包括身体的触觉、视觉、嗅觉、味觉以及听觉。与“经验主义”不同，梅洛—庞蒂对身体知觉的描述是站在逻辑理

论的基础上，对身体拥有者自身所感知的行为感知体验。

从专业理论角度来说，知觉现象学是对人类存在进行广义的本体论研究。它将知觉作为媒介来完成对自身本能地认识，梅洛—庞蒂在《知觉现象学》一书的前言中描述了通过身体综合感受形成的感觉、知觉、记忆等本体论研究。这种对待身体感知的理论与设计中的人体工程学理论从属于两个派别，一个是根据体验与感官共同形成的认识论体系，另一个则是站在物质世界的基础上，对人的身体使用感受进行研究从而达到空间、物品尺度的舒适。因此，知觉依托于感官而存在，感官系统通过身体五感进行反馈。

3.“五感”体验

梅洛—庞蒂认为，观察与描述自然世界必须尽可能地表现给人身体上的感受。空间感受，是指对物品长度、形态、尺寸、位置等空间特征的感受，人们通过感知，而形成了感受。因此，现象学的世界并不属于纯粹的意识存在，而只是人们通过自己的感受与别人的感受的互动，以及通过感受与经验的互动呈现的意义。

帕拉斯玛在《建筑七感》中对现象学的理解继承了梅洛—庞蒂知觉现象学中的身体体验的论述。将现象学的身体知觉方法运用到了建筑中，分析了人的各种身体感受。他认为不同的建筑应该存在不同的知觉感受，要从视觉、触觉、听觉、嗅觉、味觉等多种身体感官进行感知。

（1）视觉的体验

梅洛—庞蒂在《知觉现象学》中曾经多次引用了胡塞尔在《笛卡尔的沉思》一书中所写的一句话，可以理解为，有些不需要说明的知觉经验即需要放在适当的位置被眼睛察觉。然而，这句话却被梅洛—庞蒂不断地引用，自然是因为它正好解释了知觉现象学关于认识世界所需要做的事情。这些沉默不语的经验中，最先的自然归结为视觉体验。

日常生活中，对世界、空间的观察认识，首先依赖于身体的视觉系统，也是对空间最为主要的体验形式。这就不可避免地要谈论视觉。不论是光影、色彩还是尺度，都依赖于视觉对身体意识的反馈。

（2）听觉的体验

人与环境在视觉的影响下被分隔开来，原本作为旁观者的人只是停留在“看”这一层面，听觉则把人重新拉回现实场地里。视觉通常具有“方向性”，听觉往往具有“持续性”，视觉感受则是指人在视觉的帮助下，通过视觉的探索自发地向周围环境靠近，再加上声音同样是自发地向人靠近。所以，人们通过接触声音，产生了听觉感受。听觉系统在身体中具有先行性，在空间中人们往往可以先于身体本体被动式的接收远处空间对声音的反馈。围绕声音所产生的内在的、亲密的感觉体验，往往引起了人类的思考和幻想，从而产生了一种特有的空间感受。通过声音对空间主动和被动相结合的听觉体验达到对世界的认知。

(3) 触觉的体验

触觉知觉和其他知觉不大相同的是，其通常是身体表面的皮肤通过和社会环境或者现实物体的直接接触来构建的，这次方式可称之为主动接触。通过身体的主动接触，感受物质、材料、重量及温度等触摸的体验。在《建筑七感》一书中，帕拉斯玛将触觉表述为“触摸的形状”，即身体肌肤对物的主动体验。但从身体整体性出发，身体的触觉并不仅限于肌肤的主动接触，而是包含物与环境被动式反馈形成。即物的本质属性对眼睛的反馈亦为目光对物的“触摸”。

(4) 嗅觉与味觉的体验

嗅觉在空间中往往扮演着影响整体感的角色，在空间中嗅觉有时扮演了决策者，即通过气味判定场所的正负属性，令人愉悦抑或难以靠近。同时，嗅觉、味觉在社会场所的体验当中具有辅助性、补充性的功能。

嗅觉属于体验记忆中留存最长的身体知觉，人们在他自己的人生经历中，往往会对走过的路，以及自身所在的城市带有的特殊气味有着极深的记忆，即使时隔多年，当人们再次闻到相似的气味时，封存的回忆就会一股脑地扑面而来，与之相似的是，味觉体验属于近感体验的一种，它能通过人自身的感知力把记忆和联系引申出来，继而形成一种特殊的知觉体验。

(二) 关于“身体”的阐释

1. 身体的超感体验

身体具有综合性，在身体体验中，感官体验可以分别展开工作，亦可形成整体的合作机制。梅洛—庞蒂将体现看作是一个身体与世界相认知的一个境域，而知觉就是认知这个境域最为重要的中心位。然知觉通常需要身体作为媒介，理论上来说，身体与知觉之间同样存境域。身体反馈知觉，从而感受空间中超越物的本身所存在的体验，如空间氛围、空间情绪、空间记忆等。

空间中所存在的知觉体验，可以理解为一种调动身体和所有感官参与的艺术形式。无论是体验与知觉还是体验与身体都依托于身体的媒介。从身体本体论来说，身体是所有器官的共同结构。基于多感官的叠加的特性，立足身体的知觉体验，超越感官的知觉体验。身体范畴就是梅洛—庞蒂所现象学的核心，身体的超感体验就是通过强调身体——主体的特殊性来接纳感知或情感之类的因素，通过身体的综合与物的综合相统一，达到超越身体自身观念性与物质性之间的关键。

2. 身体与时空性

物体的综合是通过身体本身的综合实现的，物体的综合是与身体本身的综合的相似物和关联物。回到身体的时空性，身体的综合体验是身体与时空形成链接的基础，这种时空性不是身体所处的时间与空间，而是身体综合体验对空间进行综合解读后的时空性反馈。

这个身体综合是所有其他空间的原点，因为身体的知觉从而使得外部空间的存在得以被存在与感知。空间中的物体会主动或被动地对身体知觉形成本质的属性反馈，再通过身体综合感官的处理从而形成空间性的认知。可见，身体的感知才使得空间的客观存在。

3. 身体与空间情绪

身体与空间的情绪性是指身体和空间之间相互作用产生的一种特殊感知。在这个过程中，人们会对某些物体进行观察或者触摸。梅洛—庞蒂的关注点在于人的内在世界或身体对外部世界的感知。通常而言，身体的动作越多，则表示身体和空间有着密切的关系。身体与环境的交互作用也可以称为身体的自然化。身体与外界的各种因素（如温度、光线、湿度等）发生了联系。即通过物的排列组合形成的空间整体性经过身体综合体验作出反馈，从而对身体与外部空间碰撞所产生的情绪知觉解释为身体的情绪体验。

空间情绪与人的情绪互为变量关系，通常空间的情绪会影响体验者的感受，但另一方面，体验者的不同情绪宣泄也需要不同的空间氛围。居民活动会对情绪造成影响，而情绪排解有需要适宜的空间环境。

（三）关于“物质”的讨论

1. 对“物”的描述

物质是梅洛—庞蒂在现象学中的一个重要论点，物体的“意义”如何体现，空间环境提供物质场域，空间提出问题，而物质通过本质属性作出回答。例如，在表述将“冬天寒冷的天气”这一知觉体验转化为现象学的表述，那么可能就转变成了“我的身体肌肤体验到了冬天的温度，这个温度给予了身体一种知觉体验”。这个例子形象地表明了梅洛—庞蒂在表达物的存在时使用的手法仅仅是不加色彩地描述它。

在针对物的描述中，斯蒂文·霍尔受到了梅洛—庞蒂理论的影响，在其建筑作品中，无论是对没有预设的切割所形成的无法探寻规律的空间、拉长的流线和奇怪的方向感和距离感、不正常的视角及扭曲夸张的造型比例，还是对材料的运用（磨砂玻璃绘画展、现浇混凝土折叠住宅、弧形玻璃、防水板组合、Sarphatistraat 办公大楼扩建等），以上所有的元素都是对物体的阐述。

2. 物质的“界域”把握

在《知觉现象学》一书中，梅洛—庞蒂对界域一词有着多重描述。“界域”即是其把我对象与观察外界事物的方式。例如，在观察橱柜上的碗筷时，观察者可以同时看到碗筷的性质，并且会将存放碗筷的橱柜、桌面、地板等出现在视觉中的物质所反馈的性质给予碗筷，而出现在视野中心的碗筷不过是集结了周围所有物的性质的正面显现。正如梅洛—庞蒂所说：“由于物体组成了一个系统或一个世界，由于每一个物体在其周围都有作为其隐藏面的目击者和作为其隐藏面的不变性的保证的其他物体，所以我能看见一个物体。我对一个物体的每一个视觉在被理解为在世界上共存的所有物体之间迅速地重复着，因为每一个物体就是其他物体‘看到’的关于它的东西。”①

界域像是一个连通物质与体验的隐形通道，梅洛—庞蒂通过“界域”的方式来把握对象，使观察者与外界事物之间的关系在处境中展现出来。在“体验”中，不只是视觉存在，还包含其他身体的感官系统，这些感官系统同时又在不断地和各自的界域间的物体发生关系。因此，在物的界域表达中，可以将物与五感体验进行链接，通过物质本身属性对五感体验形成反馈。另一方面，在物的界域表达中，可以将物与空间进行链接。空间的形成包含不同类别的物的排列组合，将物与体验的界域通过空间进行显现，从而被感知。知觉与物体的“共在”结构便呈现了出来。

3. 物质与“气氛”

关于物质、身体体验与世界的联系之间的关系，梅洛—庞蒂在知觉现象学中有过这样的表述：“我们生活在这样一个时代：一方面，关于身体与世界认知之间所发生的感官体验及逐渐与感知之间产生了巨大的差距；与此同时，经过厚重的文化积淀，身体经验主义已在身体毫不知情的状态下在身体上留存下来了。这就预示着我们与体验性的、物质的现实联系正在不断弱化；我们越来越生活在一个虚拟世界之中、生活在一系列毫不相干的、肤浅的感官印象潮流中。”② 这也从侧面强调了物与记忆的沉淀所需的身体体验。

可以说，身体通过视觉获得的世界图像并不是一张图片，而是一种连续、可塑的结构。它不断地通过记忆来达到融合个体的感知。事实上，这一现象是通过融合记忆和视觉感知从而转换为表现性的触觉实体，而不是类似快照镜头照出的单一视网膜照片。因此，之所以能够建立和维持体验世界的存在、持久性和连续性，是因为对“世界本身”的体现性、触觉性的理解。借用莫里斯·梅洛—庞蒂的概念——我们分享我们身体的存在。通过身体的媒介，将身体器官对物的属性感知与综合作

① (法) 梅洛—庞蒂 . 知觉现象学 [M]. 姜志辉译 . 北京：商务印书馆，2001：101.
② 梅洛—庞蒂 . 碰撞与冲突：帕拉斯玛建筑随笔录 [M]. 南京：东南大学出版社，2014：102.

用，从而转变为空间气氛的记忆。对我们体验物质与“气氛”、认知世界、体验自身来说，这种感知是至关重要的。

在运用知觉现象学方法研究空间与人的感知的领域中，不仅需要从物质和结构方面来说，而且还要从气氛、现象和记忆等的角度深入探讨物质与空间气氛的内在而深刻的关系。受到梅洛—庞蒂知觉现象学的影响，斯蒂文·霍尔在对建筑空间哲学中的理解也转向为空间的身体知觉体验以及物的“气氛”体验。通过对建筑的比例和造型，物的质感、光感、声音、味道以及综合属性的整体性“感受”，才使得身体能感受到空间的气氛与记忆。

综上所述，物质是人在空间体验中对空间形成氛围与记忆的关键因素，也是营造空间气氛与空间情绪的主要因素。

二、城市微更新背景下公共空间的多重含义

国内大中城市人口经过了近十几年的高速增长，北京、上海等大中城市建筑用地已日趋饱和，“城市微更新”就是根据当前中国都市空间储备数量迅速发展的现实情况而提出，是以城市公共参与为基础、以社会公共空间与公共设施为主要更新对象的局部渐进式更新方法，其目的是焕发都市活力、提高城市社会凝聚力、优化邻里关系、提升城市社会的共同治理。

通过城市公共景观改善、完善和优化城市公共环境，满足城市居民的基本需求和精神文明建设的需求，使城市成为具有丰富多彩的文化内涵和独特魅力的“花园”。这也正是城市微更理论研究的出发点。在传统的城市开发建设思维下，由于缺乏城市功能整合，导致了各种城市问题层出不穷。如何解决好城市的发展与保护的关系、城市空间结构与功能布局的关系等问题，实现城市的持续健康发展已然成为城市发展所必须要面临的重大课题。

三、城市公共空间微更新的常见手法

(一) 空间功能更新

空间受人的行为模式影响。不同的城市公共空间往往在城市居民的使用过程中，默默地被赋予了特定的空间作用，但在人们自发地对公共空间进行定义时，有一种原因是空间本身所具备的功能形态无法满足使用者的使用需求，如近年来频频发生的青年人与老年人争抢篮球场事件。另一方面，城市公共空间随着人居幸福生活的要求，也需与时俱进，针对个别空间进行场地功能微更新。将功能落后空间更新化、功能缺失空间多元化、功能固化的空间多样化、消极失落空间重新利用。

在城市公共空间微更新中应着重站在人的视角，利用微更新的手法满足城市功能空间的发展与需求。可以针对城市公共空间所产生的自发更新行为，预制模块空间，将空间使用方式重新交给使用者。如澳大利亚墨尔本的“城市针灸”项目，实验者将不同数量的塑料箱子置入十二个不同类型的消极空间，吸引了各种人群进行自发性活动，使其失落空间成为城市中的活跃场所。

（二）重构空间网络

在《城市设计新理论》（*A New Theory of Urban Design*）中，克里斯托弗·亚历山大（Christopher Alexander）认为，像威尼斯和阿姆斯特丹这样的神圣而又庄重的都市让人有一种错觉。在这些大的饭店、商店、公共园林、小型露台和装饰，所有的建筑都呈现出一种自然的和谐。但是，在当代的都市里，这样的整体性常常是缺失的。很明显，在这些设计师忙着处理个别的建筑，而在当地制定法律的时候，他们很难有一种统一的感觉。诚然，城市空间的发展随着空间局部规划与复杂的社会更新因素逐渐走向碎片化，城市整体性的缺失普遍存在。

在城市空间网络重构这一命题中，应站在整体的层面，以点带面，利用修补思维将空间串联起来，形成空间整体性。

（三）织补城市肌理

城市公共空间的发展伴随着城市肌理的切割与断联现象，织补城市肌理是城市微更新中常见的更新手段。在城市公共空间中，城市肌理的形成往往映射了城市的生活变迁。影响城市肌理变化的因素主要包括居民生活习惯、城市建筑变迁、城市规划体系等。故织补城市肌理应从城市居民生活的微小空间入手，通过城市居民生活的道路交通、功能设施、文化交流活动场地等空间，见微知著，延续空间城市肌理。

与此同时，城市肌理的织补是城市文化历史与居民空间认同感、归属感的重要手段。延续城市肌理可以通过对居民生活原貌的保护更新，达到肌理的延续；还可以通过对断联肌理的再造连接，深入空间需求，形成城市肌理的恢复与织补，从而最大限度地保留空间历史文脉与城市肌理形态。

四、知觉现象学介入城市公共空间微更新策略

（一）立足五感——多感官知觉体验微更新机制

1. 多重视觉体验，营造微尺度立面高差

梅罗·庞蒂在《知觉现象学》一书中对“视觉”曾有这样的描述：“视觉如何从

某处发生，而又不包含在视觉角度中。”[①] 乔治亚大学建筑系的凯色林·霍维（Catherine Howett）关于视觉曾提出这样的问题，眼睛是否代表了知觉的门户？感知世界的人们是否只用到了眼睛？在视觉体验中起到关键作用的方式大致分为视线关系和光影关系两种。

（1）多元视线营造视觉体验

视线关系主要体现在城市微更新中的多元高差所营造的多种视觉关系的相互反馈。例如，在第十二届威尼斯建筑双年展所展示的装置的意图：“所见之物亦在回望我们。”[②] 在威尼斯双年展策展人的邀请下，巴西—阿根廷建筑事务所 Väo 与 Adamo-faiden 合作，特别设计了主题为“日常生活报告”的装置，它被放置在一个公寓大楼的内部。从外观看，建筑物的表面反映了周围环境。一旦进入大楼并向外望，就可以看到巨大的装置溶解到圣保罗的中心，完全融入了周围街道上的活动场所和建筑物。这个装置恰如其分地弥补了广场空间人的“知觉体验缺失”这一问题。通过透明玻璃材质的相互渗透，人们可以轻松地通过光线的折射进行互动。观景点旁有一间咖啡店，人们会长时间地坐在这里，观察由摩天大楼组成的景观。这就形成了多元的视线关系，利用高差与视线营造丰富的视觉体验。

（2）光影的变化赋予空间层次

“深度的阴影和黑暗是必不可少的，因为它们让锋利的视觉暗淡，让深度和距离变得模糊不清。”[③] 在光影关系中主要体现在城市微更新中的光线与阴翳所营造的视觉体验。光影对空间的塑造和引导的影响，不仅仅在视觉上，还能体现在心理和精神上。光线角度强度与材料特性相互组合，都会给人带来不同序列的感官体验，甚至对下个空间序列的感受产生一定的影响。光线通过阴影的变化，明暗的对比可以突出空间的环境氛围。当空间昏暗或明亮时，空间氛围会随着视觉体验更迭改变。处于其中，会感到紧张压抑或舒畅轻松。同时，光影的变化能够赋予空间层次感。

在《阴翳礼赞》中，古田润一郎对阴翳进行了描写，刻画出了暗调光线中的美学与空间氛围。在微空间中的应用更为突出，如书中提到的一个较有代表性的例子，一家名为“草鞋屋”的日本东京有名的饭店内部陈设使用的是古朴的烛台。在昏暗的火光笼罩下，餐具器皿都变得深邃起来，有种不一样的魅力。后来，有客人抱怨烛台灯光太暗了，商家只好换成了纸罩台灯，这下漆器之美少了很多。彼得·卒姆托在《思考的建筑》中进行了详细的解读，通过光影解读了尺度感和尺寸感；通过

① （法）梅洛 - 庞蒂 . 知觉现象学 [M]. 姜志辉译 . 北京：商务印书馆，2001：99.
② 巴西—阿根廷建筑事务所 Vào 与 Adamo-faiden 在第十二届建筑双年展合作设计的“日常生活报告”装置。
③ （芬）尤哈尼·帕拉斯玛 . 肌肤之目 [M]. 北京：中国建筑工业出版 .2016：55.

来自地球之外的光，空气才被眼睛所感觉到，附加的还有空气的温度；从阳光到黑暗，都有它们代表的时间与温度。它立足于超感的身体综合知觉，源于现象学的身体感知与空间体验，创造了一种微妙的、诗化的空间气氛。由此，将光影介入城市公共空间微更新中，便可发现，光影对空间视觉的影响尤为突出，灯光对于空间光环境的丰富具有重要作用。可利用灯光的装置介入城市公共空间中，不同的灯光相互交织形成独特的五维空间，与场地的互动丰富且动人。如某市高校的古树与地面植被的组合，温暖热烈的阳光从古朴的大树枝缝中漏下，在安静的草地上、沉稳的建筑侧立面里留下了斑驳的光影，不仅层次丰富，而且烘托出了空间的视觉温度。

柯布西耶著名信条“建筑是把许多体块在光线下组装在一起的熟练、精准而壮丽的表演”①，毋庸置疑地定义了一种视觉的建筑，也肯定了视觉在知觉体验中的重要地位。从上面的案例与指导中总结出视觉体验对城市公共空间微更新的作用，即利用多元高差形成多视角体验、多重光影丰富空间层次氛围。

2. 强调听觉体验，把握微更新场地音域

听觉隐于世、藏于形，声音的体验在空间中的作用有时会被人忽略，人们大多是习以为常地听到那些他们所听到声音而不假思索，但或许当某种听起来无序的声音，被处于在特定的空间场合中，通过序列或者其他手法的人为干预，在理论上来说空间能呈现出不一样的其惊艳的体验效果。“现在，让我们想象一下，偶尔当水珠滴落到阴暗和潮湿的地下室时的声音——空间感；教堂钟声创造出的城市空间感；当我们在夜晚熟睡时，被轰隆作响、奔驰而过的火车吵醒后感受到的距离感；或者一家面包店或者糖果店拥有的气味——空间感。”② 声音在空间中的序列表现也体现了听觉体验的重要性，通过声音在不同功能区域中的干预，潜移默化地给人带来不同的感受。

针对“城市公共空间体验的缺失”这一现存问题，日本越后妻有大地艺术祭中有关声音的空间装置作品“耳宅声景”作出了回答。这一装置是在狭小的空间中通过使用声音感知作为界域来试图认识世界，在方寸空间中聚焦参与者的思考或体验。

在25个均布的设置有音响设备的方格中，通过人的介入联动对应空间的音箱，参与者在耳宅装置空间中的体验，其实是对25个单位场所出现的声音进行组合序列的体验。在逼仄到只能意识到耳朵的存在的“耳宅”中，仿佛用听觉体验到了不同界域的风景。

由此，针对“城市公共空间体验的缺失”在听觉系统中的思考，亦可通过对环

① （芬）尤哈尼·帕拉斯玛 . 肌肤之目 [M]. 北京：中国建筑工业出版 .2016：33.

② （芬）尤哈尼·帕拉斯玛 . 碰撞与冲突：帕拉斯玛建筑随笔录 [M]. 南京：东南大学出版社 .2014：14.

境的区域分割来打造不同的听觉体验。在实际的城市公共空间中，区域分割可以利用高大的植物来打造。在绿色环绕的树林中听到鸟鸣与街边广场听到的噪声所带来的感知体验是不同的。那么，后者则需要利用多重手法来降低噪声，保证人体知觉的舒适感。可以通过植物切割空间，形成空间屏障来改善城市广场带来的噪声污染。如日本藤本壮介事务所与法国 OXO 两家事务所联手在巴黎中心打造的一个联系自然的绿色天际线（A new skyline for Paris），这个位于巴黎中心二环路上漂浮的绿色村落，通过大尺度植被将建筑包裹在一个没有嘈杂的空间范围中，随之带来了各类鸟儿的啼叫，让人的身体处于被营造的听觉耳宅中。不仅带给人们森林般的清新与平静，也带领人们迈向新巴黎。

拉斯姆森（Steen Eler Rasmussern）的代表作《体验建筑》中将最后一章标题设为“聆听建筑”，描写了部分关于听觉对尺度的感受：“你的耳朵同时感受到了隧道的长度和它圆筒的形状。”这就进一步描述了听觉体验在不同环境与空间中所带来的知觉变化。综上所述，从上面的案例与指导中总结出听觉体验对城市公共空间微更新的应用大体分为两个方向：一类是通过对声音的营造增强空间的知觉感受与空间氛围；另一类则是通过对声音的消减与弱化达到空间与内心的宁静。

3. 重视触觉体验，恢复微空间场地记忆

“触觉”一词源自希腊语“haptikos”，意为通过接触感受的信息。触觉主要是由肢体接触物品或观感的被动触觉所呈现的触觉感受，在触觉体验中，触觉大体可以分为主动触摸与被动触摸。

其中，主动触摸通常依赖于物质的反作用，触摸的过程中解读了物质的固有属性与被动属性（肌理、质感、尺度、温度、记忆等），通常不同的物质给予身体不同的体验。多出现于材料对触觉的反馈，在微更新中常常出现不同属性的材料营造不同的空间触感；针对“城市公共空间体验的缺失”这一问题，可以通过亲肤材料的使用来有效地营造空间适宜人体亲近的空间感受。例如，昌里园微更新设计中对材料的应用，街巷中所用的材料大多采用的砖、石、土、木等物质属性较强的本土材料，以便营造丰富的触觉感受。正如约塞普・凯特格拉斯在他的“隆尚”一书中所写的那样，“建筑开始于这个地方的构成，它本来就是这样，但最重要的是，它可以而且应该成为这个地方的记忆，也是完整的意志”。

除此之外，被动触摸通常依赖空间带给身体的触觉感受，在不同空间温度体验的过程中，我们的肌肤总是能感受到炎炎夏日大树下的阴凉，或是寒冷冬天被阳光包裹的一抹温暖，都是身体主动或被动地对空间产生了感知体验。帕拉斯玛在作品《建筑七感》中举例，一件具有历史年代的物件由手工业者耐心打磨雕琢而成，同时加上使用者的触摸，形成一种物质本身所不具有的强烈的触摸吸引力。这种触觉被动地将人们与时间和历史联系在一起：通过不断重复的触觉印记与不断更迭的吸引力，人们得以与历史沟通起来。触觉将时间有形化，从而体会场所内所蕴含的空间氛围。

从上面的案例与指导中总结出触觉体验对城市公共空间微更新的应用大体分为两个角度：一方面是通过对不同物质本身属性的反馈来营造不同空间场景触觉体验，另一方面则是通过空间给予的被动式体验。这两种触觉体验从属于递进关系，基于此，在针对“城市公共空间体验的缺失”这一问题时，可以通过对多种材料属性的反馈形成综合空间触觉体验，这些材料正是空间真实感与时间感的来源。

4. 补充嗅觉、味觉体验，调整城市微空间情绪

嗅觉和味觉在空间场所体验中通常被看作是辅助补充的作用。而帕拉斯玛认为，人的知觉感受中气味是记忆最持久的体感，放在空间中，气味记忆仍然有效。通过嗅觉，可以对心灵产生不同于其他体感的空间体验，同时对空间形成独立的空间记忆。这就解释了在人的生活中出现的对其所行之处、所处之地伴随特有的气味的记忆的原因。当我们再次接受相同的气味刺激时，即便时隔久远，依旧可以在大脑中完成相同味觉的记忆体的对应工作。同时，这种味觉体验作为近感体验，可以根据人的自身感知引发回忆和联想，与现有空间再次链接，形成特殊的知觉体验。

在处理微更新中的味觉这一体验时，可以充分利用植物营造空间味觉与嗅觉感受，促进个体对空间记忆的形成。

“一种别样的气味让我们不自觉地走进了一个已被视网膜的记忆完全遗忘的空间；鼻孔唤醒了被遗忘的画面，我们被诱入一场生动的白日梦里，鼻子让眼睛开始回忆。”① 嗅觉往往是对空间记忆持续性最久远的神经元，不管是散发着“空洞”味道的废弃房屋，抑或是充满花香的美妙广场，都在讲述着其所处空间的情绪。

个体性空间体验不同于传统的大拆大建的开发模式，社区层面的微更新项目往往面对的是小尺度的碎片化空间，没有完整清晰的规划条件和确切的功能设定，周边环境却错综复杂、矛盾丛生且品质较低。无论是北京胡同大杂院中被私搭乱建挤压侵占得仅剩下过道的逼仄院落，或是上海老旧小区经拆违整治后遗留的单调、冗长的社区围墙，还是深圳混杂着历史建筑、废墟和城中村、移民社区的大型街区，这类项目面对的问题复杂而零碎，设计的目标模糊而抽象，更需要站在整体性中进行更新与营造。

基于具体而现实的日常生活需求，通过对公共空间微小而精准的干预，切实改善居民生活质量的同时，也意在以生活场景的营造、公众参与机制的构建，凝聚社

---

① （芬）尤哈尼·帕拉斯玛．肌肤之目 [M]. 北京：中国建筑工业出版：2016:63.

区精神、带动社区文化的发展。将视觉美学的追求，更多地转向对社会生活的营造。多样化的策略和成果显示出建筑师们的巨大能量，诸多创新的探索也有待于进一步的追踪评价与反思。但无论如何，微更新虽“微”，这一系列广泛的、小型的具体项目凝结起来，或将汇聚成一种激发和带动城市整体完善的新体系与新范式。

在城市公共空间微更新中关于“城市公共空间缺少活力”这一问题，可以根据知觉体验与城市微更新中对城市失落空间相融合进行整理，以点带面形成空间活力网。

基地地处社区与工业开发区相邻处，故形成了一个零碎的三角形夹缝空间。由于空间难以介入并且常被随意停放车辆，使这片空间缺乏活力。通过对小范围场地的精准干预，从而影响场地交通流线与空间布局。打破空间原有的封闭性，使得空间允许周围居民介入，提升空间活力。设计中将典型长廊注入场地，使其与原有场地元素相融合，共同形成了共生关系，同时将场地零碎化的空间绿地交通有机融合，激活空间。小范围的空间碎片整理更新改造，为社区环境和空间整体营造产生了正面的效果。

2. 延续空间肌理，保留城市空间记忆

空间肌理常理解为场地材料的质感所营造的空间质感，抑或是城市在发展过程中形成的城市格局脉络。城市公共空间微更新场地不乏充满记忆的老城街巷，在微更新过程中延续空间肌理，保留城市空间记忆是不可忽视的重要一环。而街巷空间又常常跟随人的活动变化产生空间肌理的更迭，需要通过空间中人的生活状态与体验进行综合考虑；另一方面，场地所拥有的物质也跟随着时间前进不断进行新的质感重塑。

因此，可以从两方面对空间肌理进行塑造。

第一，从材料本身属性出发。不同的材质所形成的肌理不同，在城市微更新过程中，针对不同空间记忆，可将空间中的物与材料进行有机延续，达到空间记忆的延续。

第二，可以从空间整体规划出发。城市肌理亦可置于城市整体规划的角度看待，城市街道分布，更新变迁都是城市肌理的影响要素。在城市公共空间微更新中，立足街巷布局与城市肌理，采取新旧结合的更新手段，在不破坏原有城市街巷空间布局的情况下，有机更新，从而留住空间肌理，延续场地记忆。

3. 把握空间比例，塑造空间活力

在城市公共空间中，影响空间活力的因素大致可以分为以下几种：空间存在的尺度与空间比例带给人体的感官体验（或舒适或局促）、空间植物与空间建筑间的尺度与比例带来的氛围体验。这些尺度在城市公共空间活力的塑造中，都会有很大的影响。日本学者芦原义信认为：“当 D/H ＞ 1 时，随着比值的增大会逐渐产生远离之感；超过 2 时则产生宽阔之感；当 D/H ＜ 1 时，随着比值的减小会产生接近之感；当 D/H=1 时，高度与宽度之间存在着一种匀称之感。”① (D 为街道的宽度，H 为建筑外墙的高度) 因此，空间中不同尺度与比例的营造会使空间具有不同的活力。

研究表明，人的活动是常常会引起人们关注的因素。通过对日常生活观察，笔者发现城市中大量的空间尺度仅仅适用于汽车与高楼，而从未切身地站在人的体验上进行设计，如拥挤的城市人行道。不仅如此，在仅仅一米开外的人行道上经常停放着共享单车、垃圾桶、配电箱等物。不合理的空间尺度造成了整体空间活力的缺失。类似的情况在各大城市均有出现，不论是老城区街巷道路还是新城区道路两侧，都需在接下来的城市公共空间微更新中立足知觉体验，把握空间比例，重塑场地活力。

另一方面，在城市居住空间中，存在大量小摊贩或城市公共设施占道现象，致使公共空间不断萎缩，城市居民逐渐丢失了邻里间的沟通与热络。针对以上两种情况，在城市微更新中，可以站在空间尺度的把握上，切实为人体直觉考虑。

(三) 立足身体——超感的情绪空间塑造

空间往往服务于人的使用，空间所营造的情绪往往与使用者的情绪相互作用，使空间情绪得到反馈。针对城市公共空间微更新中“城市公共空间活力缺失”这一问题和通过上文城市公共空间微更新中“城市公共空间情绪同质化”这一问题的论述，引出塑造不同情绪空间的重要性。本节将利用知觉体验中的超感理论对城市公共空间微更新进行指导探索。立足身体综合感知所形成的情绪体验 (喜、怒、哀、惧)，探究如何将适宜人情绪表达的微空间置入城市公共空间的微更新营造中。

1. 通过物的反馈，建立正向情绪空间

通常来说，情绪是人的心之所思和对外界的需求的综合表现。通过《情绪心理学》的研究发现：通过身体的反馈活动，可以增强情绪的体验。情绪作为主观认知经验，体现了身体知觉与环境结合所作出的主观认知。从理论上来说，空间服务于人的知觉经验，那么人类的四种基本情绪 (喜、怒、哀、惧) 理应分别在城市公共空间中有所对应。

目前所出现的公共空间大多是为了营造正向的情绪体验，赋予空间各种不同的功能与意义，营造出绿地、广场、街巷或者各种功能型的空间场所供人们使用，同时它们给人们提供了广义上的情绪宣泄，或开心或轻松。总之，空间服务于人的积

① (日) 芦原信义 . 街道的美学 [M] 尹培桐译 . 南京：凤凰文艺出版社，2017.

极情绪或总试图影响人们体验更快乐的生活。例如："令人愉快的城市空间在回忆里有熟悉的声音、有勾起回忆的气味，还有各种或热烈或含蓄的阳光与阴凉。在我记忆中的美好城市里散步，我甚至可以选择道路被阳光照耀的一侧还是背阴的一侧。"当空间环境正好满足当前人的主观认知经验，就可以认定这个空间是适宜的情绪空间。因此，在城市公共空间微更新中营造正向情绪空间，需要更加注重人的体验与物的反馈。霍尔把自己对于人类行为和环境之间的复杂关系的思考融入了设计当中，通过大量实际项目的应用证明了自己所说的"艺术就是要表达人的情绪"。例如，地处波兰的奥利维亚商务中心花园，在一个充满异国情调的自然花园空间中为人们创造出舒适宜人的休闲环境。植物带给体验中舒适的自然资源，木制阶梯营造空间气氛。人、建筑与自然在这座花园中完美融合，一年四季都为人们提供了舒适的工作与放松空间。利用身体综合知觉体验，通过物质营造具有安全感、舒适感的正向情绪空间。

2. 通过综合知觉体验微更新建立反向情绪空间

公共空间中的微空间从一定程度上包含了情绪上人的知觉体验。彼得·卒姆托在《气氛》中描述了小尺度的气氛空间，通过知觉体验微更新建立不同的空间多样性。立足人的不同的情绪（兴奋、发呆、焦虑、哭泣、冷静）知觉营造情绪空间是当下城市空间基于人的知觉体验指导下微更新的重点，对公共空间中的微小空间进行新的改造设计，是满足其情绪需求多样性的最好办法。

然而，当代人群生活压力不断攀升，继而带来的负面情绪（压力释放）增多，但城市公共空间却没有提供相应的宣泄空间。因此，应该重视空间的情绪功能。在城市公共空间微更新中，应充分挖掘空间场景内部潜在的情感资源，立足打造宣泄压力苦闷等负面情感性的空间。

在讨论影响空间情绪氛围的要素中，更多的是光与物质对空间氛围的反馈。不同的物质材料会形成不同的肌理与质感，从而带来丰富的空间感受。同理，光线的明暗会给人带来不同的知觉体验，在处理适宜负面情绪微空间更新时，应注重阴翳理论与物质的结合。其次，空间围合与开敞也会给宣泄空间带来较为显著的影响。

彼得·卒姆托（Peter Zumthor）在《思考建筑》中描述了尺度、光线、材质对空间的影响："我也关注着建筑中尺度的应用。要营造出一种私密感、亲近感和疏远感，把各种材质、表面、棱角或粗糙的材料放在太阳底下，以产生一种深层的物质和层次的影子和黑暗的表面，以显示光线对对象的吸引力。一直等到所有的东西都准备就绪。"[①] 即通过物的反馈与体验营造，使空间与使用者的情绪达到一致。例如，位

① （瑞士）彼得·卒姆托；张宇译．思考建筑 [M]. 北京：中国建筑工业出版社，2010：87.

于台湾的一座冥想场域——隐世修炼场，整体空间以深灰调围塑安定的场域氛围。空间尺度纵深较高，搭配灰色调的水泥材料，将空间神秘感营造出来，配上灯光，使得尺度、光线与材质之间达到了氛围的契合。利用身体综合知觉体验，通过物质营造具有安全感、宣泄感、领域感的反向情绪空间。在微更新的过程中，利用材质肌理与光的结合在微更新中注入情绪，从而带来一种新的更新思路。

3. 基于整体性中的情绪空间多样性

城市是一个有机的整体。在城市空间更新中，应站在整体的层面，以点带面，利用修补思维将空间串联起来，形成空间整体性。上文提到的城市情绪空间立足于强调人的主观认知经验与空间情绪营造感知多样化，而面向实操环节的城市微更新所要应对的就是，如何在构建一种基于城市社会发展格局的整体规划体系的同时，将城市公共空间中所发现的微小空间进行更新与链接，以实现对城市系统整体性中不同要素、场所和参与人群的有效带动与统合。

在研究分析工作中，探讨如何将城市公共空间整体性的更新工作凝结成为一系列具体而微小的情绪空间节点。与此同时，这些微小的情绪空间节点的调整也逐渐发散影响整体的城市系统。正向情绪空间的微更新营造与反向情绪的微更新刻画，都基于城市的整体性。

（四）立足物质——影响感官的知觉体验微更新营造

为解决上文城市公共空间微更新中“公共设施破旧、人居环境杂乱”这一问题，本小将节从知觉体验中的“物质”入手，物体的综合是通过身体本身的综合实现的，物体的综合是与身体本身的综合的相似物和关联物。通过对空间中的材质、功能设施、细节三方面进行分析，探讨知觉体验中的物质体验理论对城市公共空间微更新进行指导探索。将物质体验与身体体验相结合，探索城市公共空间体验微更新的具体解决方法。

1. 重视材料在微更新中的综合应用

材料的体验是由视觉、触觉联合主导，嗅、味觉为辅的一种知觉体验。材料在空间中所产生的作用是形成空间感知的重要环节。材质通过组合排列或使用方式的变化都会带给空间不同的感知体验，彼得·卒姆托在《思考建筑》《氛围》等书中都提到了用知觉现象学中的触觉来感知材料与空间。诚然，在城市公共空间微更新中，材料的使用与空间的协调、对空间的影响以及材料本身的属性与反馈在设计中都需要着重关心。

材料在城市公共空间微更新中一直扮演着最不可或缺的角色。它们拥有自己的语言系统，从中你可以知道它们来自哪儿、其结构的丰富性和复杂性，甚至是地球本身的地质基础。同时，它们还能激励人们去拓展空间物质实践的边界、再发明、再调整利用以及突破学科之间的严格划分，并在审美、功能和技术层面寻找新的联系。每一种材料都会讲述它们无声的故事，另一方面，在建筑师和他对灵感的搜索之间建立对话。这些灵感，有时生动而活跃，有时寂静沉默。

（1）材料与空间的协调。在不同的公共空间中的一般所处的周边环境也差距较大，材料的应用一般要考虑到周边建筑与环境的调性，公共空间多分为老城街巷夹缝空间、新城商业建筑广场或城市公共绿地公园等类型，而对于不同类型的空间微更新来说，同时需要考虑材料的多样性、组合性、美观性等因素，从而实现城市公共空间微更新中材料与环境的协同。

（2）材料与空间层次。城市公共空间微更新中一般为小尺度空间，材料的透明属性影响空间开放性，透明材料的运用可以在视觉上达到空间的延展和拓宽。例如，把镜面运用在建筑或装置的外表皮时，它能够反射出周围环境、自然光线与气候的变化，在视觉上将建筑与环境融为一体，为建筑赋予了动态的表达与梦幻般的光影效果。当把镜面作为饰面材料运用在微尺度空间中时，会对空间产生扩张的视觉效果，镜面材料互为作用，对空间层次进行多维反射，同时使空间与人形成互动，带来趣味性与神秘感。让新的体验者能够渗透到底层的新空间，创造出空间新的物理联系，与镜面空间产生视觉连接。可见，材料的合理应用实现了空间体验的层次性。在城市公共空间微更新中，面对小尺度空间更新，可以适当采用通透的材料从视觉上扩大空间比例，同时可以增加更新地块的空间层次，带来更好的空间感受。

（3）材料与空间温度。在城市公共空间中，大部分失落空间所存在的现状均为破旧的空间物质形成的难以介入的灰色地块。材料与空间相互关联同时反映了空间的温度。在微更新的过程中，打造有温度的公共空间就对材料提出了更高的要求。

城市公共空间微更新中“公共设施破旧、人居环境杂乱”这一问题，从物质本身的属性出发，通过对材质肌理的把控对人居生活环境进行更新，使其具有整体性，解决人居环境杂乱问题。“当进入路易斯康设计的位于加利福尼亚拉霍亚的中萨尔克研究所的户外空间时，我有一种不可抗拒的冲动想要走上前去触摸那混凝土墙，感受它那天鹅绒般的光滑和温度。”① 材料的肌理影响其所在的空间质感，进而影响身体与空间的距离。失落空间大多存在空间活力不足、人的介入程度低等明显问题，材料的选择为新的添加模糊了新旧之间的界限，利用这一特性，针对城市公共空间中的失落空间进行针对性干预。

① (芬) 尤哈尼·帕拉斯玛. 肌肤之目 [M]. 北京：中国建筑工业出版，2016：67.

2. 改善功能设施，提升空间体验

在城市公共空间现存微更新开发模式下，城市公共空间针对现有场地进存量更新，功能完善是一种经济可行的微更新手段。在城市公共空间中，公共设施破旧、人居环境杂乱是普遍存在的城市人居环境的现象。以 G 市城中村为例，数以万计的城市居民生活在完全割裂的城市空间。走出巷子即为大城市工薪居民，拥有宽阔的城市街道、高耸的商业大楼；然而，进入牌坊又仿佛置身于另一个世界，杂乱不堪的窄小街道上需要承载各种交通工具及行人通行，立足居民知觉体验、提升居民生活环境、改善街道功能设施是针对城市微更新最快速的针灸疗法。

在微更新中过程中，针对公共空间功能设施缺失的问题，可在空间中通过置入预制模块，将空间自主权交到居民手中，切实改善空间功能设施。例如，景观设计师卡里拉·扎卡里亚（Khalilah Zakariya）与何志森博士一起在澳大利亚的墨尔本针对城市微更新体验所做的针灸项目——克罗夫特巷。这个场地由于空间窄小且缺少功能设施而导致街巷失落寂寥。这种状况直到空间中出现了各种颜色各异的塑料箱之后得以改变。通过这批颜色各异的预制塑料箱，人们将空间组合成了各种自身所需的空间功能。例如，休闲座椅、沟通交流的空间、中午的餐桌、户外写生的座椅、夜市唱吧等具有明显差异化、空间多元化的功能设施。进一步满足了空间的功能设施，也将这条街巷变成了最丰富的活力空间。

这种更新方式是城市居民自发性的功能提升所达到的空间体验感的提升。从中可以获得启示，针对城市公共空间微更新中的体验与功能设施不完善问题，需要切实投入到居民的实际需求中，利用微更新的手段，在城市细节处进行改善和提升，或是人为干预、预制模块的置入等多种方式，立足身体在知觉现象学中物质的感知与综合体验来解决城市微空间中公共设施破旧、人居环境杂乱问题。

3. 强调空间微更新中的细节连续

空间中的细节变化往往体现在空间材质或设施的更迭变化。细部的体验是由触觉联合主导，视、听、嗅、味觉为辅的一种知觉体验。使用者虽然不能触及那片虚无的空间，可是他可以通过与这片空间的物质与细微的联系，来获得对这片空间的感应。建筑的细节部分可以引发人的视线、停留、触摸、讨论、坐与躺等行为与交流的契机，通过引导人的知觉感受与综合体验拉近人与建筑之间的关系。通常对空间细节的营造往往需要通过物质对本身的属性与无感体验发生接触，并且身体捕捉到物质的变化从而产生较为真切地体验感。因此，可以利用不同材质与空间小微结构相结合，通过材质的色彩、属性、大小、尺度营造空间细节。同时，材质具有连续性，通过同属性材质的使用可以在空间中达到相同感官与场所记忆的营造。

例如，对旧事物保留与再利用，使其在保留原有质感的同时迸发出新的意义。

类似案例多存在于城市历史建筑或历史课件的保护更新机制中。因此，针对城市公共空间微更新中“公共设施破旧、人居环境杂乱”这一问题，可以从空间细节如数，通过对空间材质的把控，营造不同的细节连续，同时延续场所记忆。

第四节 日常都市主义视角下的城市公共空间更新

一、城市小尺度公共空间更新的必要性

在过去，许多城市依靠大型城市更新工程来打造城市的外部形象，大量建设集中的购物街、大型商场等商业性质的活动空间，大众所熟悉的日常生活空间被不断割裂，城市公共空间建设结构失衡，每座城市特有的市井文化被阻拦在固定的空间模式之外。因此，城市小尺度公共空间的更新对恢复中国特色地域文化生活具有重要意义。

二、日常都市主义理论

日常都市主义、新城市主义与后都市主义是当代城市主义三大主流范式。日常都市主义主张从局部的、微观的视角来看待城市公共空间的更新改造，观察城市公共空间存在的诸多空间异用、自主营造、自发性再设计等居民自主的空间实践活动，以居民的日常生活和城市现实公共空间为基础，搜寻空间中异质性和多样化的特点，在此基础上构建包容性的、多元化的城市更新方式，以此来填补自上而下发展模式下的城市设计在居民日常生活方面的空缺，探索对现存事物进行渐进式更新的意义，对往后的城市公共空间发展有着重要的启示作用。

三、基于日常都市主义的城市公共空间案例分析

虽然政府主导的自上而下的城市更新运动改变了城市风貌，创造出大量的公共空间，但在大众日常生活需求驱动下形成的非正规空间也逐渐发展出与城市融合的生存方式。如何正确看待非正规空间，承认并充分发挥其作用，吸收对城市公共空间进行改造的有效经验是非常有必要的。

（一）G 市番禺垃圾桶项目

G 市番禺垃圾桶项目是在滨江步行道做的一次引导性设计实验。这条步行道只在傍晚时段人流量较大，为吸引居民在非高峰期时段使用它，设计师何志森将原有

的300多个垃圾桶桶盖取下并摆放在步行道上，几天后这些桶盖已经被周边居民移到步行道上的不同位置，并给予它们不同的使用功能。这一举措有效提升了该空间的活力，以垃圾桶盖为媒介产生的公共生活和社会关系在逐渐成形。因此，当居民发现垃圾桶被换成无法拆卸的类型后，便自发地把家里的旧家具搬到步行道上，越来越多的公众积极参与空间再造，此时的滨江步行道已经成为周边居民最重要的日常公共空间。

番禺垃圾桶项目是通过对居民的日常生活、行为习惯及空间实践的差异性和丰富性进行调研，研究其活力来源，通过设计引导激发人们参与空间创造的兴趣与潜力，让居民利用垃圾桶盖做出各种非常有趣的空间占领行为。步行道从官方建设的公共空间变成民众可以参与创作的空间，人们利用手边的既有资源去建构属于他们的公共空间，使消极的公共空间转化成不同群体进行社会互动和交流的场所。

（二）G市农林肉菜市场项目

扉美术馆与农林肉菜市场只有一墙之隔，二者之间的区域几乎无人问津。设计师何志森邀请艺术家宋冬共同把这堵墙改造成无界之墙，它是由许多旧房子中不同样式的窗户拼凑而成的玻璃墙，内部空间氛围的营造是通过收集周边居民提供的物件与回收的700多盏特色灯具共同实现的。有了无界之墙的存在，美术馆组织起一系列的娱乐活动并邀请居民参加，将艺术和生活联结起来，使得无论是去美术馆的居民还是去菜市场的居民都热衷于参与这里的活动，如看电影、长街宴、广场舞等活动。无界之墙成为美术馆连接周边社区居民的桥梁，让买菜也成为获取艺术熏陶的一种途径。

G市农林肉菜市场项目是从小微尺度介入城市街巷空间，在营造多元化小尺度空间的同时，将低廉材料与场地现状完美融合，如长街宴就是利用36张旧木床拼成的桌子作为基础设施来举办的。通过视觉体验激发人们探索和创造的兴趣，重新构建城市公共空间的本质，并赋予它们全新的意义，使传统街巷生活得以复苏，实现空间功能的复合，激发社会性和多样化的交往活动。

四、日常都市主义视角下城市公共空间更新策略总结

（一）通过设计引导全民参与

通过居民参与的方式来重新建构大众对公共空间的主导意识。当下，部分居民为消解孤独，将家改造成不出门就可以社交、娱乐的“公共场所”，以一种自我建设的方式参与设计，私人和公共的边界越来越模糊。在人们自力营造的“公共空间”

中，可以看到他们对公共生活的渴望，以及人们在空间上的想象力和主体性，他们将成为今后城市更新和社区营造的重要力量。

（二）对非正规城市家具的认可与优化

目前，许多固定式城市家具由于缺少与周边环境、使用人群的有效互动，利用率低下。相反，可自由灵活使用的城市家具能提供自主创造的条件和可能性。观察人们如何使用空间并改造空间的行为，结合居民所总结的老旧家具实践经验，用最小的预算和创造性思维重新审视日常空间和既有物体，在环境空间、功能需求与行为活动的相互作用下，对非正规城市家具的认可与优化能够最大限度地发挥空间价值来塑造高活跃度的公共空间。

（三）从小微尺度介入街巷空间

以小微尺度介入城市公共空间营造，必须从日常生活出发，致力于日常生活的观察和再发现，并通过对既有的闲置或废弃事物的艺术化处理，赋予空间以更多可能性，增加人们的空间体验，完成对公共空间的艺术植入与场地活化，从而丰富场地周边环境，吸引更多人参与其中，对城市生活环境产生潜移默化的影响。

（四）对城市原有肌理与文脉的尊重

目前的城市发展着重于旧城更新，但在其实践中过多地注重新潮、炫目的概念，忽略了城市的原有历史和空间肌理，仅仅保留原有的空间形态，无法让周边居民将生活记忆代入现有场地。正是因为居民赋予公共空间以时代意义，才让该地区的时代精神得以延续。因此，在公共空间的营造中应充分考虑该地区的历史文化特色、空间肌理现状与地域生活景观，这样才能在保留城市原有肌理与文脉的同时促进城市多元化发展。

中国城市公共空间改造与建设活动在迅速转型，回到日常将成为往后城市建设与更新的重点要素，日常都市主义构想出一种可替代的、平民化的设计理念，将城市规划设计、大众和社会紧密联系起来，以城市居民及其日常生活经验为基础，为城市公共空间更新提供新的视角来描绘丰富多彩的日常生活图景。

第五节　社区营造视角下的城市公共空间更新

社会的快速发展背景下，20 世纪末，我国的城市从进入市场经济以后，开始进入更新城市住宅建设的阶段。改革开放以后，开始全面组织社区更新改革。经过一段时间，社区变得老旧，不能完全良好地满足社区居民的实际要求。怎样来实现社区更新，解决多种社会矛盾，推动经济、社会、文化的变革，助力城市功能获取理想的发展，变成城市建设、社区不断发展的重要问题。如何让社区经过微更新的模式，展示出新的景象，成为值得深入分析的课题。

一、社区营造

在相同的地理范围当中所居住的居民，持续性采用集体的行动来针对所面临的社区生活问题来实施处理，在共同解决实际问题的前提条件上，创建出更能满足实际需求的生活场所，居民彼此之间、居民与社区的环境之间建立起较为紧密的社会联系。

二、社区营造的城市公共空间微更新措施

(一) 整合社区环境

建设出具有个性化、文化性的空间，为城市提供多元化的特点，为城市增添活力，加大对公共空间微更新的宣传力度。

1. 与城市触媒理论进行融合，做好引导设计工作

从城市建设发展进程来讲，对潜力地方与内容多个方面实施分析，为其赋予不同的功能，为城市周围环境增加活力。以城市触媒理论作为支持力，挖掘出更多新鲜的元素，通过运用辐射作用或影响作用，及时做好区域工作，推动片区获取发展。触媒元素特征以多元化为主，在具体实践过程中，需要综合场地等多元化的需要，通过整合物质、经济文化等多种内容，打造出一个满足人民实际需求的人文环境，从而把优化公共空间的品质当作努力实现的目标，做好环境建设工作，结合街道管理不同方面的内容，建立起民生设计平台，把城市改建工作做到位，拓展城市发展和微更新的有效路径。

2. 针对附属性的空间结构展开整合

城市建设发展过程中，在微更新理论的支持下，做好城市精细化管理与建设。通过对城市中碎片化、附属性、边缘化的空间进行精心设计。在微更新当中对其展开科学合理的规划分析，获得良好的整合运用效果。通过丰富与弥补附属性空间，

打造出比较完善的公共空间网络架构，通过运用不同空间之间权属性关系，在一定尺度和维度中实现优化，建立起长久的补偿机制，从而为整合利用城市微空间打好坚实基础。

(二) 历史脉络的延续发展

每一个地方都拥有独特的历史脉络，老旧社区的空间布局和肌理饱含着丰富多彩的历史文化，有着历史悠久的城市记忆。

以白塔寺历史街区为例，此街区的公共空间面积非常有限、形态各不相同，总体肌理比较细碎，却能够真切地表现出街区在城市发展中所形成的空间形态，还能够生动反映出老百姓的日常生活起居。微更新的模式重点保留下历史街区的空间形态的完整程度，打造出原真性的历史，从而促使历史文化脉络延续发展。

在白塔寺历史街区当中，出现了空间杂乱、私自搭建、乱搭乱建的问题，在对调研数据进行测绘的前提下，按照微更新的原则，拆除违规建设的空间，丰富传统肌理。另外，面对白塔寺历史街区当中总体历史肌理下所出现的狭窄、细碎的空间，坚持保护好街区真实性的原则，弥补现有的问题。并且，通过使用历史资料及居民的自主讲述，深入地方历史与传统文化，在公共空间系统当中融入该街区当中所独特具备的精神与历史文脉，成了有效保护历史文脉原真性的有效方法。

在这一街区的微更新当中，需要先深入挖掘街区的历史文脉，整合公共活动空间与交通空间，拆除居民违反规定进行搭建的空间，保护好历史所形成的街区的公共空间场所，将原本的街区公共空间的面貌进行还原。另外，对街区内部以及外部的通行线路、公共空间的节点、交通导视的系统进行梳理，利用灵活动态的流线型、丰富趣味的空间感、增强历史肌理、重新建构空间秩序。在这一前提下，充实白塔寺街区特色，在街区当中把传统文化融入现代功能，通过对文化场景的设计再现，吸引居民主动参与进来，重新唤起居民集体的记忆，在日常生活当中凸显出传统和现代之间的交流，彰显出地域特色，丰富这一街区所具备的风貌，强化人文情怀。

(三) 采用环境叙事方式

以社区营造作为视角，展开公共空间微更新，利用环境叙事的方法，在公共空间当中展开良好介入，利用充满故事性、情感性的设计概念集聚社区居民，加强社会凝聚力。在微更新当中，创造出具备吸引力、互动性、特殊情节的社会交流空间，附加叙事设计，把各种类型的居民团结在一起，给他们提供具有趣味性的参与机会，提高社区居民的凝聚力。通过运用环境叙事的方法，顺利展开微更新的工作。

微更新计划邀请专业的设计队伍到社区当中，运用陪伴形式与居民创设出更贴合居民实际情况的方案。通过物质空间的变化推动观念的变化，设计队伍在美观性与实用性之间获取平衡感，居民也能够逐渐开阔眼界，变成建设社区的主要参与者、重要维护者。社区的微更新项目为人民建设人民的城市提供了平台，从社区居民的认可当中获得较大的成就感。

再以上海市的虹旭小区为例，在进行征集方案之前已经改造了精品小区，具有良好的环境基础。综合居民的意见，几个较为闲置的空间地点变成具体的更新对象。反复优化的更新方案，与最初的方案大相径庭，却获得了多方面的共同认识。起先设计这一小区的主入口的闲置地带设置为开放地带，用来提供给居民进行文化宣传、休闲活动的空间，之后结合附近居民所提出的安全威胁、噪声影响，把边界转换为凹凸的矮墙，打造出一大过渡的空间形式，得到居民们的一致认同。

在改造中心广场的廊架时，同样的居民提出意见：老年人居民提出原本的方案当中，综合廊架结构进行的一体化设计的钢结构座凳中靠背少，舒适度低，更换为成品的木质座椅；总体的设计风格也充分对居民的喜好实施了考虑，从现代的简约风转变为中式风。这样的转变，让居民充分体会到尊重。

此外，这一小区的居委会经过自主探索潜力空间，持续引入专业队伍进行微更新，还把小区当中的另外一个空闲的地带更新为“生境花园”，由热心的居民构成志愿者，维护这一地带的环境，更新宣传内容，美化环境，组织活动，实现了共同创造、共同分享的目标。

（四）多元化公共空间微更新途径

1. 构建起多方面一同协作的开放沟通平台

社区营造的角度之下，做好城市的公共空间的微更新工作，需要将政府、企业、社会组织、居民与专业团队融合到一个平台上，实现多方面之间的沟通互动，从而助力项目共同实现。多方主体表现出需求，调动起居民的主动参与积极性，让全部的居民全程都参加到前期分析、制定、维护管理方案等多个环节当中。经过构建起多元化的平台，制定出从下到上的长时间、可持续的微更新的计划手段。

2. 建立所属街区和社区的责任规划师制度

社区微更新项目包含一个共同点，都要经历漫长的过程。一个明星项目，虽然短时间会获得良好的效应，但从长远角度来说，社区微更新项目可持续性要构建社区规划师制度。由社区规划师介入社区公共空间微更新，发挥多方面的作用。第一，专业技术能够得到居民的信任。在进行正式施工之前，由专业设计单位提供好方案，容易与居民交流，得到居民认可后，进行施工，容易得到居民的理解。第二，设计人员要将自身所具备的桥梁作用充分发挥出来，采用设计方案，在组织微更新过程中，涉及多方居民的利益，社区规划师需要及时展开协调，解决居民之间的矛盾，形成多方居民的共识。第三，公众需要主动参与设计表达，要发挥出设计团队的专业水平，社区规划师在现场的多个环节当中，提倡公众积极参与，主动带着居民参与建设美好家园。第四，创新理念，强化更新内涵，利用社区规划师所具备的专业知识与技能，将城市发展当中所具备的新理念和技术引进来，增强社区改造的综合效益。第五，规范成果，便于展开指导。每一个小区经过表决实施方案，构成一整套规范的图册，方便指导进场施工单位，让有关人员根据图纸施工，确保所实施的效果与设计方案保持一致。第六，实现及时跟踪，为居民提供后续的服务。在这部分内容中，如果设计方案与施工出现不一致的情况，那么需要立即进行协调，设计队伍也应该同步展开跟踪服务，及时针对节点实现设计变更，充分满足有关要求。

总之，城市化进程的逐步加快，城市更新内容已经从增量拓展转为存量更新，城市中社区作为较为重要的元素，社区未来的发展方向会直接决定城市的发展方向。

第六节　健康城市理念视角下的城市公共空间更新

在效率优先的城市发展进程中，城市人口普遍面临着亚健康问题，“大城市流行病”频发，城市公共空间与人体健康及疾病之间的关系引起了人们的关注。对城市空间的功利性改造而引起城市环境、生活方式、社会交往模式等方面的改变导致的“慢性病”越来越成为城市人群健康的一大顽疾。

长江路街道是原黄岛区的中心城区，在原有的效率优先和功利性的城市发展模式下，长期忽略对城市品质的塑造，公共空间已无法承载人们对美好生活的需求。生活方式的改变越来越影响市民的健康生活，亟须采取手段来解决类似“慢性病”问题的发生。

一、“健康城市”引领城市走向健康

人们日常生活、工作和游憩所接触到的物质和社会环境显著影响着个体患慢性病的可能性，并决定了人与人的健康差异。相关研究表明，相对于临床治疗，健康状况 80% 的影响是由环境和行为因素决定的。人们散步、骑自行车和玩耍等身体活动很大程度上受到相关空间和设施布局的影响。消极的公共空间会改变人们的生活方式，会引起心理刺激，导致心理疾病，同时会产生致病病原。适宜、安全、高质量和优美的环境会促进人们进行户外体育锻炼和休闲活动，鼓励人们选择步行和自

行车交通，从而可以预防一些慢性疾病的发生。无障碍设施能够增加老人、儿童和残疾人的活动空间，帮助他们拥有更为健康的生活方式。

健康城市计划创始人特雷弗·汉考克（Trevor Hancock）及伦达尔（Len Duhl）认为，健康城市就是这样一个能持续创新改善城市物理和社会环境，同时能强化及扩展社会资源，让社区民众彼此互动、相互支持，实践所有的生活技能，进而发挥彼此最大潜能的城市。通过城市规划优化空间布局和塑造城市环境来影响个人生活方式的选择，从而促进健康生活方式是健康城市的一种物理手段，健康公共空间设计是其中关键的环节。

二、健康公共空间的主要设计策略

通过对国外健康城市公共空间设计导则的研究总结，健康的公共空间主要涵盖包容和健康公平性、便捷可达性、场所特征性、积极交通友好性、生境网络韧性五大设计策略。

（一）包容和健康公平性

包容性是城市可持续发展的重要因素，是健康公共空间的重要特征。通过对服务人群特征、年龄结构进行综合考量，合理搭配公共空间的功能，丰富其使用空间。通过布置多样化、具有针对性的功能吸引多元类型的居民来共享使用，让所有使用该空间的人都感到受欢迎、受尊重、安全和舒适。另外，公共空间的包容性和健康公平性更应该关注老年人、残疾人和儿童等特殊人群的使用需求，因地制宜地布局相应功能来促进其体力活动，真正实现健康公共空间的公平性和公正性。

（二）便捷可达性

高度的可达性，是吸引人群具有强烈意向使用室外公共空间的重要因素。北美城市多以 10 分钟步行可达距离为宜，国内城市更新中应结合社区生活圈规划，合理布局公共空间，对于社区级小型公共空间的服务半径不宜超过 30 米。对于城市绿地、公园等开放空间，应根据相关政策和指导的要求，打造 300~500 米公园网，形成“300 米见绿，500 米见园”的空间布局，实现绿色共享、健康宜居。

（三）场所特征性

具有鲜明的场所特征性，是一个健康公共空间应该拥有的基本特性。公共空间的场所特征性是在美学空间基础上进一步的场所特色塑造和当地文脉注入。理想的健康公共空间所具有的符合区域环境的空间场所特质能营造具有地方特色和生活情趣的景观意象，有助于增强人们的场所感和家园意识，能满足人群的生理和心理需求，使人有认同感和愉悦感，能够长时间驻留，成为促进体力运动的强大动力。街道也应具有独特的场所特征，并富有人情味，其场所空间功能由其品质决定，不同街道由于承载不同功能，应该呈现不同的面貌、配套不同的设施。

(四) 积极交通友好性

积极的交通主要指步行、骑行等非机动车交通和公共交通出行。对于街道等公共空间而言，积极的交通友好性主要是指步行友好和骑行友好。通过积极交通引导，促使人们优先选择非机动车交通，实现主动式体能活动，促进健康生活方式的培养。针对步行友好空间的设计需要兼顾人的尺度、步行道的舒适度、安全性及土地利用等方面，并同时对邻里单位的环境和文化特征作出一定的回应。对于骑行友好的空间设计应构建网络化的自行车道，创造安全的骑行环境，以及精心设计的自行车停放位置、安保措施和配套服务功能。

(五) 生境网络韧性和高绿视率

生境网络韧性是指营造城市建成区的生物多样性，并通过绿色空间的网络交织，提高城市绿视率。生物多样性常被聚焦于远离城市建成区的自然保护区中，尽管城市地区的动植物密度远远不及自然保护区，但许多研究表明，城市仍然可以支持大量的生物多样性，在生物多样性保护中发挥重要作用。不仅是城市大型绿色廊道的构建，街区生境网络的重塑都能对城市生物多样性的营造起到关键作用，街区的生境网络可以将城市中点状的绿色空间串联成网络，形成更开放、更多元、更亲民的人性化绿色空间网络，并促进街道、广场、公园等城市公共空间绿视率的提升，从而有助于减轻视力疲劳、听觉疲劳，促进脉搏和血压的稳定，促进生理和心理健康。

第五章　城市更新的关键路径

第一节　科技创新引领城市更新

实现城市更新的目标需要有良好的软性制度安排和支持，如需要有一个具有灵活前瞻性的规划、有维护公平保护民生的政策、有良好的金融及监管体制等，这些非常重要。但本书研究的城市更新目标实施路径主要聚焦在城市空间更新实操的层面。

从城市更新的“目标—实现路径”来看，科技创新始终是城市更新发展的一条主线，每一次城市更新发展都离不开科技创新解放生产力的大时代背景。人类文明绵延数千年，经过长期的农业文明，工业文明在短短数百年使得科技和生产力得到空前发展。被农业所束缚的劳动力被大规模解放而涌入城市，城市在世界范围内得以快速发展并成为经济活动的主要战场。城市更新是城市发展中永续不断的过程。近些年，全球城市竞争格局发生变化，科技与人才逐渐成为推动城市更新的核心动力。前沿科技与城市更新的时代遇见，更是为城市更新的深度推进指明了方向。

科技创新引发的产业革命成为推动城市化进程的加速器，并在城市化进程中不断引领城市发展，深刻影响着城市发展的空间格局、产业迭代和更新升级。城市的发展依赖产业革命的升级推进，同时，城市的发展也在不断适应人类的更高需求。

一、城市更新与发展始终受到科技进步的支持

科技创新的发展历程也是城市不断发展演变的过程。产业革命以前，城市的更新发展基本上是以一种自发、缓慢的状态进行，现代意义上有组织、有计划的城市更新是伴随着产业革命，人口快速集中引起的“城市病”产生而发展的。前三次工业革命使世界发生了翻天覆地的变化，第四次工业革命也将在21世纪产生极为重要的影响，它将从根本上改变人们的生活和工作的方方面面。回顾工业时代的城市发展史，每一次技术变革都会激发人类全面解决城市问题的冲动，但任何单一的技术工具或片面的技术变革都无法全面解决城市问题。

城市发展因技术革新发生的区域不同而产生明显的区域差异。遵循工业革命发

展的演进历程，英国是最先开始工业技术革命的国家，以蒸汽机为动力，极大地促进了生产和城市化，推动了城市的繁荣发展，为后来“英伦城市群”奠定坚实基础；美国和德国抓住了第二次工业革命的契机，利用电力和石油等新的能源形式定义了第二次工业革命，在科技创新的同时也诞生了“美国五大湖城市群”和“德国鲁尔城市群”；日本则利用第三次技术革命，发展信息技术、电子数码、精密仪器等，迅速崛起并同时形成了与美、德抗衡的“太平洋沿岸城市群”；2010年，中国经济总量首次超过日本成为世界第二大经济体；2021年，中国经济总量突破110万亿元，稳居世界第二。中国正努力抓住第四次工业革命机遇，引领智能化时代，推动“长三角、京津冀、珠三角城市群”的发展。

每次产业革命的发生都必须是符合人类（特指大规模人群，而非某地域、某阶层）追求更好生活的需要，前三次产业革命都是出于人类提高物质生活水平、满足精神生活的需要，农业革命、纺织业革命、电气革命、信息革命先后满足了人们“吃饱穿暖—住与行—社交”等需求，并带来生产方式、生活方式的极大改变，给人类带来全新的体验和满足。第四次产业革命对生命科学和人工智能的探索和追求，是满足人类更舒适便捷、高质量的生活与发展需求的重要依托。

在第四次工业革命中，中国因具备庞大的市场规模优势，更加开放的城市发展定位，正在与美国一起引领世界的变革。2019年5月21日，美国著名智库——战略与国际研究中心（CSIS）发布《超越技术：不断变革的世界中的第四次工业革命》。报告指出，第四次工业革命是数字和技术的革命，发展中国家将和发达国家同时经历第四次工业革命。它正在颠覆所有国家的几乎所有行业，将产生极其广泛而深远的影响，彻底改变整个生产、管理和治理体系。

当前，城市更新进入有机更新阶段，更加注重以人为本和可持续发展，城市更新领域细分至商业、办公、酒店、居住等市场，与科学技术结合将更加紧密。在资源环境约束下，研究科技创新与城市更新的协同发展，将是城市问题研究过程中的崭新话题。

二、每一次城市跨越式的更新与发展都依赖于科技创新

进入21世纪以来，出现了两个席卷全球的重要动向，一是金融和经济危机，二是新的技术和产业革命，前者意味着挑战，后者意味着机遇，危机即是变革的动力。美国、日本、英国、德国等发达国家开始积极部署和行动，把科技创新作为走出危机的根本力量。各国政府都在积极备战可能发生的科技革命，布局未来发展，培育新的竞争优势和经济基础。

中国政府也在积极投身构建“全球创新型城市—国家创新型城市—区域创新型

城市—地区创新型城市—创新发展型城市”五个层级的国家创新型城市空间网络体系，打造一批具有竞争力的科技创新城市。习近平总书记在党的十九大报告中指出：“我国经济已由高速增长阶段转向高质量发展阶段。”各城市政府都在抢抓机遇，聚焦重点，持续提升城市竞争力，“城市能级”屡屡成为高频关键词。

（一）科技创新成为衡量全球城市的关键指标

科技创新能力成为国家全球竞争力的重要组成部分。全球城市竞争力排名也越来越受到投资人、城市政府管理者、学界研究者以及民众的广泛关注。一批具有较高影响力的智库机构定期进行全球城市竞争力排名发布，如世界知名杂志英国《经济学家》信息部（EIU）发布的“全球城市竞争力排名”、世界经济论坛发布的“全球竞争力指数4.0”、英国拉夫堡大学全球化与世界级城市研究小组（GaWC）公布的“全球城市分级排名”、中国社会科学院发布的“全球城市竞争力报告”、日本MMF基金会城市策略研究所发布的“全球实力城市排名”。这些排名报告中无一不将“科技创新”作为衡量全球城市的关键指标。同时，衡量全球城市综合竞争力的还有经济影响力、文化活力、社会治理水平、人造环境基础设施和城市服务等重要指标。

（二）打造科技创新高地中国城市在行动

全球金融危机后，中国决策层密集部署新兴科技和新兴产业发展战略，提出积极发展新能源、新一代信息技术、新材料等七大战略性新兴产业，并确定了未来新兴产业的重点发展方向和主要任务。国内一线、二线城市纷纷“招才引智”“筑巢引凤”积极落实国家人才和科技强国战略，涌现出一批未来科学城、科技园区、航天城等新城新区，把提升科技创新城市能级摆在突出位置。

地方政府在提升城市能级和竞争力方面作出了巨大努力并取得了宝贵经验。核心功能全面跃升，集聚和配置全球高端资源要素的能力显著增强，成为全球资金、信息、人才、货物、科技等要素流动的重要枢纽节点。推进国际经济中心综合实力、国际金融中心资源配置功能、国际贸易中心枢纽功能、国际航运中心高端服务能力和国际科技创新中心策源能力取得新突破。

三、城市空间价值的提升同样受益于科技变革

随着科学技术的不断发展，城市发展也逐渐经历着由工业化城市向数字城市和智慧城市的转变。纵观历史的发展进程，由于科技产业的推动，产业发展逐步摆脱了土地级差地租的束缚，不断重塑城市空间价值。在当前科技创新时代，城市在经营过程中所需的交通、水、能源和通信等核心基础设施正在充分利用信息通信技术

并被整体定位。科技创新推动虚拟空间与实体空间、线上空间与线下空间的无缝链接，产生新的空间价值。城市更新也在不断呈现复合空间（有主题的空间）、共享空间（有服务的空间）、科技空间（有新体验的展示空间）等新的特征。

（一）新科技改变城市未来功能空间

当前，第四次工业革命已经出现多点群发、集束突破的发展态势，“网罗一切”、万物互联渐成现实，城市的生产方式、生活方式、组织方式将产生颠覆性变化。城市空间作为人类生产生活的基本载体，极可能呈现出新的布局模式和功能变革，推动城市功能空间的多向扩张、容量增强和时空压缩，并创造更多新的实体空间和虚拟空间。

新一代信息技术、人工智能技术、现代交通技术、新能源、新材料、生物技术等代表了第四次工业革命的前沿领域，极可能率先影响城市功能空间的变革。网络信息技术与人工智能技术两者将共同推动城市功能空间扩张，城市空间布局结构也将由单中心朝多中心、网络化方向发展；创造出全新的城市虚拟空间，助推实现城市各功能空间的无缝对接和整体智能协作。催生以电子制造、软件信息业和人工智能产业为重点的产业园区，衍生出无人工厂、无人商店等新业态；加速城市虚拟空间与实体空间的有效对接，从而在整体上铸就虚实结合、内外相容的超级城市空间。

现代交通技术变革将催生无人驾驶道路、无人机配送仓、新能源汽车充电站等城市新型交通基础设施，交通枢纽将因无人驾驶和共享交通而向小型化、分散化发展。交通效率进一步提高，使得传统交通空间需求逐渐转向其他功能空间，人行道等步行空间逐渐形成一个多元复合空间。无人驾驶在货运物流、快递派送以及城市保洁的广泛应用，智能物流的发展促进夜间交通空间利用率的提高。现代交通技术的发展应用将推动城市居住功能空间的地域变迁和蔓延。

新能源、新材料和现代生物技术也将深刻影响城市功能空间布局。能源互联网的形成，将推动城市能源供给功能空间的重大转型，新能源汽车发展将促进加油站的功能重构。新材料技术赋予城市功能空间新的物理特性，出现“装配城市”“组装式建筑”，促进城市功能空间朝大型化、复合化发展。现代生物技术将使城市绿色生态功能空间更为强大，中心城区农业空间功能可能实现“回归”，有助于改善城市生态功能空间品质。

（二）科技从两个维度为新空间赋能

地产行业从增量时代向存量时代的转变，使得空间从传统钢筋水泥的实体空间转变成为办公、居住、娱乐、消费等场景下提供服务的载体，我们称之为新空间。

而消费行为的改变和技术的变革，为新空间创造了无限可能。未来，空间将成为一切服务的载体和流量的入口。新空间分别从设计、科技、社群、流量四个维度赋能，四个维度不是平行的关系，内在逻辑上存在叠加和递进。

新空间的科技赋能，可以分成两个维度，即底层技术和应用场景。新空间的底层技术包含生物识别（人脸、语音、虹膜、手脉等）、传感器、人机交互、互动捕捉、云技术（云计算、云服务、云应用）、室内定位技术、AR/VR/CG、全息投影等。新空间的科技应用场景主要体现在智慧办公、智慧住宅、智能酒店、智能商业、智慧停车和智慧物流和文旅科技。

在未来的新空间内，无论是办公室、公寓、商场、公园还是文旅景区，任何线下的实体空间都将在云端有一一映射的虚拟空间。线下的实体空间用户完成体验的同时，可进行所有用户的数据采集，在线上虚拟空间对大量数据进行计算、分析，之后将数据传递到线下空间，于是线下空间便可以根据用户特质提供更优质、更精准的体验服务，形成非常完备的循环。这就是科技对新空间赋能的具象体现。

（三）虚实空间无缝链接产生新价值

城市更新首先需要城市创新，城市创新中重要的一点就是通过科技创新让实空间和虚空间实现无缝链接。实空间是“资源、信息、人际”的联结点，高科技使实空间脱媒，变成虚空间。从实空间场景来看，有三种类型，即新办公、新商业及混合空间。新办公强调空间的效率和人本服务。例如，“Hiwork”（海沃克）是高和资本进行新办公实验的写字楼服务品牌，它提供面向传统办公的升级服务。高和资本梳理出八项升级服务，即共享大堂、健身空间、共享办公、配套商业、可变办公、共享会议室、企业服务、城市广场。其中，可变办公就是可变空间的精装办公，可以帮助租客节省装修成本和时间，最终能够营造一个全新的办公体验。新商业的内涵是让人获得更好的体验，如“盒马鲜生”超市，可以让消费者在超市里购买，由超市物流直接送货到家，做到线上线下一样便捷；如无印良品，已经变成了一种生活方式，有超市、酒店、书店，还有菜市场，最终是营造了一种文化消费体验。

总之，科技创新将进一步提升生产效率和空间利用效率，科技创新正在改变城市的组织和连接方式，更多更复杂的要素被链接到传统的生产关系和社会组织中，那些曾经被忽视的空间（旧船厂、旧码头、旧工厂）因为获得新的空间链接，或者与虚拟空间的链接而获得新的价值。

四、科技为城市更新注入新活力

都市老城区是大城市的母体，在大城市的形成发展过程中曾经发挥了非常重要的作用，是大城市的重要组成部分。同世界各国大城市的老城区一样，我国的大城市老城区在城市发展的一定阶段上也出现了不同程度的经济、社会、生态等方面的衰退现象。其主要原因：一是老城区的支柱产业技术老化，未能及时地伴随着科技的进步完成技术改造和升级；二是老城区产业结构不合理，未能及时地实现产业结构的转型升级和优化；三是老城区空间有限，引进新项目困难；四是教育交通医疗卫生等公共服务设施老化，地价房价高企。上述因素造成老城区缺乏活力和发展后劲，中心地位和吸引力下降。老城区的复兴不仅直接影响到城市未来经济社会的长久发展和居民生活质量的改善，还关系到整个大城市的承载力和竞争力的提升。

科技产业作为附加值高、持续融资能力强、价值导向正确的产业，具有较强的比较优势，成为老城复兴项目导入的首选。同时，科技产业从业人员“80后”“90后”居多，为老城复兴注入了新活力。

20世纪90年代，美国中西部老工业区的底特律、芝加哥等工业大城市，正是通过技术改造和创新，以及产业、产品结构的调整走出了衰退的困境，创造了“锈带复兴”的奇迹。中国很多城市也在积极探索，以引入高科技企业为切入点，加快老城产业结构优化调整。以北京“新首钢高端产业综合服务区”(简称首钢园区）为例，该园区位于石景山区，是北京城六区唯一集中连片待开发的区域。园方利用在地理区位、空间资源、历史文化、生态环境上独特的优势，按照市委、市政府赋予的功能定位，努力建设以跨界融合创新为鲜明特色的新一代高端产业园区，打造具有国际影响力的“城市复兴新地标”。在产业规划方面，结合2022冬奥会组委会驻地，遵循“传统工业绿色转型升级示范区、京西高端产业创新高地、后工业文化体育创意基地”的定位，将规划建设“体育+”、数字智能、文化创意三个主导产业，消费升级、智慧场景、绿色金融服务三个产业生态和首钢国际人才社区，形成“三产三态一社区”的产业体系。目前，首钢园区引进了院士工作站，招商引资初见成效，星巴克、洲际酒店入住园区；与联通合建首个5G示范园，与中关村共建人工智能创新应用产业园；城市科技服务为老工业区转型升级注入活力。

五、“科技+”改变城市更新区居民生活方式

“科技+”渗透到城市更新改造、管理等的方方面面，科技正在改变商业模式，改变生活方式，全面提升城市生活品质。移动应用改变购物习惯，3D打印改变制造方式，未来随着科学技术指数级的发展进步，人们的生活方式、生活习惯也将发生巨大的改变。“科技+”最终令城市更新的多元综合目标逐步落实。

(一)“科技 +”缩短居民生活半径

在餐饮和零售方面，近年来，“科技 + 现代物流业”与餐饮、零售等业态的深度融合，正推动着城市生活方式发生巨大改变。如外卖改变了人们吃饭的方式，也改变了城市餐饮业的布局；快递和电商改变了人们的购物习惯，也改变了城市零售商业的布局；两者均使居民的“生活半径”大幅缩短。

随着以外卖为代表的末端即时配送物流服务体系日渐完善，越来越多的生活服务场景从“到店”转向“到家”。随着“到家”服务比重的增加，城市商业设施和生活服务保障方式都将发生巨大变化，部分传统商业服务将逐步由“前置仓 + 即时配送”网络来完成。未来城市公共空间的传统商业功能还将进一步弱化，面向生活服务保障的基础设施网络将进一步增强，而未来新的公共空间或许会更多地承载社交和文化功能。可以看出，现代物流业正与各类城市服务功能和业态融合在一起改变城市。未来很多新经济平台企业是面向消费者的“界面”，也是平台企业、新经济企业服务数据采集的“触角”，它们依托物联网、互联网、大数据等科技手段，推动商业模式创新和产业链上下游融合，深刻地改变产业和服务的组织方式，重塑我们的生活方式。

在居住方面，科技创新正在改变传统物业的运行模式，大众对物业管理服务也提出了更高的要求。改变物业管理的商业模式，利用互联网思维整合资源，结合物联网、云计算、移动互联网、机器人、大数据等创新技术，从传统物业对物业的看管，转变成对社区与居民的服务，是互联网时代智能物业的发展趋势。可以预见的是，未来智慧社区将在文化教育、养老助残、生活服务等各个方面为居民生活带来便利，大幅缩短居民的生活半径。

(二)“科技 +”扩展居民出行半径

居民出行半径的扩大，除了依赖于路网交通基础设施的完善，还要依赖于科技含量较高的飞机、高铁、地铁等交通工具的升级。滴滴打车、首汽约车、高德地图、摩拜单车等成为每个人智能手机中的必备 App，通过科技的融入令人们的出行半径大大扩展。同时，在“科技 +”的驱动下，各种类型的消费渠道进行平台融合，打造服务于城市居民生活的科技生活圈。

六、科技推动城市更新升级

(一) 科技推动城市更新更加智慧化

前沿科技导入是建设新型智慧城市的核心因素。区块链技术应用已延伸到数字金融、物联网、智能制造、供应链管理、数字资产交易等多个领域。要推动区块链底层技术服务和新型智慧城市建设相结合，探索在信息基础设施、智慧交通、能源电力等领域的推广应用，提升城市管理的智能化、精准化水平。要利用区块链技术促进城市间在信息、资金、人才、征信等方面更大规模的互联互通，保障生产要素在区域内有序高效流动。运用信息技术和通信手段感测、分析、整合城市运行核心系统的各项关键信息，从而对包括民生、环保、公共安全、城市服务、工商业活动在内的各种需求作出智能响应。其实质是利用先进的信息技术，实现城市智慧式管理和运行，进而为城市中的人创造更美好的生活，促进城市的和谐、可持续发展。

高科技装备的应用是城市更新智慧化的重要载体。一方面，高科技设备的应用正在逐步扫除“城市盲点”，大幅提升城市执行效率，如阿里云 ET 城市大脑旗下的 AI 视觉产品，通过对视频信息作出结构化处理，有效识别行人、车辆、事故等，从而释放警力资源，提高事件处理效率；另一方面，保证城市和社区的规划始终以最新前瞻技术为核心驱动力，巩固与延展城市社群的交流边界，实现规划与需求的契合。构建集城市大数据的“数据收集”“信息处理”“分析诊断”于一体的科技支撑体系，推动城市更新更加智慧化。

（二）科技推动城市更新更加精细化

城市更新的最终成果需要城市管理者来精细化管理，因此，城市更新更需要精细化。依托“大数据 + 云计算 + 物联网”，以推动城市更新为抓手，采用人脸识别、行为分析、声音识别、微动作识别等人工智能技术和智慧前端采集设备，建设覆盖整个城市的智慧公共安全体系和城市信用体系。将这些新技术广泛应用于治安、消防、安监、交通、劳动、医院、学校、社区、公共基础设施、生态环境等公共领域，从而提升城市智慧化、精细化管理水平，增强人民的幸福感、获得感、安全感。

七、科技创新城市居住体验

（一）科技融入体验让“年轻力”带动社群活力

城市是反映每个时代呈现的面容，建立与更新不是一朝一夕之间，维持城市原有的面貌，运用科技手段注入社群活力，成为社区中独特的魅力。随着经济水平的提高，年轻人的消费力也在上升，生活方式多元化崛起。作为消费者，年轻人的消费观念和选择的变化，内心充满年轻活力的用户正一步一步扩大。每一个消费者都是一个独立而有态度的个体，当这群有着同样爱好和兴趣的个体碰撞在一起，就形成了社群文化。年轻人通过互联网接入世界，不仅有更广阔的视野，也有更大的声量。基于互联网的分享、社群的组织，影响力扩散的速度更快、规模更大。当充满生活热情的意见领袖汇聚，带着创新想法到项目之中，会引领年轻消费力量关注，重新焕发社群的魅力。

(二) 科技提供安全舒适的智慧社区服务

当前，城市更新涉及很多老旧住宅小区，科技为更新智慧社区提出了解决方案。社区是都市人群居住生活的重要场所，也是城市更新的重要单元，将科技融入社区场景，将让居住生活更加安全舒适。研发以家庭为核心的数据化平台、智慧社区系统软件等，通过建设信息通信（ICT）基础设施、认证、安全等平台和示范工程，将信息、网络、自动控制、通信等高科技应用到百姓的生活领域，为社区居民提供一个安全、舒适、便利的现代化、智慧化生活环境，从而形成一种新的基于信息化、智能化管理与服务，并可持续运营的社区形态。

通过社区内安装视频监控、微卡口、人脸门禁和各类物联感知设备，实现社区数据、事件的全面感知，并充分运用大数据、人工智能、物联网等新技术，建设以大数据智能应用为核心的“智能安防社区系统”，形成公安、综治、街道、物业多方联合的立体化社区防控体系，不断提高公安、综治等政府机关的预测预警和研判能力、精确打击能力和动态管理能力，从而提升社区防控智能化水平，提升居民居住幸福感、安全感。

智慧社区平台提供多渠道、线上线下一体化、全方位一张网服务：社区办事、物业服务、家政服务、居家养老、党建服务、便民服务和社区一张网服务；同时，引入智能客服，为社区群众提供 7×24 小时即时咨询服务。后台提供居民、物业、家政团体、特殊群体、志愿者等用户群体的注册与身份认证管理以及党员录入管理、便民服务采集、政务服务事项对接、相关信息发布和统计分析功能。

(三) 智能家居让生活更美好

随着消费主体年轻化和消费能力的升级，现代人越来越注重个人体验，彰显个性的智能家居已经逐渐成为居家必备品，人居的需求也从“仅仅关注房子”转向“研究生活方式”。智能家居以住宅为平台，安装智能家居系统，利用综合布线技术、网络通信技术、安全防范技术、自动控制技术、音视频技术将家居生活有关的设施集成，构建高效的住宅设施与家庭日程事务的管理系统，提升家居安全性、便利性、舒适性、艺术性，并实现环保节能的居住环境。智能家居带来不一样的生活方式和体验。

随着现代服务业和通信技术的发展，服务机器人在解决教育、文化娱乐、医疗、居家等问题方面，具有非常大的潜力，是一个逐渐成长的新领域。服务机器人未来会成为中国新动能结构调整过程中的一个非常重要的抓手和起点。目前，服务机器人主要是用于完成对人类福利和设备有用的服务（制造操作除外）的自主或半自主的机器人，主要包括清洁机器人、家用机器人、娱乐机器人、医用康复机器人、老人及残疾人护理机器人等。未来，在居家服务方面，智能服务机器人将得到更多应用。

第二节　产业迭代赋能城市更新

随着城市发展日益饱和，越来越多的“老房子”因为设施老旧、功能落后或产业升级而被改造，城市更新成为时代主题。城市更新不仅是物质空间更新，更重要的是建筑功能、产业业态升级，为当地导入最具活力的人群，促进居住、办公、商业空间的更新。对于投资运营方来说，面对老旧住宅、废弃厂房、经营不善的商业物业等种类繁多的物业标的，业态组合与业态定位是关乎项目成败的核心问题。因此，本节将聚焦产业迭代如何为城市带来新动能，讲述当下我国城市更新中的产业机遇。

一、产业迭代升级是城市更新的核心

城市更新虽然主要是空间更新，但空间更新与产业更新密不可分。城市更新后的空间装载什么样的产业，是决定城市更新成与败的关键。成功的城市更新通过打造新空间、引入新产业、创造新生态、带来新消费，从而取得长久的运营收益和投资回报。产业的迭代升级能够导入最具影响力和发展前景的产业以及最具活力的人群，成功的城市更新其产业的选择需紧紧围绕当地产业结构升级和消费结构升级的需求予以配置，包括以下几个方面：

（一）促进业态升级

发挥集群优势，促进业态升级。我国拥有众多专业化的产业集群，往往由大量中小企业构成，培育了一批具备专业知识的技能型人才，形成了密集的区域生产合作网络，在行业细分领域占据突出优势。根据集群的生命周期，进入成熟期和衰退期的集群通过适应新的环境，有意识地拓展新的知识互动渠道和平台，发展新的产业路径和新的增长点，才能保持长期的竞争力。根据集群的产业配套速度快、成本低的优势，引入产业价值链的高端环节或引入其他相关的新兴产业，通过人才技能

培训和孵化新企业，不断为产业集群补充新动能。

发挥人才优势，促进产业升级。新经济时代，从“人随产业走”逐步转为“产业随人走”。随着城市产业升级，高科技人才对于区位有了更高要求，往往向往“有趣”的城市氛围、较低的通勤成本和便捷的生活条件，从而满足知识创造的时间需要和休闲娱乐的需要。高科技人才之间的学习和工作经验交流、平台衍生效应及企业之间的互动是其事业成长的关键，高科技人才也倾向于在创新资源丰富的地区集聚。对于城市生活丰富、创新资源密集的地区，在城市更新中可以发展知识密集型的制造业和生产性服务业，打造创新集群。

发挥文化优势，促进产业升级。文化资源赋予城市独特的魅力，可以弱化区位和人才上的“先天不足”。斯科特提出了“创意场”的概念，创意场是催生、涵养创意设计的独特空间场域。包含三个圈层：核心圈层——由文化经济部门、文化经济活动、地方劳动力市场构成的城市经济网络；次级圈层——包括传统、习俗传承的记忆空间，视觉景观，文化与休闲设施，适宜居住的生活环境，教育与培训机会，社交网络等广阔的城市环境；外围圈层——城市管理制度和群众参与的支撑，经济部门、景观环境与管理制度的匹配度决定了城市的“创意”表现。文化资源密集地区可以充分发挥其培育“创意场”的优势，营造富有文化魅力的场所空间，集聚“人流”，发展体验式商业、创意设计、高端居住等多种业态。

（二）构筑产业生态

围绕主导产业构筑创新生态圈。越来越多的企业开始利用其他企业或大学的研究机构的资源进行开放式创新，从而加速企业内部的创新。创新活动还需要相关企业地理邻近，科学家、工程师、技术工业都需要地理邻近以实现面对面的交流与合作，区域创新网络将成为产业发展的独特优势。随着大数据、人工智能、产业物联网、虚拟现实、增强现实、云服务等一批前沿科技成果产业化，产业之间开始跨界融合。因此，培育产业生态还应进行主要信息基础设施建设和前沿科技产业的引入。产业生态的构建需要创新服务的集聚，包括孵化器、加速器、概念论证中心、技术交易平台、品牌营销、金融服务等。创新力量和服务体系的集聚，促进产业上下游和协作关联企业，通过共享、匹配、融合形成若干微观生态链，集成构建产业生态圈，推动产业迭代升级。

（三）丰富功能组合

多元业态互相促进。通过“文化＋体育”“商业＋办公＋会展”“商业＋教育”“居住＋健身＋餐饮”等多种业态组合形式，实现综合开发。通过多元业态，提升“导流”效果，促进项目之间人流共享，能够快速集聚人气；业态领域的细分，还可以满足不同消费者的个性化需求；各个项目的盈利能力不同，综合开发有利于实现项目运营不同阶段的资金平衡，降低项目运营的现金流风险。

高品质生活配套服务。空间内部提倡土地混合，通过在土地上细密地布局功能空间，进而建立一个工作、居住、娱乐和服务等平衡发展的创新空间。在城市空间上，将传统意义上的科研大楼、销售中心、会展中心、商业中心等融合成为一个个灵活的城市综合体，并与生活居住、行政办公等功能高度融合。在提供有助于高效工作氛围之外，还为科技工作者提供覆盖休闲、娱乐、健身、交往等全链条生活配套空间，让工作与生活可以自然实现真正意义上的无界衔接。

二、新经济在当下城市更新中的产业优势

导入新经济，引发区域裂变式更新。科技产业是知识密集型产业，无污染、生产效率高，可以为城市带来可持续的竞争力；文化创意产业可以充分彰显地方魅力，集聚创意人群和创意企业，提升城市活力；新零售和新居住可以提供高品质的城市生活环境，有利于提升城市的吸引力等。新经济中的各个产业相互促进，共同助力城市产业走向更高端，人口结构更加优化，为城市注入新动能。

（一）引入科技产业提升城市竞争力

我国提出七大战略性新兴产业，积极谋划未来前沿产业。北京、上海、G 市、深圳四个一线城市均提出建设具有全球影响力的科技创新中心，发展新一代信息技术、集成电路、智能装备、节能环保、生物医药与高端医疗器械、新能源与智能网联汽车、航空航天、新材料、绿色低碳、人工智能、软件和信息服务、科技服务等科技产业。大城市的人口、资源、环境逐渐受到约束，不能再走拼资源、拼环境、拼人口的老路，需要走出一条科技含量高、资源消耗少、环境影响小、质量效益好、发展可持续的道路。新一代科技革命和产业变革将引领科技产业发展。新一轮科技革命和产业变革的六大特征：重要科学领域从微观到宏观各尺度加速纵深演进，前沿技术呈现多点突破态势，科技创新呈现多元深度融合特征，大数据研究成为新的科研范式，颠覆性创新呈现几何级渗透扩散，科技创新日益呈现高度复杂性和不确定性。

科技产业将在创新资源集中的区域集聚。科技人才是影响科技产业发展的关键因素，科技产业也将围绕科技人才的区位选择进行布局。大城市的中心区由于便利的生活环境、多元创新的产业氛围，对于科技人才具有较强的吸引力。因此，科技资源丰富的大城市中心区更新时，可将高容积率、无污染、无噪声的科技产业作为首选。在新经济城市中，独角兽企业也主要分布于科技创新资源富集的少数地区。

新经济在创新区存在明显的“极化”现象。

创新区是由包括大学和科研机构、企业集群、初创企业、企业孵化器和加速器在内的诸多创新机构组成的，创新机构之间广泛而密切的联系和互动是创新区充满创新活力的根源。

(二) 引入文化创意产业提升城市活力

聚人气是发展文化创意产业的关键。文化创意产业是一种高附加值、占地小、低污染、经营灵活的新兴产业，产业复合能力强，可以与各个行业相融合。其核心理念可以概括为个人的创造力、受知识产权保护、具有文化内涵和对财富的巨大创造能力。《北京市文化创意产业分类标准》将其定义为以创作、创造、创新为根本手段，以文化内容和创意成果为核心价值，以知识产权实现或消费为交易特征，为社会公众提供文化体验的具有内在联系的产业集合。文化创意产业属于知识密集型产业，对于“面对面”交流的需求较高，通过思维碰撞可以充分地激发创作灵感；部分文化创意产业直接面向消费者，需要集聚人流。因此，文化创意产业的发展需要相对大尺度的城市空间，几栋单体建筑难以营造创意空间，园区、街区尺度的城市更新可以营造多元互动的场所氛围，更容易集聚人气。

文化创意产业为更新地区创造新场景空间。相比于推翻重建式的城市更新，发展文化创意产业需要微改造，保留主要建筑和历史风貌，唤醒城市记忆，对于建筑内部进行现代化改造。通过挖掘文脉打通商脉，以更新地区 IP 品牌化为核心，构建文化品牌载体，从内容、创意、传播、体验、培训等多个维度进行一体化开发运营，运用大数据、视听新媒体、新技术唤醒城市文化 DNA，实现城市更新与城市复兴。

在城市更新中发展文化创意产业，主要适用于两类区域：工业遗产区和历史文化街区。工业厂房、设备等工业遗留作为近现代工业文明的产物，代表了一个时代的城市记忆。由于空间体量大，可以满足文创产业对于办公、创作场所的空间需求，设计、艺术、影视等产品展示和推介的场所需求，以及市民的公共活动需求。可以结合一些工业元素整体包装成办公场所、会议展览和主题公园等。历史街区的空间特点是建筑密集，但建筑层数较低，单体建筑体量小，建筑建设年代久远，历史文化气息浓厚。因此，历史街区发展文化创意产业应着眼为小微企业，经营工作室、民宿、品牌展示店、餐饮、会展等、业态。

(三) 引入新零售打造消费智能新体验

新零售的本质依然离不开零售，其核心要素依然是“货、物、场”。电子商务冲击了传统实体零售业，但缺乏体验式购物和提供多类别服务的能力。新零售主要体现在利用人工智能、大数据、物联网等技术，结合现代物流，对商品的生产、供应和销售环节进行升级改造，全面提升零售效率和消费者体验。从商业形态和结构来看，通过一系列互联网等智能手段收集销售数据，捕捉消费需求的变化态势，对供给端进行针对性改造，使得供需更加匹配，空间资源、内容资源的利用效率更高。对于体验式购物，了解客户需求是关键，通过深层次、高频率的消费互动体验，撬动社交流量。

新零售的典型特点是线上线下融合与注重消费者体验。新零售是从线上向线下发起的挑战，线上公司优势是对“人”的把握，对“用户”的把握，线上公司向线下发展，可以最大程度整合线下“货”和“场”的资源，实现线上与线下两个界面互相促进，利用大数据等技术实现对消费的预测和洞察。新零售的发展也是以顾客和用户为核心的一次转变，为顾客创造不同于传统领域的价值点，更加注重消费者体验，提高用户黏度，从而“捕获”线下流量。

（四）引入新居住理念创造城市共享空间

新居住的核心是通过科技智能和增值服务创造更宜居的环境。目前，房地产市场全面进入存量时代，行业分化加剧，国民的主要居住需求开始从“解决住房短缺”逐渐转变为“提升居住品质”。高品质的住房意味着，开发商的产品需要根据不同消费者的个性需求采取定制化生产，在房屋节能、环保、智能等方面不断符合美好生活的需求，同时住房租赁市场能够为不同人群提供床位、合租、整租等产品和体贴周到的服务，让租赁真正成为一种生活方式。万科集团高级副总裁刘肖认为，未来的行业应该是由生活场景来定义，落到房地产就应该是新居住，数字化、人性化都是新居住需要追寻的趋势。在互联网时代，无论是新房、二手房，还是租赁、旅居，抑或是装修、家居，不同居住行业的用户需求在相当程度上都能通过大数据、VR、智能家居等数字化手段得到满足，住房服务的价值也得到凸显。贝壳找房董事长左晖提出，在新居住时代，房地产会逐步从制造向服务转型，服务在住房价值链的构成中将会超过 50%。过去，居住服务一直是我国房地产行业的薄弱环节。伴随着居住物理条件改善，消费者品质居住和流通服务需求提升以及行业与互联网的深度融合，房地产行业将进入“服务者价值”时代。

长租公寓是新居住的典型模式。长租公寓企业的本质是提供居住服务。例如，蛋壳公寓针对住房租赁市场中存在的问题，试图通过大数据、利用互联网科技来改善租赁市场，提升行业效率，以及通过消除安全隐患、高品质装修、个性化风格设计、管家服务等手段，着力提升用户体验等一整套完备的解决方案。高品质的居住环境带来利润增值和管家服务是运营商的主要盈利来源。

三、城市更新中产业迭代升级的空间需求

产业迭代是一个动态过程，产业升级也在倒逼城市空间的更新，对于存量改造的城市更新地区提出了更多的挑战。为满足产业发展的需求，城市更新地区通过设立新型产业用地，提供促进创新的空间；通过设立综合型产业用地，提供多元互动的空间；通过支持用地和建筑功能改变，提供更具弹性包容的空间。

（一）提供促进创新的空间

产业迭代升级需要开发强度高、功能混合利用的创新空间。创新空间应具备更高的土地利用效率，支持研发、设计、创意等功能，在城市产业转型时期，能够满足新型产业的用地需求。在出让方式上包括弹性年期、先租后让等多种方式，可以进行一定比例的分割转让引入配套功能等。当下，我国各个城市相继提出的新型产业用地是创新空间的典型形式。新型产业用地在各地的归类不同，深圳、东莞和G市分类为“MO”，南京为“Mx”，惠州为“M+”，杭州为“M创”。

新型产业用地借鉴了香港兼容“无污染工业＋商务办公＋商贸”等功能的商贸混合地带及新加坡兼容“研发＋无污染制造＋商务办公”三种功能的BP类用地的做法。其准确概念是：为适应传统工业向高新技术、协同生产空间、组合生产空间及总部经济、2.5产业等转型升级需要而提出的城市用地分类，其范围定义为融合研发、创意、设计、中试、无污染生产等创新型产业功能及相关配套服务的用地。

（二）提供多元互动的空间

产业迭代升级需要业态灵活组合的空间。无论是打造产业生态圈，还是发展多元业态和提供便捷配套，均需要因地制宜地对项目功能进行组合，需要空间的功能更综合。当前，北京和上海两大城市在最新的2035城市总体规划用地类型中打破了现有的城市用地分类体系规范，探索实施综合型产业用地。北京市的用地类型包括居住及配套服务用地、就业及综合服务用地、基础设施用地、绿化隔离地区、郊野公园、平原地区、山区，其中就业及综合服务用地包含商业、工业、公共服务等多种用地类型，便于在单个地区内实施多种用地功能。上海市的用地类型包括居住生活区、产业基地、产业社区、商业办公区、公共服务设施区、大型公园绿地、公用基础设施区、战略预留区、农林符合生态区、生态修复区，其中产业基地用于保障先进制造业发展，锁定一批承载国家战略功能、打造代表国内制造业最高水平的产业基地，先进社区用于推进产业园区转型，促进配套完善和职住平衡。

第六章　风景园林生态系统概述

第一节　生态系统组成

一、生态系统的概念及特点

(一) 生态系统的概念

生态系统是系统的一种特殊形态。系统是由相互联系、相互作用的若干要素结合而成的具有一定功能的整体。要构成一个系统，必须具备三个条件：①系统是由一些要素组成的，要素就是构成系统的组成部分；②要素之间相互联系、相互作用，相互制约，按照一定的方式组合成一个整体，才能成为系统；③要素之间相互联系、相互作用后，必须产生与各成分不同的新功能，即必须有整体功能才能叫作系统。

生态系统指在一定的空间内，生物成分和非生物成分通过物质循环和能量流动互相作用、互相依存而构成的一个生态学功能单位，这个生态学功能单位称为生态系统。生态系统构成必备的三个条件是：①生态系统由生物成分和非生物成分构成；②生物与生物及生物成分与非生物成分之间相互作用、相互制约、相互联系；③生物成分与非生物成分相互联系后产生整体功能，即生态系统的功能。

(二) 生态系统的特点

生物成分与非生物成分之间构成一个整体后具有了单个成分所不具备的特点：

(1) 生态系统是生态学的一个主要结构和功能单位，属于经典生态学研究的最高层次，在现代生态学中受到很大的重视，现在人类所面临的许多问题都必须从生态系统的角度去解决。也正因为如此，出现了生态学史上从种群生态学向生态系统生态学的飞跃。

(2) 生态系统具有自我调节能力，这种调节能力使得生态系统能抵抗外界在一定范围内的干扰而恢复其自身的机能，这种自我调节功能在自然生态系统中体现得最为完整，并且这种调节功能是通过系统内部各组分之间的相互作用和相互影响来实现的。

（3）生态系统的三大功能分别是能量流动、物质循环和信息传递。能量是一切系统的基础，能量的流动是保证生态系统功能的基本条件。

（4）生态系统中营养级的数目受限于生产者所固定的最大能量和这些能量在流动过程中的巨大损失。因此，营养级的数目通常不超过六个，主要原因是能量在不同营养级之间平均传递效率只有10%左右。

（5）生态系统是一个动态系统，要经历一系列发育阶段，才出现自然界不同生态系统景观的不断发展变化。

二、生态系统的组成成分

（一）生态系统的六大组成成分

生态系统的六大组成成分分别是无机物、有机化合物、气候因素、生产者、消费者和分解者。其中，前三项属于非生物环境，后三项属于生物群落，具有生命，它们的变化对于生态系统的各项功能具有十分重要的作用。

（二）生态系统的三大功能群

生态系统的功能群包括三个方面：

1. 生产者

自养生物，主要是各种绿色植物和蓝绿藻，它们能通过光合作用将二氧化碳和水转化为糖类，同时贮藏能量和释放氧气。还有一些化能型自养细菌，它们利用在氧化有机物过程中释放的热量将二氧化碳和水转化为糖类，同时贮藏能量，但不释放氧气。

2. 消费者

异养生物，主要指以其他生物为食的各种动物，包括植食动物（一级）、肉食动物（二～四级）、杂食动物和寄生动物等。

3. 分解者

异养生物，把复杂的有机物分解成简单无机物，包括细菌、真菌、放线菌和小动物等。

生态系统的三大功能群之间的联系十分密切，也正是三大功能群构成了生态系统。

三、生态系统的主要类型

（一）按照生态系统的生物成分分类

可分为植物生态系统、动物生态系统、微生物生态系统和人类生态系统。

（1）植物生态系统。主要是由植物和其所处的无机环境构成的生态系统，以绿色植物吸收太阳能为主的生态系统，如森林生态系统、风景园林生态系统。

（2）动物生态系统。主要由植物和动物组成的生态系统，以动物的行为为主导作用而影响该生态系统，如鱼塘、牧场等生态系统。

（3）微生物生态系统。主要由细菌和真菌等微生物和无机环境组成的生态系统，以微生物对有机物的分解为主导作用，如活性污泥等生态系统。

（4）人类生态系统。以人类为主体的生态系统，如城市生态系统等。

（二）按人类对生态系统的影响程度分类

可以分为自然生态系统、半自然生态系统和人工生态系统。

（1）自然生态系统。没有受到人类活动影响或仅受到轻度的人类影响的生态系统，即人类在该生态系统中不是起主导作用，在一定空间和时间范围内，依靠生物与环境本身的自我调控能力来维持相对稳定的生态系统，如原始森林、荒漠、冻原、海洋等。

（2）半自然生态系统。介于自然生态系统和人工生态系统之间，在自然生态系统的基础上，通常人工对生态系统进行调节管理，使其更好地为人类服务的生态系统属于半自然生态系统。如人工草场、人工林场、农田、农业生态系统等。由于它是人类对自然系统驯化利用的结果，又称为人工驯化生态系统。

（3）人工生态系统。按人类的需求，由人类设计建造起来，并受人类活动强烈干预的生态系统，如城市、宇宙飞船、生长箱、人工气候室等。

（三）按环境性质分类

按生态系统空间环境性质，可把生态系统分为水域生态系统和陆地生态系统两大类。陆地生态系统根据植被类型和地貌的不同，分为森林、草原、荒漠、冻原等类型；水域生态系统根据水的深浅、运动状态等可再进一步划分。

四、风景园林生态系统的基本特征

（一）结构特征

风景园林生态系统也由生产者、消费者、分解者和非生物环境组成。结构特征包括空间结构（垂直结构、水平结构）、时间结构（演替序列）和营养结构（食物链和食物网）。本节着重介绍营养结构。

1. 风景园林生态系统的食物链

风景园林生态系统中的食物链也包括植食食物链、腐食食物链和寄生植物链，但以植食食物链为主、以腐食食物链为辅。这与风景园林生态系统是高投入的人工生态系统相一致，也是与自然生态系统不一致的地方。

在高投入的风景园林生态系统中，为了维持特定的景观，而且人为活动较多，动植物残体被人为及时清扫，因而残留在风景园林生态系统中的很少，使得腐食食物链相对较弱。在自然保护区中的食物链特征基本上与自然生态系统中的食物链的特征相同。

2. 风景园林生态系统的食物网

风景园林生态系统中的食物网相对自然生态系统来说较为简单，因为在人工影响下各种生物的种类较少，特别是一些大型的动物种类更是没有，只有少量的小型动物和少量鸟类。因此，食物网十分简单，营养级的数量也较少，一般不会超过四级。

造成风景园林生态系统食物网简单的原因：城市中园林绿地的面积较小，小块的绿地不可能满足大型动物对栖息环境的要求；园林绿地破碎化，较小的园林绿地只能靠道路绿地连接起来，道路绿地中人流和车流量大，不利于动物的迁移，造成了动物数量的稀少，从而使得整个食物网结构简单。

3. 风景园林生态系统的营养结构

风景园林生态系统中的营养结构符合生态系统中的基本原理，还具有自身的特点。由于风景园林生态系统中生物种类较少，食物链和食物网相对简单，表现为营养结构也相对简单。营养级的数量较少，这与上面的食物网的特征相符。

另外，风景园林生态系统营养结构的变化还与其人工能量的流入相关，人工追加肥料和土壤较多，人工投入保证了风景园林生态系统中物质循环和能量流动按人为的方向运转。

(二) 功能特征

风景园林生态系统也具有三个基本的功能特征，即物质循环、能量流动和信息传递。风景园林生态系统中的信息传递一般来说相对较弱，主要原因是在设计过程中较少考虑植物之间的相互影响，特别是植物间的相生相克现象。但以生态的要求进行植物景观设计必须考虑不同植物间的信息传递，以求利用植物间的信息传递促进风景园林生态系统的健康发展。

物质循环和能量传递将在后面进行讨论。

(三) 具有自动调节功能

风景园林生态系统自动调控功能相对较弱，主要原因是生物种类相对较少，食物网结构相对简单，这样生态系统的自动调节功能相对较弱；同时，风景园林生态系统受人为影响很大，系统的维持很大程度上依赖于人为能量和物质的投入，这也是风景园林生态系统自动调节功能较弱的原因。

风景园林生态系统的自动调控功能同样也表现在三个方面，即生物种群密度调控、异种生物种群间的数量调控和生物与环境之间相互适应的调控。风景园林生态系统中生物种群密度的调控能力相对较弱，因为生物种群密度很大程度上受人为影响，如果在城市园林绿地中种群密度太大，往往会受到人为的干扰，使密度下降，因而受密度制约的影响相反较小。不同种生物之间的相互调控作用主要体现在相生相克作用方面，现在对于园林植物间的相生相克作用研究较少，需要全面深入研究。在生物与环境之间相互适应方面，园林植物对环境的影响及环境对植物的要求有较全面的了解，但缺乏科学的数据。

(四) 风景园林生态系统是开放系统

相对于其他生态系统来说，风景园林生态系统的开放性大，更依赖于外界物质和能量的输入，一旦外界物质和能量的输入停止，风景园林生态系统便会按照自然生态系统的演替方向进行，而不是按照人为设计的景观发展。也正因为这样，园林中才有“三分种植，七分养护”的说法。

同时，风景园林生态系统中输出的物质和能量也相对较多，如大量枯枝落叶被收走，修剪后的有机物质被收走，人为地移走大量的植物等。风景园林生态系统中物质和能量的输入形式较灵活，样式较多。如对园林植物的施肥、除草，喷施杀虫剂，人为地向草地中增施土壤、修剪，给动物喂食等行为，都是输入物质和能量到风景园林生态系统中。而且相对来说，自然生态系统中某些形式的输入，如物质输入中的尘降相对来说要弱小得多，也不是风景园林生态系统中的主要形式。

（五）特定的空间特征

风景园林生态系统更注重空间特征的组合，园林植物景观设计中重要的一条就是考虑植物配置的空间特征，通过空间特征的变化，形成不同的景观。同时，正因为植物景观设计时空间可以千变万化，从而构成了丰富的植物景观。这也是园林设计的魅力所在。

（六）动态变化特征

风景园林生态系统的动态变化特征在设计时是必须考虑的。因为我们配置的园林植物在不断地生长，有些植物可以存活几百年甚至上千年，在这个过程中随着植物的生长，景观也在不断地发生变化，原来很漂亮的景观不复存在，同时又产生了新的景观。

在园林设计中，我们不仅要考虑园林工程完成时的景观，还要考虑中长期的植物景观变化，使我们的设计更加科学、更加人性化，也更具魅力。园林中良好景观的维持往往需要人为能量的投入，如绿篱或模纹花坛的不断修剪，即使景观已发生变化，偏离原来的目标景观，也可通过人为干扰得以恢复。

第二节 风景园林生态系统的自然环境

我们对于居住的环境给予了很大的关注，特别是随着经济的发展和生活水平的提高，对于环境的要求日益提高；人口的增长和工业的发展导致环境日益恶化，这种恶化引起了人们的广泛关注，并试图用人工的方法来改善和改良我们的环境，这给园林的发展带来了良好的发展机遇。但是，首先我们必须了解我们的自然环境，因为不同的环境条件下我们所关注的因子是不一样的，同时生物对于环境的适应也不一样，只有了解了自然和园林环境本身的特点，才能更充分地发挥园林植物的生态效益。

一、生态因子

生态因子是指环境中对生物生长、发育、生殖、行为和分布有直接或间接影响的环境要素。生态因子中生物生存所不可缺少的环境条件，称为生物的生存条件。

所有的生态因子构成生物环境。具体的生物个体和群体生活地段上的环境称为生境。

生态因子的作用是多方面的。生态因子影响着生物的生长、发育、生殖和行为，改变生物的繁殖力和死亡率，并且引起生物产生迁移，最终导致种群的数量发生改变。当环境的一些生态因子对某一生物不适合时，这种生物就很少甚至不可能分布在该区域，因而，生态因子还能够限制生物物种的分布区域。但是，生物对于自然环境的反应并不是消极被动的，生物能够对自然环境产生适应。所谓适应，是指生物为了能够在某一环境中更好地生存和繁衍，自己不断地从形态、生理、发育或行为各个方面进行调整，以适应特定环境中的生态因子及其变化。因此，不同环境将会导致生物产生不同的适应性变异，这种适应性变异可以表现在形态、生理、发育或行为各个方面。

二、光因子

太阳产生的能量以电磁辐射的形式向周围发射，由于大气层对太阳辐射的吸收、反射和散射作用，到达地球表面的辐射强度大大减弱，只有47%。

太阳光是地球上一切生物的能量来源，生态系统必须从外界吸收能量，才能维持内部的平衡状态。光因子涉及光照强度、光谱、光的周期性变化等。

三、光因子对园林植物的影响

（一）光辐射强度对植物的影响

1. 影响园林植物的分布

不同植物根据其对光照需求的不同，可分为喜光植物、耐阴植物和中性植物。不同的光辐射强度，影响不同植物的分布。这在园林植物景观设计的过程中，是首先要考虑的。如果强喜光植物置于荫蔽条件下，植物生长不好，可能死亡；相反，如果耐阴植物置于强光下，植物生长也不好，也可能死亡。强光也是影响野生植物资源不能在园林中应用的主要原因之一，如著名观赏植物珙桐，由于不能忍受强光直射和高温，基本上只能在高山应用，在大中城市中还很难应用，但在局部小气候如有遮蔽、能避免阳光直射的情况下生长还可以。

另外，光照也是影响园林植物引种和驯化的一个十分重要的因素。北方的红叶植物黄栌引种到长沙后，早春生长还可以，但到了秋天后由于光照、温度和湿度的变化，叶片出现严重的霜霉病，不仅达不到观赏红叶的效果，而且给景观带来负面的影响，使景观可观性下降。

2. 影响园林植物的生长发育

有些植物的发芽需要光照，如桦树；有些需要荫蔽条件，如百合科植物。在群落中通过光对幼苗能否发芽而影响群落的演替，如果幼苗能在荫蔽的条件下生长，则该种群能自然更新；相反，如果不能在荫蔽的条件下发芽、生长，则该群落的主要优势种就会被其他的植物所取代。这也是顶极群落能维持和群落不断发生演替的原因。

光强影响植物茎干和根系的生长，通过影响光合强度而影响干物质的积累而影响生长。影响植物的开花和品质。一般来说，作为园林中应用的植物观花的种类较多，而开花是需要大量消耗营养的，营养的积累则是植物通过光合作用完成的，光强直接影响光合速率的高低，从而影响植物的开花数量和品质。光照充足的条件下，植物开花的数量多、颜色艳；而在光照不足的条件下，植物花朵的数量少，颜色浅，从而影响植物的观赏性。

3. 影响园林植物的形态

光的强弱影响植物叶片的形态，阳生叶叶片较小、角质层较厚、叶绿素含量较少；阴生叶则叶片较大、角质层较薄、叶绿素含量较高。这与植物的环境相一致。在荫蔽的条件下，植物的光强较弱，为了满足植物的生长，植物组织增加了色素的含量，增加叶面积，尽可能将到达的光能捕获；而在强光的条件下，到达的光能很多，往往超过了植物的需求，所以植物只需少量的色素和较小的叶面积吸收的光能就能满足植物生长的需求。

光强影响树冠的结构。喜光树种树冠较稀疏、透光性较强，自然整枝良好，枝下高较高，树皮通常较厚，叶色较淡；耐阴树种树冠较致密、透光度小，自然整枝不良，枝下高较矮，树皮通常较薄，叶色较深。而中性树种介于两者之间。植物树冠形态的变化也与植物对光的需求相一致。

（二）光辐射时间对园林植物的影响

1. 影响园林植物的开花

在长期与环境的适应中，植物形成固定的开花规律，这就是我们在园林中看到植物的自然开花。但由于观赏的需要，我们往往希望植物能够按照我们的希望在一些特殊的节假日开花，如春节、端午节、中秋节、国庆节等。还有在一些盛大的活动中能开花，如在举办奥运会期间，如果调节植物的生长，使它们在固定的时间开花，除了使它们营养生长旺盛，具备了开花的基本条件外，主要是通过控制对植物的光照来实现。如短日照植物可以通过在晚上间隔照光半小时来打断它的暗期而使其无法开花，使开花的时间推迟；如果要它提早开花则人工缩短光照时间，通过这种方式则可使花卉按照我们的要求随时开花。当然，植物的营养生长要基本结束，积累的营养物质能满足开花的需求。对长日植物也是一样，通过人为地延长或缩短日照时间，就能使植物提前或推迟开花。

通过这些措施，改变植物的开花时间后，在市场上销售时价格会存在较大的差异，往往会成倍增加花卉的利润，并能恰当地美化我们的环境。

2. 影响植物的休眠

光周期是诱导植物进入休眠的信号，植物一般短日照促进休眠。进入休眠后植物对于不良环境的抵抗力增强；如果由于某种原因使植物进入休眠的时间推迟，则植物往往就会受到冻害的威胁。如在城市中路灯下的植物，由于晚上延长其光照的时间，使得一些落叶植物落叶的时间也后延，其进入休眠的时间后延，这时如果气温突变，会使植物受到冻害。对一些不耐寒的落叶植物在温室中可以通过缩短光照时间来使植物提早进入休眠状态，以提高植物对低温的抵抗能力。

3. 影响植物的其他习性

影响植物的生长发育，如短日植物置于长日照下，长得高大；长日植物置于短日条件下，节间缩短；影响植物花色性别的分化，如苎麻在温州生长雌雄同株，在 14 小时的长日条件下仅形成雄花，8 小时短日下形成雌花；影响植物地下贮藏器官的形成和发育，如短日照植物菊芋，长日条件下形成地下茎，但并不加粗，而在短日条件下，则形成肥大的茎。

（三）利用光因子促进园林植物的生长

1. 提高园林植物的光能利用率

植物对太阳光的利用率由于多种原因，一般只有 1.5% ~ 3%，这也是现在作物产量较低的原因；相反，一些对光能利用率较高的植物，如桉树，则生长十分迅速。提高园林植物对光能的利用率，则可以增加园林系统中能量的积累，有利于保持系统的稳定性。

要提高园林植物的光能利用率，有以下几种方法：第一，必须增加单位面积上的有效光合叶面积，较好的方法就是乔、灌、草的多层次搭配，使得进入风景园林生态系统的能量在垂直方向上不断地被吸收，增加光能的吸收率；第二，就是对现有的园林植物进行品种选育，培育出高光合速率和高观赏特性的园林植物品种；第三，就是在种植时注意植物之间的株行距，使得植物大部分叶片都变成光合有效叶片，减少不能进行光合作用的叶片的数量，以减少植物呼吸的消耗，以提高植物对光能的利用率。提高植物对光能的利用率，能加快植物的生长，对于营造景观，提高植物的观赏性都能打下良好的基础。

2. 利用太阳辐射调整园林植物的生长发育

通过人为措施，调整太阳辐射时间，控制人工栽培条件下，如温室中园林植物的花期和休眠（主要在花卉上）。根据长日植物、短日植物和日中性植物开花所需日照时数的特点，人为调节光照周期，促使它们提早或延迟开花。

四、温度因子

温度是人们最熟悉的环境因子，所有生物都受温度的影响，温度影响有机体的体温，体温高低又决定了生物生长发育的速度、新陈代谢的强度和特点、数量繁殖、行为和分布等。植物是变温有机体，其温度的变化近似于环境温度，植物的生长、发育和产量均受环境温度的影响。植物生理活动，特别是光合、呼吸作用，CO_2和O_2在植物细胞内的溶解度，蒸腾作用，根吸收水分和养分的能力均受温度的影响。温度对植物很重要，还在于温度的变化能引起环境中其他因子，如湿度、土壤肥力和大气移动的变化，从而影响植物生长发育、产量和质量。太阳辐射使地表受热，产生气温、水温和土温的变化，温度因子和光因子一样存在周期性变化，称为节律性变温。节律性变温和极端温度对生物有影响。

园林植物对城市气温的调节作用如下：

（1）园林植物的遮阴作用。通过植物的冠层对太阳辐射的反应，使到达地面的热量有所减少（植物叶片对太阳辐射的反射率为10%～20%，对热效应最明显的红外辐射的反射率可高达70%），而城市的铺地材料如沥青的反射率仅为4%，鹅卵石的反射率为3%，通过植物的遮阴，会产生明显的降温效果。园林植物的遮阴作用不单纯指对地面的遮阴，对建筑物的墙体、屋顶等也具有遮阴效果。日本学者调查，在夏季，墙体温度都可达50℃，而用藤蔓植物进行墙体、屋顶绿化，其墙体表面温度最高不超过35℃，从而证明墙体、屋顶园林植物的遮阴作用。

（2）园林植物的凉爽作用。绿地中的园林植物能通过蒸腾作用，吸收环境中的大量热量，降低环境温度，同时释放水分，增加空气湿度（18%～25%），使之产生凉爽效应，对于夏季高温干燥的地区，园林植物的这种作用就显得特别重要。在干燥的季节，每平方米树木的叶片面积，每天能向空气中散发约6千克的水分。

（3）营造局部小气候的作用。夏天，由于各种建筑物的吸热作用，使得气温较高，热空气上升，空气密度变小；而绿地内，特别是结构比较复杂的植物群落或片林，由于树冠反射和吸收等作用，使内部气温较低，冷空气因密度较大而下降，因此，建筑物和植物群落之间会形成气流交换，建筑物的热空气流向群落，群落中的冷空气流向建筑物，从而形成一股微风，形成小气候，冬天则相反。冬季有林区比无林区的气温要高出2~4℃。

（4）园林植物对热岛效应的消除作用。增加园林绿地面积能减少甚至消除热岛效应。据统计，1平方千米的绿地，在夏季（典型的天气条件下），可以从环境中吸收81.8MJ的热量，相当于189台空调机全天工作的制冷效果。例如，北京市建成区的绿地，每年通过蒸腾作用释放4.39亿吨水分，吸收107396亿焦的热量，这在很大程度上缓解了城市的热岛效应。当然，园林植物对于热岛效应的消除需要一定的数量，局部小面积的园林植物对整个大城市的作用相当小，但对局部的影响还是较大。

（5）园林植物的覆盖面积效应。解决城市问题不完全取决于园林植物的覆盖面积，但它的大小是城市环境改善与否的重要限制因子。园林植物的降温效果非常显著，而绿地面积的大小更直接影响着降温效果。绿化覆盖率与气温间具有负相关关系，即覆盖率越高，气温越低。据此推算，北京市的绿化覆盖率达50%时，北京市的城市热岛效应基本可以消除。

五、水分因子

水分子的结构，决定了它具有独特的物理和化学性质，一切生物学机能都离不开它。水是生命存在的先决条件，生命是从水体中形成和演化的。

水分对风景园林生态系统的影响如下：

（一）水分影响园林植物的分布

在园林植物景观设计过程中，不同地段土壤中含水量的不同，直接影响植物的配置。如水体植物只能是耐水湿的植物，如垂柳；而在干旱地区则只能是一些耐旱的植物，如柽柳。而一些喜湿耐阴植物的分布受到限制，如珙桐由于城市环境中的湿度、光照和温度达不到其生长要求而很少种植。

（二）水分影响的园林植物生态型

根据植物对水分的忍耐程度，将植物分为旱生植物、中生植物、湿生植物和水生植物。

1. 旱生植物

旱生植物能长期忍受干旱而正常生长发育。根据其适应干旱环境的方式，可分为少浆植物或硬叶植物、多浆植物或肉质植物和冷生植物或干矮植物。

（1）少浆植物或硬叶植物

体内的含水量很少，而且在丧失1/2含水量时仍不会死亡。它们的形态特征具有如下特点：叶面积小，多退化成鳞片状、针状或刺毛状；叶表具有厚的蜡层、角质层或毛茸，以防止水分的蒸腾；叶的气孔下陷并在气孔腔中生有表皮毛，以减少水分散失；当体内水分降低时，叶片卷曲或呈折迭状，如卷柏；根系极发达，能从较深的土层内和较广的范围内吸收水分；细胞液的渗透压极高，叶片失水后不萎凋变形；气孔数较多。

(2) 多浆植物或肉质植物

体内有薄壁组织形成的贮水组织，体内含有大量的水分。其形态和生理特点如下：茎或叶多肉且具有发达的贮水组织；茎或叶的表皮有厚角质层，表皮下有厚壁细胞层，这种结构可减少水分的蒸腾；大多数种类的气孔下陷，气孔数目不多；根系不发达，属于浅根系植物；细胞液的渗透压很低。

(3) 冷生植物或干矮植物

具有旱生植物的旱生特征，但又有自己的特征。依其生长环境可分为两种：一种是土壤干旱而寒冷，植物具有旱生性状，主要分布在高山地区；二是土壤多湿而寒冷，植物亦呈旱生状性，常见于寒带、亚寒带地区，是温度与水分因子综合影响所致。

2. 中生植物

中生植物不能忍受过湿或过干的环境。此类植物种类众多，因而对于干和湿的忍受程度差异较大。

3. 湿生植物

需生长在潮湿的环境中，在干燥的环境中则生长不良。可分为喜光湿生植物和耐阴湿生植物两类。

(1) 喜光湿生植物

生长在阳光充足，土壤水分经常饱和或仅有较短的干旱期地区的湿生植物，如鸢尾声、落羽杉、池杉、水松等。

(2) 耐阴湿生植物

生长在光线不足，空气湿度较高，土壤潮湿环境下的湿生植物，如热带雨林或亚热季雨林中、下层的蕨类、秋海棠。

4. 水生植物

生长在水中的植物，可分为挺水植物、浮水植物和沉水植物三大类。

(1) 挺水植物。植物体的大部分露在水面以上的空气中，如芦苇、香蒲等。

(2) 浮水植物。叶片漂浮在水面。可分为半浮水植物 (根生于水下泥中，如睡莲) 和全浮水植物 (植物体完全浮于水面，如凤眼莲、浮萍、满江红)。

(3) 沉水植物。植物体完全沉没在水中，如金鱼藻、苦草等。

六、土壤因子

土壤无论对植物还是动物都是重要的生态因子。植物的根系与土壤有着极大的接触面，在植物和土壤之间进行着频繁的物质交换，彼此有着强烈的影响。因此，通过控制土壤因素可影响植物的生长和产量。对动物来说，土壤是比大气更为稳定的生活环境，其温度和湿度的变化幅度要小得多，土壤常常成为动物的极好隐蔽所，在土壤中可以躲避高温、干燥、大风和阳光直射。由于在土壤中运动要比大气中和水中困难得多，除了少数动物能在土壤中掘穴居住外，大多数土壤动物都只能利用枯枝落叶层中的孔隙和土壤颗粒间的空隙作为自己的生存空间。

土壤是所有陆地生态系统的基底或基础，土壤中的生物活动不仅影响着土壤本身，而且也影响着土壤上面的生物群落。生态系统中的很多重要过程都是在土壤中进行的，其中特别是分解和固氮过程。生物遗体只有通过分解过程才能转化为腐殖质和矿化为可被植物再利用的营养物质，而固氮过程则是土壤氮肥的主要来源。这两个过程都是整个生物圈物质循环所不可缺少的过程。

七、风因子

（一）风的主要类型

风的主要类型有季风、干热风、热带气旋、水陆风、山谷风和焚风等。

（1）季风。全年变向两次，夏季从海洋吹向陆地，冬季相反，这是我国典型季风气候的特征。

（2）干热风。春夏之交，欧亚大陆北部南下的冷空气，沿途经过已增暖的下垫面和大面积干热沙漠后，出现又干又热的干热风天气。多数地区最高气温可大于25℃、相对湿度小于30%、风速大于5m/s。我国淮河以北、华北、西北、东北和内蒙古等地常有不同程度的干热风。

（3）热带气旋常在西太平洋发展成为台风。我国是西太平洋沿岸国家中受台风袭击最严重的国家之一，每年7~9月是台风在我国登陆盛期，其中强者每年平均3~4次。我国有4/5的省区均能受到西北太平洋和南海登陆台风的影响。

（4）水陆风。发生在海岸和湖岸地区，白天从水体吹向陆地，夜间相反。

（5）山谷风。白天风从山谷吹向山顶，夜间从坡上吹向山谷。

（6）焚风。由于气流下沉而变得又干又热的风。

（二）风对园林植物的生态作用

1. 适度的风是园林植物生长发育的必要因素

适度的风可以保持园林植物的光合作用和呼吸作用。适度的风可以加快空气的流通，使得由于光合作用降低的二氧化碳浓度升高，促进光合作用的进行。也可以补充由于呼吸作用降低的氧气的浓度，满足植物进行呼吸作用对氧气的需求。

适度的风促进地面蒸发和植物蒸腾，散失热量，因而能降低地面和植物体温度，提高植物对养分、水分的吸收效率，从而营造局部特殊的小气候，使得在园林局部地方，可以栽种不同的植物。有时也会使得物候期提前或推迟。如位于风口的蜡梅，由于有风的作用，其开花的时间提前了 7~10 天；而位于背风面的蜡梅的开花时间则要后延。

适度的风有助于花粉或种子的扩散。园林中许多风媒花植物其花粉的传播需要有风的条件下才能完成，无风则不能完成其传粉，导致植物不能结果或结果率大大降低。

适度的风可保持植物群落内树木枝叶间适宜的相对湿度，避免湿度过高，从而抑制病虫害发生，促进植物的健康生长。

2. 风对植物的危害

风会传播一些病原菌等造成植物受害，如孢子囊、子囊菌等一些病原菌等都是由于风的作用而在大气中传播的。还会使一些检疫性的病虫害大面积暴发，如 2002 年深圳大面积暴发的薇甘菊，其传播主要是由于种子十分轻，随风传播后大范围扩散，导致在深圳大面积为害。

风速过大会对植物形态、发育等方面产生不利影响，会导致茎叶枯损，如生长在高山的植物由于风速过大，往往造成树枝偏向一边生长。

山地或沿海的大风，常使树干向主风方向弯曲，形成偏冠、树木矮化、长势衰弱等。其他环境因子与强风重叠，可对园林植物造成复合伤害，如干热风，使植物蒸腾和土壤蒸发加剧，即使在水分充足的条件下，植物水分平衡失调和正常生理活动受阻，使植株在较短时间内受到危害或死亡。

沙尘暴对植物具有严重的破坏作用，不但造成严重的机械损伤，其夹杂的污染物质也加重了伤害的程度。

（三）园林植物对风的影响及适应

1. 植物对风的影响

园林树木在冬季能降低风速 20%，可减缓冷空气的侵袭。园林绿化可调节冬季积雪量，密植绿化可使雪堆变得窄而厚，随着透风系数的增大，雪堆则变得浅薄。园林植物还可减少风沙天气。园林植物在夏季由于降温效应引起它与非绿地之间产生温差，在它们之间形成小环流。配置良好的植物，可造成有益的峡谷效应，使夏季居住环境获得良好通风。

园林植物降低风速主要决定于园林植物形体大小、枝叶繁茂程度等。乔木好于灌木，灌木又好于草本；阔叶树好于针叶树，常绿树又好于落叶阔叶树。

2. 常见防风林结构

(1) 紧密结构

树木密度较大，纵断面很少透水，一般是风向上抬升后再越过林分。背风面，近林带边缘风速降低到最大，随后逐渐恢复到旷野风速，因而林带背后降低风速明显，但防风范围小。

(2) 稀疏结构

林冠和下部均透风，风速降低较小，林带边缘附近风速逐渐加强。

(3) 透风结构

林带较窄，树冠不透风或很少透风，但下部透风。背风面、林带边缘附近，风速降低小，随后风速缓慢减弱，减风效应强。

防风林带结构的设计，应考虑风状况、庇护作物类型和土地经营者的愿望。落叶阔叶林树林带，不能阻挡冬季的风来庇护家畜，因其背风林带处风速大。紧密的针叶林带不能阻挡夏季风，保护农作物免受危害，因背风面的湍流和只有短距离风速的降低。

八、大气因子

(一) 大气的组成

大气由恒定部分、可变部分和不定部分组成，每部分的物质组成不一样，其来源也不一样，作用更是不相同。

(二) 园林植物对大气污染的净化作用

园林植物对大气污染的净化作用体现在维持碳氧平衡、吸收有害气体、滞尘效果、杀菌作用、减噪效果、增加空气中的负离子和对室内空气污染的净化作用。这里重点论述空气负子的作用和植物对室内空气污染的净化作用。

1. 空气负离子的作用

空气中的负离子近来最受人们关注，空气中的负离子主要以负氧离子含量最多，对人体作用最明显，体现在以下几方面：

(1) 负离子能改善人体的健康状况

负离子有调节大脑皮质功能，振奋精神，消除疲劳，降低血压，改善睡眠，使气管黏膜上皮纤毛运动加强、腺体分泌增加、平滑肌张力增高，改善肺的呼吸功能和镇咳平喘的功效。空气负离子能增强人体的抵抗力，抑制葡萄球菌、沙门氏菌等细菌的生长速度，并能杀死大肠杆菌。

(2) 空气负离子具有显著的净化空气作用

空气负离子有除尘作用。空气负离子通过电荷作用可吸附、聚集、沉降微尘，减少微尘对于人体的为害。

空气负离子具有抑菌、除菌作用。空气负离子对空气中的葡萄球菌和链孢霉菌有明显的抑制和消除作用，对葡萄球菌、霍乱弧菌、沙门氏菌等也具有抑制作用，而且能降低或预防感染流感病毒等。

空气负离子还具有除异味作用。与空气中的有机物起氧化作用而清除其产生的异味。空气负离子具有改善室内环境的作用。居室中的许多设施都具有减少空气负离子的作用，空气负离子能缓解和预防“不良建筑物综合征”。

2. 对室内空气污染的净化作用

可改善室内环境。增加 O_2、增加室内空气湿度，吸收有毒气候及除尘。

可有效地清除装修等带来的化学污染，如甲醛、苯类等。芦荟、吊兰、虎尾兰可清除甲醛污染。研究表明，虎尾兰和吊兰有极强的吸收甲醛的能力，24 小时后由装修带来的甲醛污染的 90% 可被吸收。15 平方米的居室，栽两盆虎尾兰或吊兰，就可保持空气清新，不受甲醛之害。常春藤、苏铁、菊花可减少室内的苯污染。雏菊、万年青可以有效清除室内的三氯乙烯污染。月季能较多地吸收硫化氢、苯、苯酚、氯化氢、乙醚等。一些叶大的植物吸收有毒气体的能力更强。

第三节 风景园林生态系统的生物成分

一、风景园林生态系统的植物种群

(一) 植物种群的特点

(1) 种群生长环境受到人为影响很大，很少有自然的生长环境，这主要是由于在植物景观营造时，往往环境是人为构建的，即使是建成以后也受到人为的影响，如人工的修剪、施肥等。植物的选择也往往带有很大的主观性，选择的都是观赏性较强的植物种类。

(2) 种群的分布主要受到人为的影响，特别是规划设计者的影响。由于园林植物在应用过程中注重观赏性，而观赏性较近的植物种类较多，设计时选择宽间较大，因而植物的应用受到设计者个人的水平及知识背景的影响很大。也正因为这样，同样地段不同设计者使用的植物种类相差较大，设计植物和群落景观千变万化。这种变化一方面是由于设计者对植物种类的选择所造成的，另一方面也是园林艺术在园林设计中的体现。

(3) 种群的应用受气候的影响较大。由于植物的耐寒性、耐热性不一样，植物种群的应用范围大大受到限制。如抗寒性较差的植物不能在北京等地应用，抗热性较差的植物又不能在广州应用。这种原因造成了植物景观的差异，特别是南北植物景观的差异程度较大。比如在北京常绿灌木种类很少，而南方如长沙常绿灌木则较多，如红檵木、小叶女贞、杜鹃、小叶栀子、月季等，这些植物大部分都具有很好的观赏性，且应用的范围较广。

(4) 种群的种类较少，而且有一定的局限性。观赏性较强且在园林中应用的种类相对较少，主要原因有以下几方面：第一，受到种类的限制，观赏性较强、无污染、抗性强且易管理、适应当地气候的种类并不多；第二，受到植物本身生理生态习性的限制，有些种类观赏性很强，但不能适应城市环境，如珙桐不能在长沙应用，主要原因就是其不能适应长沙夏季的高温；第三，受到种苗的限制，有些种类观赏性和适应性都很强，但受到种苗数量的限制，暂时在园林中应用很少。

(5) 园林植物种群的观赏性较强，景观效果较好。在园林设计中，强调四季均有景可赏。这要求园林植物种群的季相变化要明显，或者不同季节有不同种群可观赏。秋季是园林中观景的一个重要方面，如金黄色叶色的银杏是最典型的观赏秋景的群落。

(6) 种群中较大的个体数量一般较少、分布较分散。植物在园林的应用过程中，大乔木的应用一般很少集中、大量地应用，往往是少量分散地应用，以营造不同的观赏景观。同时，分散的栽植植物可以营造出自然和富有情趣的景观效果，这与自然界中较大密度的情况不同。

(二) 植物种群的动态

(1) 种群的存活率较高，养护管理较为精细。与自然生态系统的种群相对，对风景园林生态系统中植物群落的养护管理更加精细，包括浇水、施肥和病虫害的防治等，目的就是为市民提供一个良好景观，使其在工作之余能得到良好放松。

（2）种群增长为逻辑斯谛增长曲线，即种群增长受到环境容量的影响。由于园林植物种群的生长环境往往是在较小的范围人工种植，因而其个体数量的增长往往受到环境容量的限制，因而其种群增长往往呈逻辑斯谛增长曲线。

（3）当人为管理较为精细时，种群的波动相对较小；但当环境变化较大时（如遇上大旱、持续高温），种群可能遭受毁灭性的打击。

植物种群对人为养护管理的依赖性较大，主要原因有几点。第一，园林植物种群的土壤环境往往较差。一般情况下往往是建好房子后再栽植植物，这个过程中会有很多的建筑垃圾残留在土中；而且城市中由于经济的发展，种植植物的地方土壤条件往往较差。第二，由于园林植物主要用于观赏，要达到观赏效果，植物生长必须健壮，因而必须人工施肥才能保证其生长的健壮。第三，园林植物的栽植与自然情况下相差较大，往往很多种群种植在一起会导致相克现象的发生，为了景观和观赏性又必须保证它们的存活，因而必须加强人为的养护管理。第四，园林植物很多是引种植物，因而许多种类对周围环境的适应力有不确定性因素，必须加强对其的养护管理才能保证其正常成活。

（4）种群平衡性较弱。由于园林种群对人工的依赖性较强，因而仅依靠其自身的调节作用来达到人类所期望的平衡十分难，可以说基本不可能。

（5）种群的空间分布包括均匀、随机和聚集分布。由于种群的分布基本上由人为因素所决定，种群在空间上的分布各种形式都有。

（6）种群的调节以遗传调节为主。种群的调节由于人工的干扰太大，所以种群内部的调节作用相当弱，主要体现在遗传调节上。

（三）种内和种间关系

园林植物种群依然遵循密度效应，也就是遵守最后产量恒值法则和 -3/2 自疏法则。另外，园林植物种群设计中必须考虑种间的各种关系，种群的生态对策和他感作用。在现在的植物景观设计中，这些方面考虑得比较少，往往造成了植物配置的失败或者养护成本的成倍增加。

二、园林植物群落

（一）特点

（1）群落中不同个体高度不一致，而且高低错落园林中群落景观强调起伏和高低的变化，因而在群落景观设计过程中会追求个体高度的不一致。即使群落轮廓线高低没有什么变化，也会通过建筑或其景观来调整植物群落的外貌。

(2) 种类组成相对较少，且与自然群落的种类相差较大

自然情况下，群落中的种类是在外部物种入侵及物种之间相互竞争的情况下保存下来，森林生态种类相当丰富。而且种类在不断地替换与被替换中进行，群落演替十分活跃。而园林植物群落由于是人工设计并栽植的，而且会一直维持这样的景观，因而其种类组成相对较少，与自然群落的种类组成差别较大，但园林植物群落的景观也随着植物的不断生长而在不断地发展变化。

(3) 群落季相变化明显

为了追求景观效果，园林植物景观设计过程中十分重视群落的季相变化，常见的是植物群落的春景和秋景的变化，因而季相变化明显的植物在园林中广泛应用。如早春嫩叶的蓝果树，秋季变黄的银杏，秋季变红的枫香、黄栌等，在园林中都广泛应用。在部分园林设计中，更是应用了春岛、夏岛、秋岛、冬岛以强化群落的季相变化。

(4) 种群之间影响更明显

在自然情况下，群落中物种都是在协同进化中存在的，因而不同物种间的联系较紧密。然而，在园林植物群落中，由于在设计过程中对每一物种的生理生态习性不是特别了解，特别对不同植物之间的相互影响不十分了解，因而在设计过程中，会导致群落内部不同物种间的影响更为明显。如柏树和梨树种植在一起，导致梨桧锈病的发生，使柏树或梨树之一死亡。

(5) 动态特征明显

群落的动态表现在几个方面。第一，植物的生长导致群落景观的动态变化，可能会使原有的景观不再存在，而产生新的景观；第二，由于园林植物群落有一部分是经过人为修整的整齐群落，所以植物生长稍高一点，就会产生明显的变化，感觉到群落的动态变化；第三，群落中植物的春华秋实也导致景观的动态变化。

(6) 分布范围较窄

与自然生态系统下植物大面积的分布不同，在园林环境中，群落的面积都比较小，这往往是受到资金、场地等限制所造成的。

(7) 边界特征明显

由于园林场地的特殊性，园林植物群落的边界与自然植物群落相比也就更加明显。

(二) 结构特征

1. 园林植物群落生活型较丰富

园林应用的植物中高位芽植物、地上芽植物、地面芽植物、隐芽植物和一年生

植物都有，不过，应用的方式和位置千变万化，仅由20种园林植物构成的景观就会令人应接不暇，何况在某个地区园林中应用的植物种至少达500种。也正因为这样，才造成了南方和北方园林植物景观的差异，也形成了各自的特色。

2. 园林植物群落外貌和季相变化较为明显

园林十分重视群落的外貌和季相变化，而且植物是体现这些变化的唯一方法，因而具有秋季色相变化的植物在园林中广泛应用。如秋叶呈红色的植物有很多，常应用的有鸡爪槭、五角枫、茶条槭、地锦、南天竹、柿、黄栌、花楸、石楠等；秋叶呈黄色的有银杏、白蜡、柳、梧桐、榆、槐、无患子、复叶槭、水杉、金钱松等。还有一些春色叶类的植物，如臭椿、五角枫、黄连木。

3. 园林植物群落垂直结构较为简单

由于园林植物群落是人为设计的，因此并没有像自然界那样，从林冠层到草本都十分丰富。在现代园林设计中能够做到乔、灌、草合理配置已经十分不容易，大部分情况下只是乔木＋草本、灌木＋草本、乔木＋灌木，相对自然植物群落的中间层、耐阴植物而言，园林植物群落结构较为简单。

4. 园林植物群落水平结构人为因素影响较明显

园林植物群落的水平结构往往决定于设计者，往往设计师怎么设计就会有什么样的水平结构，因而在有特色的园林群落的水平结构中基本上没有雷同。

（三）影响因素

竞争也影响园林植物群落的种类和数量。虽然园林植物的种植很大程度上取决于园林设计师，但设计完之后植物之间的竞争依然存在，特别是前面提到他感作用，往往会影响物种之间的共同相处，导致某些物种不能共存，最后导致一些物种的消灭。

干扰影响群落的外貌和季相变化，园林中干扰强度很大。可以说，是人为干扰才保持了现有景观。

（四）群落演替

园林植物群落的演替总体来说是偏途演替，为了保持人为设计的景观，人为地干扰了园林植物群落的演替，使其演替偏离正常的方向。

在园林设计过程中要真正在设计过程中做到生态，必须加强植物本身和植物相互间关系的研究，在应用过程中必须以生态学原理为指导，参考自然界中不同物种间相互关系才能设计出接近自然，但比自然更美的园林景观。

第七章　风景园林生态系统构建、管理与建设

第一节　风景园林生态系统的构建

一、构建依据的生态学原理

（一）主导因子原理

众多因子中有一个对生物起决定作用的生态因子为主导因子。通常对主导因子的分析，找出影响风景园林生态系统稳定的主要因子，通过对它的分析和调控来改善园林生态的状况。在风景园林生态系统的景观构建中，往往有一个主要因素为景观营建的主要方面，如在水边景观营建时往往以水分因子作为主导因子，再考虑其他的因子。因为在水边，植物如果不能忍受水淹或潮湿的环境，就无法生存下来，更别说构成景观了。又比如，在园林群落的林冠下面，植物在正常生长，需要具有一定的耐阴能力，如山矾、红翅槭等，相反一些强阳性植物不能在林冠下层较好地生长。而一些喜阴植物则需要在半荫蔽的环境下生长更好，在强光条件会生长不好，甚至出现日灼现象，使得景观大打折扣。如熊掌木和八角金盘都是喜阴植物，在强烈阳光下生长反而不好，在林冠下的八角金盘叶色浓绿、生长高大。另外，虽然主导因子起主导作用，但其他因子也会影响到植物的生长，如黄栌在长沙可以生长，春天叶色浓绿，但到秋天，由于南北湿度和温度的差异，黄栌不仅不能观赏到红叶，而且会导致严重的霜霉病。

（二）限制性与耐性定律

限制因子指限制生物生存和繁殖的关键性因子。

任何一种生态因子只要接近或超过生物的耐受范围，它就会成为这种生物的限制因子。限制因子概念的主要价值是使生态学家掌握了一把研究生物与环境复杂关系的钥匙。生物的存在与繁殖依赖于某些综合环境因子的存在，只要其中一个因子的量或质的不足或过多，超过某种生物的耐性限度，则使该物种不能生存，甚至灭绝，称为耐性定律。

在园林植物景观设计中，必须考虑植物的耐性范围，否则就会导致植物生长不良甚至死亡。如将珙桐种植在长沙市建筑物向阳处，会导致珙桐的生长不良甚至死亡；种植在局部庇荫处，大部分散射光能照到则珙桐能生长；但如果种植在林冠中层且靠近群落的边缘则珙桐生长良好。因此，虽然珙桐是高山植物且具有很强的观赏性，但并不是不能在园林应用，而要看其种植的地点和人为营造环境的好处。只要人为营造的环境在园林植物的忍受范围内，园林植物可以大范围地应用，但要取得良好的景观效果，还需要考虑其他的因子。

（三）能量最低原理和物质循环原则

能量是一切生态系统运转的基础，没有能量，一切生态系统都会崩溃。能量意味着人力、物资的投入，因而依据能量最低原理，就可以大幅度地降低人为投入的物质和能量，同时也能降低养护成本，起到事半功倍的效果。

风景园林生态系统的演替是一种偏途演替，系统中的能量仅仅依靠植物的光合作用是无法正常运转的，因而系统要达到设计者的意图和达到预定的景观效果，必须依靠外界能量来支持，在不影响景观质量的情况下降低能量的需要是设计的关键。要做到能量最低需要多方面的努力，从对植物的了解、设计和最后的养护上都需要有系统的研究和设计。如果对植物不了解，设计中即使应用了也会导致植物生长不良或者不能度过冬天或夏天（如热带的一些棕榈科植物在长沙就不能露地过冬），必须采取人工措施保护植物度过不良环境。如果只是一株比较好办，如果有一万到几十万株，那投入就很大了。

另外就是植物病虫害的防治，有些植物大面积应用于园林中会导致植物病虫害的大暴发，而有些植物具有杀虫作用，所以会减少病虫害的暴发。植物病虫害的大暴发第一会导致植物生长不良，第二会影响景观质量和人们的休息娱乐，第三可能会损害人们的健康。长沙岳麓山曾大暴发过枫毒蛾危害枫香，并导致游人中毒，当地花费了大量的人力、物力才将枫毒蛾的危害控制住。

对于风景园林生态系统中能量投入的另一方面是肥料的投入。各种有机肥料和化学肥料的使用可以补充土壤中矿质营养元素的不足，促进植物的生长，这些物质需要消耗较多的资金。不过在实践中，有相当部分的肥料随着降水流走了，这一方面增加了养护成本，另一方面造成了环境的污染。化学肥料和农药进入生态系统是造成环境污染的主要来源，通过定点定量施肥可以降低养护成本，也可以降低环境污染，同时符合能量最低原理。

风景园林生态系统中相当多的植物景观的维持需要不断地人为修剪，而修剪过程其实就是人为能量的投入，因而在植物种类选择上必须慎重，针对不同景观选择不同的植物。如地被植物类可以选择一些覆盖度较大、生长慢的种类，如雀舌栀子、金边六月雪等，因为这类植物生长过快则经常需要修剪，增加了养护的成本。而对一些要求观赏秋景的植物则要求生长快速一点，所形成的景观效果更显著，因为不需要修剪，因而生长快则形成的景观快。

物质循环原则也是一个十分重要的原则。一般的自然生态系统，由于不断有外界物质的输入，自然生态系统在长期的演替中有机矿物质不断积累，所以才不断地使处于演替的群落的环境不断得到改善，因而在森林中土层厚度较厚，同时土壤中积累的养分元素较多，系统向外流失的元素较少，体现在森林中流出来的泉水十分清澈、养分元素含量少。在风景园林生态系统中，由于人为干扰十分严重，所以能尽量利用物质循环的原理，减少物质的对外流动是十分有用的。

一方面可以减少人为施肥的投入，另一方面也可以更好地促进植物生长。较好的方法是尽可能减少物质从系统中流入，将修剪或枯枝落叶填压在系统中，这样可以改善土壤结构和增加土壤肥力。

（四）生态位与生物互补原理

生态位指有机体在环境中占据的地位。在一个生态系统中，每一个物种都有其独特的生态位，在一个系统中生态位也是独特的；同样，一个物种的生态位也是独特的，如果一个物种的生态位在系统中得不到满足，它在整个系统中就无法生存下来，会导致其在该系统中的消失或迁移到别的系统中。同样，如果一个物种新迁入到一个系统中，由于原来的生态位已饱和，如果它要成功入侵，就必须侵占并取代其他物种的生态位，导致物种之间的竞争，但由于新入侵种没有天敌，所以往往会成功，有许多这种实例。

水葫芦是一种园林观赏植物，100多年前被我国引进作为观赏物种和饲料，结果疯长成令人头痛的恶性杂草，不仅在江河成片聚集堵塞河道，更成了破坏江河生态平衡的罪魁祸首，使鱼类种数急剧减少。珠江水域水葫芦每10年增长10倍，1975年平均每天只捞到0.5吨水葫芦，现在接近500吨。目前，我国每年因水葫芦造成的经济损失接近100亿元。原产热带美洲的薇甘菊，是一种藤本植物。因为它在当地的天敌有140多种，还有很多制约的因素，所以它在当地和其他物种也是和平相处，生态系统也是保持一种相对稳定的状态。上世纪90年代，薇甘菊入侵深圳内伶仃岛，它生长异常迅速，一天可以长20厘米，沿着树干、树枝爬上去，把整个树木都覆盖掉，造成完全没有光合作用，使得岛上植物大片死亡。全岛7000多亩山林有40%～60%的地区被薇甘菊所覆盖，人们将其称为“植物杀手”，有的树林退化成草地，岛内动、植物的生存受到严重的威胁。加拿大一枝黄花也是这样，1996年入侵后，短短的十年时间，已到处可见这种外来生物。据不完全统计，我国目前已经知道的至少有380种的入侵植物、40多种入侵动物和23种入侵微生物。这些外来生物的入侵给我国环境、生物多样性和社会经济造成巨大危害，仅对农林业造成的直接经济损失每年就高达574亿元。

生物互补原理指在环境中如果一个物种消失，则其生态位被其他物种所占据。在一个稳定的环境中，如果物种能够共存，则物种之间的生态位不同，同时不同物种之间对资源的利用不同且互补。

（五）种群密度与物种相互作用

种群内部之间个体之间的相互作用（主要是竞争，也有协作）会调节种群密度，动物个体主要是通过竞争食物，而植物个体主要是通过争夺光、生存空间、养分元素等方式来达到调节种群密度的目的。种群密度在群落构建初期可以很好地利用，加速景观的形成；而在群落形成后则要避开密度效应，适当减少个体数量，避免恶性竞争，促进个体的生长，维持良好的景观。

不同物种之间的相互作用对于系统的稳定性相当重要。一个良好的系统的稳定依赖于不同物种之间的相互作用。在前面讨论的物种之间的相互作用中有详细的讨论，如竞争、捕食、共生、共栖等。要很好地利用种群之间的相互作用，必须弄清各种植物之间的相互作用，否则不可能真正构建类似于自然且具有良好观赏效果的群落。

只是现在我们对于自然生态系统中各种生物之间的关系研究还很少，很多物种之间的相互作用现在基本不知道，而且物种之间涉及多个方面：有些是看得见的，有些是看不见的；而有些是需要不同植物种植在一起才会有反应；而有些只要在一定的范围内就有作用。更为重要的是现在人们对于园林植物之间的反应研究更少。如白蚁取食樟树的树皮，它本身不能消化木质素，而与白蚁共生的鞭毛虫则可分泌消化木素质的酶液，将木质素消化为糖类，供白蚁利用。

（六）边缘效应与干扰原理

在生态系统的边缘地段，生物种类往往是比较多的，主要原因是由于边缘地带具有许多独特的生态位，一些生态位复杂的物种在边缘地带能很好地生存下来。如有些鸟类需要森林筑巢，在农田中找食，这种生态位的要求也只有在森林与农田的交错区才能得到满足。在生态系统边缘地带，存在着许多特殊的生态位供植物生长，这是由于边缘地区光照条件的变化引起的。植物种类的多样会促使更多的动物在边缘地段生长，这样使得边缘地段物种多样性更加丰富。

干扰如果过强则会引起生态系统的退化，过弱则对于生态系统没有什么影响。中等强度干扰则可形成大量的边缘生态位，丰富物种群落，增加物种数量。

园林中的人为干扰是非常多的，特别是将植物修剪成形中人为干扰的程度非常强。一年之中，往往要修剪多次。我们应用边缘效应与干扰原理，既可达到我们的形态要求，又可增加物种的种类。

(七) 生态演替原理

生态演替是生态系统时间结构的体现。随着时间的变化，物种组成和个体形态都发生显著的变化，使得原则良好的景观的质量发生明显的变化，其中有些是有益的，而有些是不利的。对于这些变化，我们作为园林设计者必须考虑到这个基本原理，使我们的景观质量越变越好，并不会因时间的变化而景观变差。

(八) 生物多样性原则

多物种一般情况下有利于群落的稳定，因为这样不仅可使生物多样性增加，而且可使一些观赏性的鸟类筑巢，这样整个系统的观赏性也更加丰富。但这种生物多样性是以本地物种为前提，如果是外来入侵种，则对整个生态系统的稳定性更加不利，反过来会使系统物种减少，稳定性下降，甚至会引起整个生态系统的破坏或崩溃。

一个优秀的园林设计，如果能遵循生物多样性原则，则能做到四季有花、群落类型多样、具有不同美丽的景观而吸引大量的游人。

坚持生物多样性原则一方面在充分利用现有物种的基础上，需要自我培育出新的园林植物，另一方面也可以引种国内外新培育且有良好应用前景的园林植物，以丰富园林植物景观。

(九) 食物链与食物网原则

食物链与食物网原则主要考虑对当地一些观赏性很强且濒危的物种的保存和合适小生境的营造，在增加群落物种数量和多样性方面也是一个很有效的措施。

当然，食物链与食物网往往相当复杂，要营造一个好的网络就必须对不同生物在整个食物网中所起的作用十分了解，才能在营造良好环境的同时增加一些有益的植物和动物种类。

(十) 斑块—廊道—基质的景观格局原则

斑块、廊道和基质是景观的三要素。斑块是外貌上与周围地区有所不同的一块非线性地表区域。廊道是在外貌上与周围地区有所不同的线性地表区域。基质是范围广、连接度最高并且在景观功能上起着优势作用的景观要素类型。

景观格局一般是指其空间格局，即大小和形状各异的景观要素在空间上的排列和组合，包括景观组成单元的类型、数目及空间分布与配置，比如不同类型的斑块可在空间上呈随机型、均匀型和聚集型分布。它是景观异质性的体现，又是各种生态过程在不同尺度上作用的结果。

斑块—廊道—基质的景观格局可以有规律地影响干扰的扩散、生物种的运动和分布，营养成分的水平流动及初级生产力的形成等。

斑块—廊道—基质的景观格局同样也会影响植物的生长，植物生长的改变会导致景观的变化，使原来美的景观不再存在、原来一般的景观变得很漂亮。

（十一）空间异质性原则

异质是不相关或不相似的斑块。景观是由异质性要素构成的，异质性对于景观的功能和过程有重要影响。也可以说，正是由于景观的异质性才导致了景观的多样性。

景观的空间异质性的格局类型有很多种，有镶嵌格局、带状格局、交叉格局、散斑格局、散点格局、点阵格局、网状格局、水系格局。各种格局是自然界和人为影响形成的常见格局，相互之间无优劣之分，只有生态功能的不同。

空间异质性差异的程度往往决定了景观的可观赏性和美观程度。单一的植物或色块往往给人以大气的感觉，交替的植物或色块往往给人更强的观赏性。

（十二）时空尺度与等级理论

景观随着空间不断发生变化。小尺度范围内可能是基质，但大一些尺度就是斑块，再大一些可能就可以忽略不计了。如一小片草地，只对它研究时草地是基质，其中的乔木可能是斑块，但随着尺度加大，草地可能是斑块，尺度再放大，它有可能就可以忽略不计了。尺度的变化与等级变化相似。

二、构建时应遵循的基本原则

（一）生态学原则

是指在配置过程中必须符合生态学的基本原理（具体见第一部分），使地被植物生长良好，充分体现植物的观赏习性，更能发挥其景观效益和生态效益。

在应用生态学原则过程中，要注意大尺度上的景观之间的关系，如不同景观之间的协调。简单地，对于一个大的湖泊，观赏湖边的植物是近景，而远看时则是远景，系统的构建必须作为一个整体来考虑，无论是近景还是远景都必须综合考虑。

（二）美学原则

园林中十分强调给人以美的感受，在植物配置时考虑到统一、均衡、韵律、协调的原则，但同时也必须以使人健康和与环境相协调为前提。如道路分车带的景观能美化环境，给人以美的享受。

另外，在系统构建中必须考虑健康原则和精神文化娱乐原则。健康原则是所有园林系统构建过程中首要考虑的原则，不论是植物还是其他的材料，都必须对游人无任何毒害作用，不能损害他们的健康。如对一些观赏性强且直接接触会对人体有害的植物应用时必须是远观，防止与人的直接接触。另一个方面就是利用植物的药用作用来营造合适的小的局部景观，使人们在休息的同时，缓慢治疗疾病。这方面研究还较少，但具有巨大的应用前景。另外，可以利用植物对于害虫的杀灭或驱避作用来营造舒适的环境。如柏科植物大多数具有杀菌作用，部分植物具有驱蚊作用，在一些别墅区少量种植这些植物除了观赏外，可以对蚊虫起到驱避作用，使居住环境更加温馨。

风景园林生态系统的构建主要是为了满足人民群众的精神文化娱乐，在构建过程中要人性化设计，既满足景观需要，还要满足实际的娱乐需要。

（三）系统学原则

园林植物的应用必须当作风景园林生态系统中的一个组成成分来考虑，使得园林植物的应用更加合理、科学。如常见的乔、灌、地被的搭配，使得景观更加丰富、空间更加多样；地形、水与植物的搭配使园林景观更具灵气。但并不是所有的地方都适合于这种搭配形式，有些地方，如广场，就不能种植大量的乔木，适合于种植一些草坪或低矮的地被植物，以使整个广场空间相对开阔。在一些郁闭度较大的风景林中，往往灌木较少，地被植物也少，只有少量的蕨类、地衣和苔藓。

（四）社会经济技术原则

以最小经济投入来获得最大的回报是社会经济技术的总原则。具体包括技术可操作原则、社会可接受原则、无害化原则、最小风险原则、效益原则和可持续发展原则。

在风景园林生态系统构建过程中，所有方案都必须实际可行，不会超过当时的技术水平，也不会造成很大的难题，技术水平已十分成熟，能容易完成，使成本降低。同时，构建的风景园林生态系统符合社会道德和人们的审美观念，容易被人们接受，并且对于周围环境和游人无任何伤害作用。在整个系统构建过程中，虽然存在各种风险，但设计者应当将风险降到最低。

另外，风景园林生态系统构建完成后应当能创造各种效益，包括景观效益、生态效益、社会效益和经济效益。其中景观效益十分明显，在风景园林生态系统构建时往往考虑较多，一般构建完成后都能明显改善。对于生态效益往往考虑较少，虽然园林在种植过程中或多或少都创造了生态效益，但如何在有限空间内最大程度上发挥植物的生态效益则在构建时考虑较少。要最大程度上发挥园林植物的生态效益，必须充分了解园林植物的生理生态习性，而这些方面现在做得还很少。有些植物只了解其栽培习性，对于其生长对于光照、温度、水分等生态因子的要求了解很少。也正因为这样，才导致许多植物栽植后存活不了或者生活不良的情况，更不能充分发挥其观赏习性和景观效益，要充分发挥风景园林生态系统的生态效益则更难。如桉树的光合速率相当高，其放氧功能也就相当强；而银杏等树种则光合速率低，其放氧功能也就弱。当风景园林生态系统构建完成后，除了改善景观外，还应当创造明显的社会效益和经济效益，如能改善附近居民的居住和休闲环境，能吸引更多的游客而增加当地的旅游收入和提高该绿地或城市在全国甚至在全世界的影响等。

三、园林植物的生态配置

（一）园林植物配置的定义

园林植物配置指运用生态学原理和艺术原理，充分利用植物素材在园林中创造出各种不同空间、艺术效果和适宜人居室外环境的活动。也就是在了解每一种园林植物的生物学特性和生态习性的基础上，模拟自然群落设计出与园林规划设计思想、立意相一致的各种空间，创造不同的氛围。它是融科学与艺术于一体的应用型学科，它既是一门意境营造艺术、视觉造型艺术，又是一门应用科学。一方面它创造现实生活的环境，另一方面它又反映意识形态以及表达强烈的情感，满足人们精神方面的需要。

（二）园林植物配置的作用

1. 对人的身心调节作用

首先，植物有其优美的形态、动人的线条、绚丽的色彩、怡人的芳香、诗画般的风韵，这些本身就是一种景观，同时与其他园林素材协调的结合，创造出的是一种人与自然融为一体的自然景观。久居都市的人们在紧张、快节奏生活之余，迫切需要回归自然、放松身体以及进行精神上的调节，植物景观则是最有效的解决方法。当人们置身于丰富的植物景观之中，会顿时有“返璞归真”的感觉。曾经有人把树林比作教堂，这是说人们可以在自然的植物景观中释放自我最本质的一面，得到与自然最虔诚的交流，从而达到精神上最崇高的升华。另外，国内外学者对空气负离子的研究表明，有些植物能产生大量负离子，空气中负离子的含量是影响空气质量的重要因素，这点对人的身心健康是非常有益的。

2. 植物可以体现、突出园林景观

园林素材中建筑、水体、园路一旦建成只能用文字来体现其意境或立意，配上植物则可让其更充实饱满或鲜活起来。如颐和园昆明湖边的知春亭，用了早春展叶的垂柳之后体现了知春的意境，若换一种展叶晚的植物，意境就变了；幽静的水体周围布置深绿色的密林、草坪之后倍感恬静和怡然自得；纪念碑的周围种上整齐的柏类植物就有了肃然起敬的气氛；公园的入口花坛锦簇，就增添了欢快活跃的气氛。

3. 植物可以软化硬质景观，丰富景观层次

建筑物（构筑物）的基角布置各种合适的植物之后，生硬的建筑棱角顿时被遮挡住，使得建筑物与地面有了一个过渡的空间，让人感觉其不再是一个单调的、突兀的建筑物，而是融入了空间场所。现代最伟大的建筑师奈特曾经倡导“建筑应该是从地底下生长出来的”，要达到这一点，除了建筑师自身对场所精神的领悟外，基础种植是必不可少的。植物的色彩可以调和建筑物的色彩，形体也可以衬托建筑物的形体和体量。特别是在太阳光的照射下，植物的斑驳光影投射在建筑物的墙面上，使得建筑物有了明与暗、虚与实的对比，顿显生动和迷人。

4. 植物景观的实用性

乔木有浓荫，在炎炎夏日给人们提供阴凉。人行道路两旁、居住区、公园、广场等行人所到之处树木和浓荫让夏日室外的人们有舒适的空间，行道树形成的夹景和树木本身又构成景观。藤本植物与花架结合同样给市民提供了凉爽的休息空间。

（三）园林植物对环境的生态适应

园林植物对环境的生态适应包括两个方面的含义：一方面，园林植物首先要适应生存的环境，才能保证其生长发育和景观效果的发挥；另一方面，对于特定环境应选择相应的园林植物，即在该环境下进行正常生长发育的园林植物，不管是自然适应还是经过人为辅助设计。

1. 园林植物对环境的适应

园林植物的正常生长发育，最主要的生长环境包括太阳辐射、水分、温度、土壤、大气等。这些因子对于园林植物的影响在《风景园林生态系统的自然环境》中

有详细的论述。所有生态因子中存在一个或两个主导因子，考虑园林植物的适应性有所侧重。但各个因子对植物的影响并不是孤立的，而是相互联系又相互制约的，因而在考虑主导因子的同时，必须兼顾所有生态因子。

同时，园林植物对环境的适应性还应考虑生物因素和人为影响。人为影响往往对于植物，特别是观果植物的影响很大。如可观赏可食用的柚子、柑橘种植在公园中，往往还没有成熟时，就已被摘掉，甚至导致植株枝条被折，影响了景观。

在所有植物对环境的适应中，乡土植物具有得天独厚的条件。它们是经过长期进化和自然选择所保留下来的，具有较好的适应性，因而应优先考虑。而且它们不会对当地生态系统造成很大的波动或造成生态灾难。

在引进外来物种时，必须经过小范围的栽培实验并确认不存在生态风险时再使用。这也是植物对于新环境的适应而引起的。引进外来物种，环境合适时往往会大面积疯长，环境不合适时会导致引种不成功。

2. 环境对植物的选择

虽然在局部小气候中我们可以创造出与周围环境不一致的环境来满足植物生长的需求，但对于大面积和在露天环境下是不合适的，而且运行成本太高，与生态学的思想不相符合。在园林植物的配置中，应根据环境的不同来选择植物。如在水边应考虑的是植物的耐水湿能力；而在城市道路两边的行道树应考虑它们的分枝高度在2米以上、耐干旱、耐瘠薄等；盐碱化土壤则考虑植物的耐盐碱性等。

3. 园林植物与环境适应的相互性

园林植物与环境之间的关系是相互的。一方面，植物的选择必须依靠环境，也就是依据环境来选择植物。园林植物对环境的适应能力有一定的范围，而且在环境的压力下，植物的这种适应能力也能不断调整。因为植物的基础生态位总是比现实生态位要宽；而且经过人为的抗性锻炼，可大幅度提高植物的适应性。另一方面，环境也在不断地发生变化。这种变化有些是由植物引起的，如自然群落中的演替是植物在生长过程中不断改变环境而引起的植物的不断被替代的过程。当然，如果在人为的影响下环境的变化则更加剧烈，也可能朝着好和坏的两个方面发展。

（四）园林植物的引种及利用

世界园林的发展，除了利用本地的乡土植物以外，很大程度上得益于植物的引种和利用，特别是从我国植物的引种，使得世界园林的发展更加迅速。

1. 引种的基本原则

(1) 植物安全性原则

植物的引种首先应注重生物安全性，否则会导致新引入物种的大量繁殖，而当地物种被灭绝；或者导致引种的不成功。

(2) 生态学原理

特别注重食物链和食物网原则，引种植物的原产地和目的地的气候、土壤、水质及其在当地食物链和食物网中的作用基本与被引进地相似。否则，会出现生长不良的情况。

(3) 美学原理

注重观赏价值高和具有潜在开发价值的植物。当然，有些植物可能不具备良好的观赏价值，但与其他植物结合能培育出良好的观赏价值，如提供砧木或接穗等。

(4) 生物多样性原理

在满足前面几项的条件下，尽可能引进不同的植物，以丰富当地物种数量，同时在进行植物配置时也有多种选择。园林植物也是保护植物多样性的重要方法和手段，许多濒临灭绝的植物往往只有园林中有少量的保存，而其他地方往往已经灭绝或很少。

(5) 观赏性原则

引进的园林植物往往要有较强的观赏性，否则不会受到欢迎。

2. 引种植物的利用

园林植物引种及利用过程中，具体应用时应与乡土植物配合使用，以增强系统的稳定性，也不利于病虫害的暴发和成灾。同时，由于有乡土植物的间隔，即使成灾面积也只会是小片的，便于防治和降低危害。另一方面，引种植物与乡土植物间通过长期的影响，可以使它们间的作用增强，有利于引种植物的乡土化。

在引种过程中，也能使引进的植物与乡土植物之间逐渐形成一些联系，特别是建立新的食物链和食物网，使引进植物逐渐本土化，使系统逐渐稳定。

引种的植物在育种过程中，如有可能将本地种与引种进行杂交，产生一些新的观赏性状，也产生一些具有优势的个体，这对于培育一些具有较强观赏性的植物具有更多的机会。

四、动物种群的引进和利用

(一) 园林动物群落的特点

1. 种类和数量较少

由于风景园林生态系统受人为的干扰十分强，除了少量节肢动物外，大型的动物基本没有，只有少数鸟类在系统中生活，还有少量的小型动物如老鼠。造成这种现象的原因，一是风景园林生态系统本身面积不大，不能提供足够的食物为动物生活；二是植物群落往往较单调，没有足够的生态位为较多的动物种类提供栖息环境；三是人为管理强度很大，如定期修剪、人为喷药等都使动物种群的数量大大减少。

2. 种群与自然生态系统中相比差异较大

自然生态系统中动物群落的种类组成复杂，垂直结构类型丰富。多以一些小型的动物为主，几乎没有大型动物。大型动物往往需要有较大的领域以满足其猎食的需要，而在风景园林生态系统中往往面积较小，而且受人为干扰很大。这样，无法满足大型动物生活所需要的栖息环境，因而大型动物也无法生存。而小型动物则由于活动范围较小，局部就可以满足其生活环境的要求，因而风景园林生态系统中存在一些小型动物。

3. 食性多为植食性和杂食性的动物为主

风景园林生态系统中由于人为活动相对较多，因而食物链相对较简单，位于营养级的动物相对较少，因为根据能量传递 10% 定律，位于更高级营养级的食物需要更大的活动空间和更多的食物来源。相反，以植物或杂食为食的动物，其取食的范围就可以比较小，能生存下来的机会要大得多。其中有不少动物是土栖动物，居住环境也更加多变，更有利于动物的生存。

4. 鸟类种类较少

鸟类种类较少的原因主要有四个。第一，环境受到污染后，鸟类无法生存，如麻雀的消失主要就是由于环境中磷污染所导致的。第二，植物种类较少，无法为鸟类提供食物和栖息环境，鸟类对栖息环境有较严重的要求，如鸟类并不在所有树上筑巢。第三，有些地方树木高度不够，这样容易受到人为的影响。第四，人类对鸟类的伤害很大，许多地方有吃鸟的习惯，导致许多鸟类被人为捕杀。但在局部地区出于某种需要，可能鸟类数量较多，如人工设计的鸟语林。由于动物种类少，以动物和植物构成的食物链和食物网关系相对简单，营养级的级别不会很高，一般不会超过四个营养级。

5. 受人为影响很大

由于鸟类的栖息环境往往是高大树木，因而树木较少或树木不高的地方往往鸟类种类和数量都较少。一些小型爬行动物则往往是穴居或土居，而城市中的土壤环境大部分受到污染或者土壤理化性质较差，对动物的栖息十分不利，这样动物的多少往往取决于对土壤环境的改善情况，这当然包括人为改善和风景园林生态系统自身的改善，如人为换土、施肥、调整土壤 pH，系统内部腐殖质的积累、土壤理化性质的改善和有机质含量的增加。很明显，土壤表层中腐殖质含量增加和土壤中有机质含量增加后会使一些腐食性动物和节肢动物数量明显增加，这些动物在系统中起着分解者的作用。

（二）园林动物群落的引进和利用

1. 引进的基本原则

（1）安全性原则

引进动物首先应注重生物安全性，避免生态入侵给当地物种造成毁灭性的灾害。要做到这一点，必须对引进动物在原生态系统中的作用十分了解，包括它的营养级和在各个食物链中的作用、地位，只有在弄清后才能明确在目标系统中有没有它的天敌，它数量的发展能否得到控制，会不会对当地风景园林生态系统造成严重的危害。只有在遵循安全原则下有步骤地进行，才能避免较大的灾害或者引进不成功的发生。

（2）生态学原理

引进动物的原产地和目的地的气候、环境及其在当地食物链和食物网中的作用基本相似。其中最好能证明该引进动物的生态位，这样就能根据其生态位来营养环境，也有利于判断各种动物之间的相互关系。

（3）生物多样性原理

在满足前面几项的条件下，尽可能引进不同种的植物，以丰富当地物种数量，同时在进行植物配置时也有多种选择。考虑动物的基本食物来源，保证动物能正常取食。

（4）观赏性原则

可以引进一些对当地生态系统无很明显的影响，而且观赏性强的动物，或者对于改善风景园林生态系统的景观有较大促进作用的动物。如在幽静的地方，鸟的鸣叫更能增加山林的幽静感，使得整个环境更具有深山的感觉，更有利于人的放松和感受到大自然的美好。如在一些城市中心广场饲养鸽子，通过鸽子在城市上空的飞舞来增加景观和冲击人们的视线。

2. 园林动物群落的利用

在园林动物群落的引进和利用过程中，可以根据食物链和食物网的关系，引进一些有害动物和昆虫的天敌，一方面增加了生物多样性，另一方面可以利用它们进行生物防治。优先考虑的是原来存在于本地风景园林生态系统，后来由于各种原因迁移或消失的本地乡土物种。这些物种的恢复和利用不仅使得物种多样性能恢复，同时也标志着环境得到改善，使久居城市中的人们能感受乡间野趣，体味回归大自然的感觉。如在一些湿地的景观设计中，人为引进一些青蛙，夏初青蛙的鸣叫音使人感到乡村的野趣，使人体味到大自然的情趣。

当外来物种危害到风景园林生态系统时，往往需要利用侵入物种的天敌来进行防治。如美国白蛾侵入我国后，就是利用周氏啮小蜂来寄生美国白蛾，通过人工大量饲养周氏啮小蜂然后再释放，使美国白蛾的危害受到了控制。

五、地形的改造和利用

园林绿地在建设过程中往往要筑山理水，在这个过程中，为了达到预定的景观效果，往往需要对原有的地形、地貌加以改造。在改造过程中，除了注意成本较低的原则外，在移动的过程中应注意表层肥沃土壤的保存和回填。

在园林植物种植前，根据地形和土壤条件种植一些适合的植物，必要时对局部地段的土壤加以改良以适应植物生长的需求。

第二节 风景园林生态系统的管理

一、风景园林生态系统的平衡

(一) 风景园林生态系统的平衡的概念

风景园林生态系统平衡指风景园林生态系统在一定时间内结构和功能的相对稳定状态，其物质和能量的输入、输出接近相等，在外来干扰下能通过自我调控（或人为控制）恢复到原初稳定状态；或者说是一定的动植物群落或生态系统发展过程中，各种对立因素（相互排斥的生物种类和非生物条件）通过相互制约、转化、补偿、交换等作用，达到一个相对稳定的平衡阶段。

简单地说，生态平衡就是生物与其环境的相互关系处于一种比较协调和相对稳定的状态。生态系统具有一种内部的自我调控能力，以保持自己的稳定性。这种调控能力依赖于成分的多样性、能量流动的多样性及物质循环的多样性。

结构简单的生态系统，内部调控能力小，对于剧烈的生态冲击，由于物种少、整个生态系统的调控能力差。当外界的冲击增加时，不少物种或个体由于不能适应这种变化而导致其迁走或灭绝，从而系统的缓冲能力就会更弱，稳定性变得更差。

复杂的生态系统能在很大程度上克服和消除外来的干扰，保持自身的稳定性，但其内在调控能力也是有限的，如果超出这些限度，调控就不再起作用，系统就会受到改变、伤害，以致破坏，这个界限为生态平衡阈值。

生态平衡阈值的大小取决于生态系统的成熟性。系统越成熟，表示它的种类组成越多，营养结构越复杂，因而稳定性越大，对外界的压力或冲击的抵抗也越大，即阈值高。相反，生态系统越简单，其阈值越低。

(二) 风景园林生态系统达到平衡的标志

风景园林生态系统达到平衡的标志往往体现在以下方面，如总生产量 / 群落呼吸、总生产量 / 生物量、群落净生产量、有机物质总量、生物多样性、生态位特化、生活史、营养物质保存、稳定性和信息量等。

(三) 风景园林生态系统的平衡

风景园林生态系统的正常运转往往依靠大量的人工和大量的物质的输入来维持，如果人工投入的能量不足或停止，风景园林生态系统的景观就无法维持人为设计的景观，系统就会沿着自然生态系统的演替方向进行正向演替。

也正因为这样，风景园林生态系统是偏离系统自然平衡的一个半人工生态系统。当然，在持续的物质和能量的投入下，风景园林生态系统可以达到一个暂时的平衡。这种平衡的维持需要以下条件：

(1) 不断进行养护。只有不断进行养护，才能维持风景园林生态系统的景观，如绿篱景观在人为养护停止后就会长成较高的灌木，而且往往会超过人的视线，使原来的景观不复存在。

(2) 防止外来种的入侵。外来物种往往对本地风景园林生态系统构成严重的威胁，而且还带有许多不确定的因素。如松材线虫病侵入我国后，导致大面积马尾松的死亡，并且使松林景观遭受到了严重破坏。加拿大一枝黄花侵入到我国后，导致当地物种的灭绝。

(3) 不断优化景观。由于植物不断地生长变化，因而植物所形成的景观也在不断地变化，在这个变化过程中，有些景观是越来越好，而有些景观则越来越差。越来越好的景观当然需要我们继续维持，而越来越差的景观则需要我们花大力气进行维护。如退化的草地就需要我们不断进行维护，新引进的生长不良的金丝桃也需要我们加强维护，才能保证其正常生长和良好景观的呈现。

(4) 进行地形的处理。风景园林生态系统平衡的维持是多方面的，但在局部地区可以进行一些简单的工作，如地形的处理，使得坡度过大的部分地段能够缓和一些，这样可以减少降水对土壤的冲刷，也有利于景观的维持。

(5) 土壤改良。由于园林中的土壤十分瘠薄，要想使一些适应性差的植物能正常生长，往往需要进行人工改良土壤。

(6) 植物配置。植物配置时尽可能根据植物特性进行配置，如充分利用植物间的相生相克现象就可以促进植物的生长；可以利用植物的药用作用来缓慢治疗一些慢性病，或营造清爽的环境。

二、风景园林生态系统健康及其管理

（一）生态系统健康的含义

生态系统健康学是一门研究人类活动、社会组织、自然系统及人类健康的整合性科学。生态系统健康是生态系统的综合特性，它具有活力、稳定，并能自我调节。生态系统健康是指生态系统没有病痛反应、稳定且可持续发展，即生态系统随着时间的进程有活力并且能维持其组织及自主性，在外界胁迫下容易恢复。

换言之，一个生态系统的生物群落在结构、功能上与理论上所描述的相近，那么它就是健康的，否则就是不健康的。一个病态的生态系统往往是处于衰退、逐渐趋向于不可逆的崩溃过程。

生态系统健康是一个很复杂的概念，不仅包括生态系统生理方面的要素，还包括复杂的人类价值及生物的、物理的、伦理的、艺术的、哲学的和经济学的观点。人类是生态系统的一部分，而不是独立于生态系统以外的，有关生态系统健康的一个关键任务是促进人类对人类活动、生态变化与人类健康之间的联系的理解，其中包括研究人类活动对生态系统影响程度的评价方法，也包括在考虑社会价值和生物学本质的情况下提出新的对策来规范人类活动，促进生态系统健康的提高。

总之，生态系统健康是一门研究人类活动、社会组织、自然系统的综合性科学，具有以下特征：①不受对生态系统有严重危害的生态系统胁迫综合征的影响；②具有恢复力，能够从自然的或人为的正常干扰中恢复过来；③健康是系统的自动平衡（homeostasis），即在没有或几乎没有投入的情况下，具有自我维持能力；④不影响相邻系统，也就是说，健康的生态系统不会对别的系统造成压力；⑤不受风险因素的影响；⑥在经济上可行；⑦维持人类和其他有机群落的健康，生态系统不仅是生态学的健康，而且还包括经济学的健康和人类健康。

生态系统健康的概念可以扩展到风景园林生态系统。健康的风景园林生态系统不仅意味着提供人类服务的自然环境和人工环境组成的生态系统的健康和完整，也包括城市人群的健康和社会健康，为城市生态系统健康的可持续发展提供必要条件。因此，了解风景园林生态系统的健康状况、找出其胁迫因子、提出维护与保持风景园林生态系统健康状态的管理措施和途径是非常必要的。

（二）研究简史

最早研究生态系统健康的是利奥波德（Leopold），他于1941年提出了“土地健康”的概念，但未引起足够的重视。随后，科学家一直对是否发展生态系统健康学说应用于生态系统评价和管理存在争论。

在奥德姆（Odum）倡导下，20世纪70年代兴起了生态系统生态学。这一学说继承了克莱门特（Clements）的演替观，把生态系统看作一个有机体，具自我调节和反馈的功能，在一定胁迫下可自主恢复，从而忽视了生态系统在外界胁迫下产生的种种不健康症状。

与此同时，伍德维尔（Woodwell）和巴雷特（Barrett）极力提倡胁迫生态学。进入20世纪80年代，罗伯特（Rapport）系统研究了胁迫下生态系统的行为，并在随后提出不能把生态系统作为一个生物对待，它在逆境下的反应不具自主性。

波利坎斯基（Policansky）和苏特（Suter）为代表的科学家极力反对生态系统健康只是一种价值判断，没有明确的可操作的定义，会阻碍详细的科学分析进程。

1992年，“Journal of Aquatic Ecosystem Health”诞生。三年之后，“Ecosystem health”和“Journal of ecosystem health and medicine”创刊。这三份杂志成为国际生态系统健康学会会员发表论点的重点刊物。

1992年，美国国会通过了“森林生态系统健康和恢复法”，其农业部组织专家对美国东、西部的森林、湿地等进行了评价，并于1993年出版了一系列的评估报告。

1994年，来自31个国家的900名科学家聚集在加拿大的渥太华召开了全球生态系统健康的国际研讨会，会议集中在评价生态系统健康、检验人与生态系统相互作用、提出基于生态系统健康的政策三个方面，并希望组织区域、国家和全球水平的管理、评价和恢复生态系统健康的研究。

迄今西方国家已出版了6本关于生态系统健康的专著，有《生态系统健康：环境管理的新目标》(*Ecosystem health: new goalsfor environmental management*)、《生态系统健康》(*Ecosystem health*)等。

（三）生态系统在胁迫下的反应

1962年，卡森（Carson）出版了《寂静的春天》，向人们披露了化学物质污染生态系统后产生的恶果，引起人们对环境恶化的广泛关注。事实上，人们对生态系统的影响有许多方面。①过度开发利用，指对陆地、水体生态系统的过度收获，主要后果是物种消失。②物理重建，指为了某种目的改变生态系统结构与功能，可能导致生物多样性减少，水质下降，有毒物增加，从而影响人类生存。③外来物种的引入，引起乡土种消失及生态系统水平的退化。④自然干扰的改变，如火灾、河流改道、地震、病虫害暴发等，可引起生态系统的消失和退化。

不同因子胁迫下系统的反应是不同的，下面详细讨论。

（1）单因子胁迫下的反应。罗伯特（Robert）曾比较了在同一种胁迫下湖泊、河流、山地三种生态系统的表现，结果显示不同生态系统在同种胁迫下的反应类似。

奥德姆（Odum）提出了受胁迫生态系统的反应趋势，他认为生态系统在胁迫情况下会在能量（群落呼吸增加，生产力 / 呼吸量 <1 或 >1，生产力 / 生物量和呼吸量 / 生物量增加，辅助性能量的重要性增加，冗余的初级生产力增加）、物质循环（物质流通率增加，物质的水平运移增加而垂直循环降低，群落的营养损失增加）、群落结构（γ 对策种的比例增加，生物的大小减小，生物的寿命或部分器官寿命缩短，食物链变短，物种多样性降低）和一般系统水平（生态系统变得更开放，自然演替逆行，资源利用效率变低，寄生现象增加而互生现象降低，生态系统功能比结构更强壮）上发生变化。

（2）多因子胁迫下的反应。当生态系统受多个因子胁迫时会产生累积效应，从而增加生态系统的变异程度。在这种情况下，生态系统的反应与胁迫因子的关系非常复杂，而且对于人类的管理也提出了更高的要求。罗伯特（Robert）提出了一个框图，展示了人类活动对生态系统变化及人类健康的影响。人类活动会胁迫生态系统健康，导致生态系统结构发生变化，进而影响到生态系统服务功能，对人类健康产生影响。

（四）生态系统健康的标准

为了对生态系统健康与否作出准确的评价，必须根据生态系统健康的概念来制定相应的标准，并围绕这个标准派生出各种健康状态。绝对健康的生态系统不存在，健康是一种相对的状态，它表示生态系统所处的状态。任海等总结了生态系统健康的标准，主要包括活力、恢复力、组织、生态系统服务功能的维持、管理选择、外部输入减少、对邻近生态系统的影响及人类健康影响八个方面，涵盖了生物物理、社会经济、人类健康及一定的时间、空间等范畴。作为生态系统健康的评价，最重要的是活力、恢复力、组织及生态系统服务功能的维持等方面。它们分别是：

（1）生态系统的活力。活力是指能量或活动性，即生态系统的能量输入和营养循环容量，具体指生态系统的初级生产力和物质循环。在一定范围内，生态系统的能量输入越多，物质循环越快，活力就越高，但这并不意味着能量输入高、物质循环快的生态系统更健康。尤其对水生生态系统来说，高输入可导致富营养化效应。

（2）恢复力。为自然干扰的恢复速率和生态系统对自然干扰的抵抗力，即胁迫消失，系统克服压力及反弹恢复的容量，具体指标为自然干扰的恢复速率和生态系统对自然干扰的抵抗力，一般认为受胁迫生态系统的恢复力弱于不受胁迫生态系统的恢复力。

（3）组织结构。即系统的复杂性，可以用生态系统组分间相互作用的多样性及数量、生态系统结构层次多样性、生态系统内部的生物多样性等来评价。一般情况下，生态系统的稳定性越高，系统就越趋于稳定和健康。但在很多特殊情况下，比如外来物种的侵入在使生态系统物种数增加的同时，也使系统的稳定性降低，严重的时候甚至会导致系统的崩溃。这一特征会随生态系统的次生演替而发生变化和作用。具体指标为生态系统中对策种与非对策种的比率、短命种与长寿种的比率、外来种与乡土种的比率、共生程度、乡土种的消亡等。一般认为，生态系统的组织能力越复杂就越健康。

（4）生态系统服务功能的维持。这是人类评价生态系统健康的一条重要标准。生态系统服务功能是指生态系统与生态过程所形成及所维持的人类赖以生存的自然环境条件与效用。Costanza 等将生态系统的商品和服务统称为生态系统服务，将生态系统服务分为气体调节、气候调节、水调节、控制侵蚀和保持沉淀物、土壤形成、食物生产、原材料、基因资源、休闲、文化等十七个类型。生态系统服务功能一般是对人类有益的方面，包括有机质的合成与生产、生物多样性的产生与维持、调节气候、营养物质储存与循环、环境净化与有毒有害物质的降解、植物花粉的传播与种子的扩散、有害生物的控制、减轻自然灾害、降低噪声、遗传、防洪抗旱等，不健康的生态系统的上述服务功能的质和量均会减少。

（5）管理选择。健康生态系统可用于收获可更新资源、旅游、保护水源等各种用途和管理，退化的或不健康的生态系统不具有多种用途和管理选择，而仅能发挥某一方面功能。例如，许多半干旱的草原生态系统曾经在畜牧放养方面发挥很重要的作用，同时由于植被的缓冲作用又会起到减少水土流失的功能；但由于过度放牧，这样的景观大多退化为灌木或沙丘，不再能承载像过去那样的牲畜量。

（6）外部输入减少。健康的生态系统为维持其生产力所需的外部投入或输入很少或没有。因此，生态健康的指标之一是减少外部额外的物质和能量的投入来维持其生产力。一个健康的生态系统具有尽量减少每单位产出的投入量（至少是不增加），不增加人类健康的风险等特征，所有被管理的生态系统依赖于外部输入。健康的生态系统对外部输入（如肥料、农药等）会大量减少。

（7）对邻近系统的破坏。许多生态系统是以别的系统为代价来维持自身系统的发展的。健康的生态系统在运行过程中对邻近的系统的破坏为零，而不健康的系统会对相连的系统产生破坏作用，增加了人类健康风险等。

（8）对人类健康的影响。生态系统的变化可通过多种途径影响人类健康，人类的健康本身可作为生态系统的健康的直接反映。与人类相关且对人类不良影响小的生态系统为健康的生态系统，其有能力维持人类的健康。

(五) 生态系统健康研究中存在的问题

到目前为止，对生态系统健康的评价还存在着下列问题：

(1) 由于生态系统健康的不可确定性，生态系统健康的评价还只限于定性的评价，难以量化；

(2) 生态系统健康要求考虑生态、经济和社会因子，但对各种时间、空间和异质性的生态系统而言实在太难，尤其是人类影响与自然干扰对生态系统的影响有何不同还难以确定，生态系统改变到何种程度其为人类服务的功能仍然能够维持；

(3) 由于生态系统的复杂性，生态系统健康很难概括为一些简单而且容易测定的具体指标，很难找到能准确评估生态系统健康受损程度的参考点；

(4) 生态系统是一个动态的过程，有一个产生、成长到死亡的过程，很难判断哪些是演替过程中的症状，哪些是干扰或不健康的症状；

(5) 健康的生态系统具有吸收、化解外来胁迫的能力，但对这种能力很难测定其在生态系统健康中的角色如何；

(6) 生态系统发生多大程度的改变而不影响它们的生态系统服务；

(7) 生态系统健康的时间尺度及能够持续的时间；

(8) 生态系统保持健康的策略是什么，有待于进一步深入研究；

(9) 风景园林生态系统作为一个自然生态系统与人工结合的特殊的生态系统，如何确保风景园林生态系统的健康、如何更好地发挥其服务功能，迄今为止还没有相关报道，如何促进风景园林生态系统健康，为城市创造一个舒适的环境是现代园林学科所需要研究的内容。

生态系统健康涉及多学科的研究范畴，解决生态健康问题，需多学科联合，不能简单地把生态系统健康定义为生物的、伦理的、美学的或历史的概念；由于生态系统健康的范围非常广，在进行生态系统健康评价时要综合考虑各种因素，从不同角度进行评价，以充分体现生态系统健康及其完整性；在生态系统健康研究中，由于人是生态系统的关键因子，对生态系统健康的研究不仅要从生态系统自身的角度考虑，更应从人的角度来评价生态系统的健康。

生态系统的健康和相对稳定是人类赖以生存和发展的必要条件，维护与保持生态系统健康，促进生态系统的良性循环，是关系到人类生存和健康的重大课题。健康的生态系统对于经济、社会和环境的可持续发展是至关重要的。生态系统健康综合了生物物理过程和社会动态的知识，前者驱动了生态系统的动态演变，后者决定其社会价值和期望。生态系统健康概念的发展和应用为环境管理提供了有力的支持。

(六) 风景园林生态系统健康评价

1. 风景园林生态系统健康评价的标准及评价等级

(1) Ⅰ评价标准

为了对风景园林生态系统健康与否作出准确的评价，必须根据风景园林生态系统健康的概念来制定相应的标准，并围绕这个标准派生出各种健康状态。绝对健康的生态系统是不存在的，健康是一种相对的状态，它表示生态系统所处的状态。风景园林生态系统健康的评估最重要的是活力、恢复力、组织及生态系统服务功能的维持、人类健康等几个方面。

(2) Ⅱ评价等级

一般说来，健康评价等级的划分是为了确定评价工作的深度和广度，体现人类各种社会、经济、文化活动对风景园林生态系统内部功能、结构产生影响的程度。医学上对人体的健康评价等级分为健康、亚健康、疾病三个状态，参照这个，把风景园林生态系统健康等级分为病态、不健康、亚健康、健康、很健康五个等级。

2. 风景园林生态系统健康评价的指标体系

(1) 指标体系建立原则

在建立生态系统健康评价指标体系之前，应该确定指标选择原则。生态系统健康评价指标涉及多学科、多领域，因而种类项目繁多，指标筛选必须达到三个目标。一是指标体系能完整准确地反映生态系统健康状况，能够提供现代的代表性图案；二是对生态系统的生物物理状况和人类胁迫进行监测，寻求自然压力、研究压力与生态系统健康变化之间的联系，并探求生态系统健康衰退的原因；三是定期为政府决策、科研及公众要求等提供生态系统健康现状、变化趋势的统计总结和解释报告。

风景园林生态系统在人类的干扰和压力下表现出整体性、有限性、不可逆性、隐显性、持续性和灾害放大性等重要特征。生态系统健康指标体现生态系统的特征，反映区域生态系统健康变化的总体趋势，指标选择的原则概括如下：科学性原则、动态性和稳定性原则、层次性原则、可操作性和简明性原则、系统全面性和整体性原则、可比性原则、多样性原则、可接受性原则、人类是生态系统的组成原则和定性与定量相结合原则。

(2) 评价指标体系的建立

根据风景园林生态系统自身特点，结合生态系统健康评价的指标，选择相关指标作为风景园林生态系统健康评价的指标。

在风景园林生态系统健康评价中还存在许多不确定的因素，以上只是笔者的一些探讨。

(3) 评价方法

目前，常用的评价方法有层次分析法和模糊综合评价法。

层次分析法（Analytical Hierarchy Process，简称 AHP 法）是美国运筹学家萨蒂（A.T.Saaty）于 20 世纪 70 年代提出的一种定性方法与定量分析方法相结合的多目标决策分析方法，也是一种综合定性和定量分析，模拟人的决策思维过程，以解决多因素复杂系统，特别是难以定量描述的社会系统的分析方法。运用这种方法，决策者通过将复杂问题分解为若干层次和若干因素，在各因素之间进行简单的比较和计算，就可以得出不同方案重要性程度的权重，为最佳方案的选择提供依据。这种方法的特点是：思路简单明了，它将决策者的思维过程条理化、数量化，便于计算，容易被人们所接受；所需要的定量化数据较少，但对问题的本质、问题所涉及的因素及其内在关系分析得比较透彻、清楚。这种分析方法是将分析人员的经验判断给予量化，对目标（因素）结构复杂且缺乏必要数据的情况更为实用，是目前系统工程处理定性与定量相结合问题的比较简单易行且又行之有效的一种系统分析方法。

模糊综合评价法是将模糊数学的有关运算理论应用在对事物的评价中。模糊数学是 1965 年由美国控制论专家查德（L.A.Zadeh）创立的一门新的数学分支，是研究和处理模糊现象和模糊概念的数学。模糊综合评判的基本原理是，将评价对象视为由多种因素组成的模糊集合（评价指标集），通过建立评价指标集到评语集的模糊映射，分别求出各指标对各级评语的隶属度，构成评判矩阵（或称模糊矩阵），然后根据各指标在系统中的权重分配，通过模糊矩阵合成，得到评价的定量解值。

三、生态系统服务

（一）生态系统服务的概念

生态系统服务是指生态系统与生态系统过程所形成及所维持的人类赖以生存的生物资源和自然环境条件及其效用。

生态系统的服务功能与生态系统的功能所涵盖的意义不同，服务功能是针对人类而言的，但值得注意的是生态系统的服务功能只有一小部分被人类利用。

（二）生态系统服务的内容

生态系统的服务功能可以分为四个层次，即生态系统的生产、生态系统的基本功能、生态系统的环境效益和生态系统的娱乐价值。生态系统的生产包括生态系统的产品及生物多样性的维持等。生态系统的基本功能包括传粉、传播种子、生物防治、土壤形成等。生态系统的环境效益包括减缓干旱和洪涝灾害、调节气候、净化空气、处理废物等。生态系统的娱乐价值包括休闲、娱乐，文化、艺术素养、生态美学等。

生态系统服务类型具体包括气体调节、气候调节、干扰调节、水分调节、水分供应、侵蚀控制、沉积物保持、土壤形成、养分循环、废弃物处理、授粉、生物控制、庇护、食物生产、原材料、遗传资源、休闲和文化等十七个方面。

(三) 自然生态系统服务性能的四条基本原则

第一，自然生态系统服务性能是客观存在的，不依赖于评价的主体。自然服务功能在人类出现之前就存在，在人类出现之后，自然生态系统服务性就与人类的利益相联系。

第二，系统服务性能与生态过程密不可分地结合在一起，它们都是自然生态系统的属性。自然生态系统中植物群落和动物群落，自养生物和异养生物的协同关系，以水为核心的物质循环，地球上各种生态系统的共同进化和发展等，都充满了生态过程，也就产生了生态系统的功益。

第三，自然作为进化的整体，是生产服务性功益的源泉。自然生态系统是在不断进化和发展中产生更加完善的物种，演化出更加完善的生态系统，这个系统是有价值的，能产生许许多多功益性能。自然生态系统在进化过程中维护着它产生出来的性能，并不断促进这些性能的进一步完善。其潜力是非常强大的，它趋向于更高、更复杂、更多功能方向变化。

第四，自然生态系统是多种性能的转换器。在自然进化的过程中，产生了越来越丰富的内在功能。个体、种群的功能是与它在生物群落共同体相联系的。这样，又使它自身的性能转变成集合性能。例如，当绿色植物被植食动物取食，植食动物又被肉食动物所吃。动植物死后又被分解，最后进入土壤里。这些个体生命虽然不存在了，但其物质和能量转变成别的动物或在土壤中贮存起来的。经过自然网络转换器的这种作用就来回在全球的部分和整体中运动。

显然，生态系统服务具有十分重要的意义。同时，自然生态系统与人工生态系统之间关系密切，自然生态系统提供的服务只有部分在人工生态系统中得到充分体现，也只有一部分人得到这种服务；而反过来，人工生态系统影响到自然生态系统的各种服务功能的发挥程度。人工生态系统通常仅在一个较小尺度和有限时段内更为有效地提供一种生态服务。

(四) 生态系统服务功能的价值分类

根据生态服务功能和利用状况，可以将服务功能价值分为四类：

（1）直接利用价值。主要指生态系统产品所产生的价值，可以用产品的市场价格来估计。

（2）间接利用价值。主要指无法商品化的生态系统服务功能，如维护地球大气成分的稳定。间接利用价值通常根据生态服务功能的类型来确定。

（3）选择价值。它是人们为了将来能够直接利用与间接利用某种生态系统服务功能的支付意愿。

（4）存在价值又称内在价值。它表示人们为确保这种生态服务功能继续存在的支付意愿，它是生态系统本身具有的价值。

（五）生态系统服务的特征

一般的商品或服务可以通过市场流通，以市场价格表达其价值（使用价值），生态系统服务不同于一般的商品，许多服务项目不能体现为具体的实物形式，有的甚至未被受益的人们意识到，表现出“市场失效”。两者的供给和需求有明显的不同。

（六）生态系统服务功能价值的评价方法

生态系统的服务未完全进入市场，但对生态系统服务的“增量”价值或“边际”价值进行估计是有意义的。生态系统服务的经济价值评价方法有如下几种：

1. 费用支出法

这是以人们对某种生态服务功能的支出费用来表示其生态价值。例如，对于自然景观的游憩效益，可用游憩者支出的费用总和作为该生态系统的游憩价值。费用支出法通常又分为三种形式：总支出法，以游客的费用总支出作为游憩价值；区内支出法，仅以游客在游憩区支出的费用作为游憩价值；部分费用法，仅以游客支出的部分费用作为游憩价值。

2. 市场价值法

市场价值法先定量地评价某种生态服务功能的效果，再根据这些效果的市场价格来估计其经济价值。在实际评价中，通常有两类评价过程。一是理论效果评价法，它可分为三个步骤：先计算某种生态系统服务功能的定量值，如农作物的增产量；再研究生态服务功能的“影子价格”，如农作物可根据市场价格定价；最后计算其总经济价值。二是环境损失评价法，如评价保护土壤的经济价值时，用生态系统破坏所造成的土壤侵蚀量、土地退化、生产力下降的损失来估计。

3. 恢复和防护费用法

恢复和防护费用法全面评价环境质量改善的效益，在很多情况下是很困难的。对环境质量的最低估计可以从为了消除或减少有害环境影响所需要的经济费用中获得，我们把恢复或防护一种资源不受污染所需的费用，作为环境资源破坏带来的最低经济损失，这就是恢复和防护费用法。

4. 影子工程法

影子工程法是指，当环境受到污染或破坏后，人工建造一个替代工程来代替原来的环境功能，用建造新工程的费用来估计环境污染或破坏所造成的经济损失。

5. 人力资本法

人力资本法是通过市场价格和工资多少来确定个人对社会的潜在贡献，并以此来估算环境变化对人体健康影响的损失。环境恶化对人体健康造成的损失主要有三方面：因污染致病、致残或早逝而减少本人和社会的收入；医疗费用的增加；精神和心理上的代价。

6. 机会成本法

机会成本是由边际生产成本、边际使用成本和边际外部成本组成的。机会成本是指在其他条件相同时，把一定的资源用于生产某种产品时所放弃的生产另一种产品的价值，或利用一定的资源获得某种收入时所放弃的另一种收入。对于稀缺性的自然资源和生态资源而言，其价格不是由其平均机会成本决定的，而是由边际机会成本决定的，它在理论上反映了收获或使用一单位自然和生态资源时全社会付出的代价。

7. 旅行费用法（Travel Cost Method，T 厘米）

旅行费用法是利用游憩的费用（常以交通费和门票费作为旅游费用）资料求出“游憩商品”的消费者剩余，并以其作为生态游憩的价值。旅行费用法不仅首次提出了“游憩商品”可以用消费者剩余作为价值的评价指标，而且首次计算出“游憩商品”的消费者剩余。

8. 享乐价格法

享乐价格与很多因素有关，如房产本身数量与质量，距中心商业区、公路、公园和森林的远近，当地公共设施的水平，周围环境的特点等。享乐价格理论认为，如果人们是理性的，那么他们在选择时必须考虑上述因素，故房产周围的环境会对其价格产生影响，因周围环境的变化而引起的房产价格可以估算出来，以此作为房产周围环境的价格，称为享乐价格法。西方国家的享乐价格法研究表明：树木可以使房地产的价格增加 5% ~ 10%；环境污染物每增加一个百分点，房地产价格将下降 0.05% ~ 1%。

9. 条件价值法（CVM）

条件价值法也叫问卷调查法、意愿调查评估法、投标博弈法等，属于模拟市场技术评估方法，它以支付意愿（WTP）和净支付意愿（NWTP）表达环境商品的经济价值。条件价值法是从消费者的角度出发，在一系列假设前提下，假设某种“公共商品”存在并有市场交换，通过调查、询问、问卷、投标等方式来获得消费者对该“公共商品”的 WTP 或 NWTP（净支付意愿），综合所有消费者的 WTP 和 NWTP，即可得到环境商品的经济价值。根据获取数据的途径不同，又可细分为投标博弈法、比较博弈法、无费用选择法、优先评价法和德尔菲法等。

不同评估方法，其优缺点不同，因而，在具体评估过程中必须依据资源的特点选择合适的方法进行评估，以求获得数据的准确性和合理性。

（七）生态系统服务功能价值评估的意义

首先，在理论上表明生态系统的众多的服务，是永远无法替代的。提醒人们必须给提供这些服务的自然资本存量以足够的重视。可以设想，如果自然生态系统不再提供这些服务，人们将不得不花大量的精力用所谓的人类的工程技术来处理这一大堆的事情。至少目前我们社会对此还无能为力。据估计，要想通过人类自己来解决生态系统为我们提供的这些服务，每年至少要在每人身上花掉 900 万美元。

其次，生态系统服务估价较好地反映了生态系统和自然资本的价值。这给一个国家、地区的决策者、计划部门和财务会计系统在管理运行中提供了背景值。

最后，生态系统价值评估的最重要的用途之一是对建设项目规划的评估。任何一个待建的项目的设计、规划所得到的公益和规划中所造成的生态服务价值进行比较，加以权衡。生态系统边界尚无统一标准，有很大的弹性。为此，应依据其功能和价值进行确定。

科斯坦萨（Costanza）等对全球生态系统服务估价工作表明，对生态系统需要加强更多的基础性研究和急需进行补充研究的领域，如荒漠、冻原和城市生态系统。该报告对生态系统模型的构建、自然生态与社会经济的结合及全球生态系统更深层次的研究产生了积极的影响。

（八）生态系统服务功能价值评估中存在的问题

评价只是这个问题的一部分，却是需要最先解决的一个问题，而且必须采用一种能够被各行各业人们都能理解的方式进行。因此，对生物入侵造成的生态系统服务丧失的经济评价，应当是沟通政府和科学家及各行业人群的一个重要桥梁。尽管经济学家认为市场价格不是物种和生态系统服务价值的一个好的指示指标，但这种方法近年来在评价生物多样性价值时开始逐渐得到应用。

现在有一些共识，即对于非市场的生物资源进行经济评价，最合适的方法是计算它们的本地的机会成本——本地未受入侵影响的生态系统提供的各种生态系统服务的价值。目前的入侵影响评价研究也主要集中在这个方面，下面对与入侵影响评价有关的生态系统服务和生物多样性价值做介绍。

生态系统服务估价还存在不少问题。正如科斯坦萨（Costanza）等一再强调的一样，他们对全球各种生态系统服务作出的估价只是探索性的，存在一定局限性，主要原因有：

空缺一些服务项目，如荒漠、苔原等生态系统目前都尚未进行充分研究，没有可靠数据；

价值是根据当前人们愿意支付作出的，带有主观性，未必准确，未必符合公正和可持续性等；

从局部的估计推算全球总价值部会存在误差，一般来说，首先估算一个单位面积生态系统的服务价值然后乘以每个生态系统的总面积；

所采用的估计等于用一个静态的快照来代表一个复杂的动态系统，显然忽略了系统各要素之间和各种服务之间的复杂的相互依存性。

四、风景园林生态系统效益评价

（一）风景园林生态系统的功能特点

1. 园林可持续发展的环境基础

风景园林生态系统以保持自然、生态良性持续发展为基础，使经济发展与人口承载力相协调，是可持续发展的基本条件。城市的发展使环境恶化，直接制约着城市的可持续发展。而园林绿地对于改善城市环境却具有多方面的作用，它有利于减少城市自身排放的污染，增强抵御外来生态灾害的能力，也可以减轻对周边地区环境的危害，成为可持续发展的保障条件。有利于原有的自然环境部分的合理维护与提高，充分利用人工重建生态系统的系列措施和模拟自然的设计手段。

2. 城市人民生活质量提高的标志

城市中的绿地、园林能使居民心旷神怡，获得美的享受；能增进健康、丰富精神生活、提高工作效率。随着生活水平的提高，人民群众对于生活质量提出了更高的要求。不仅要提高物质、文化生活水平，还要不断改善生活和工作环境，这些成为广大群众的共同需求。

城市绿地是提高人民生活质量必不可少的条件。生活在绿色环境中，可以使人们产生安宁、祥和的感觉，促进身体健康。绿视率在25%以上时，可以使人的精神舒适，产生良好的生理、心理效应，有利于稳定情绪、消除疲劳，脉搏和血压都较稳定，有利于减轻心脏病、高血压、神经衰弱等病。

3. 保护生物多样性的基地

保护生物多样性是人类生存和可持续发展的基础。人类社会文明的发展应归功于地球的生物多样性。

城市生物多样性是城市生态系统中生物与生物、生物与生境间、环境与人类间的复杂关系的体现。由于工业化的发展、环境的污染和人们对环境资源的过量开发，自然界的物种正以前所未有的速度减少，有一些物种正面临着灭绝的危机。一个物种的灭绝意味着难以计算的遗传基因的消失。

园林绿地是物种丰富的地带之一，是植物、动物、微生物集中生存的空间，也是保护生物多样性的重要场地。

4. 增加经济效益，发展环保产业

搞好绿化植物，可以提供工业原料和其他多种林副产品。如香樟、核桃、油橄榄、油茶等种子可以榨油；刺槐、香樟、丁香、玫瑰是香料植物，可以提供香精原料；银杏、柿、枣、枇杷、葡萄、苹果等果子可供食用及制酒等；白榆、毛白杨、青桐、芦苇、竹类等可以提供造纸原料；国槐、栾树等可提供染料工业的原料；绝大多数的根、叶、花、果实、种子、树皮可供药用。因此，“花树生产”和相应的经营企业正在蓬勃兴起，形成了具有一定规模的绿化产业体系，成为环境产业的组成部分之一。

5. 对城市旅游发展的促进

风景名胜、园林绿地是人们出游的目的地。现有旅游资源许多是大自然赐予的，但都经过了园林工程的精雕细致，更多的是园林艺术的作品。当今的城市绿地建设是对旅游资源的开发，同时也是对今后旅游资源的积累。

园林绿化事业的发展是发展旅游业的有利依托，适应了人民生活水平提高的要求，可以达到促进经济社会发展的“双赢”效应。

6. 兼有防灾避灾的功能

许多植物有防火功能，如珊瑚树、厚皮香、山茶、罗汉松、蚊母、八角金盘、夹竹桃、海桐、银杏等。

城市绿化有利于战备，对重要的建筑物、军事设备、保密设施等可以起到隐蔽作用，如桧柏、侧柏、龙柏、雪松、石楠、柳杉、女贞等。

绿化植树比较茂密的地段如公园、街道绿地等，还可以减轻因爆炸引起的伤害而减少损失，同时也是地震避难的好场所。

(二) 风景园林生态系统的社会效益分析

1. 使用效益

园林绿地是人们休闲娱乐的场所，它对于体力劳动者来说，可消除疲劳，恢复体力；对于脑力劳动者，可调剂生活，振奋精神，提高工作效率；对于儿童，可培养勇敢、活泼、伶俐的素质，并有益于健康生长；对于老年人，则可享受阳光空气，增进生机，延年益寿。

园林绿地也是进行文化宣传、开展科普教育的场所，如在公园、名胜古迹点，设置展览馆、陈列馆、纪念馆等进行多种形式、生动活泼的活动，可以收到非常积极的效果。

2. 美学效益

园林是自然景观的提炼和再现，是人工艺术环境和环境的创造，是美化城市的一个重要手段。园林包括姿态美、色彩美、嗅觉美、意境美，使人感到亲切、自在、舒适，而不像建筑那样有约束力。一个城市的美丽，除了在城市规划设计、施工上善于利用城市的地形、道路、河边、建筑配合环境，灵活巧妙地体现城市的美丽外，还可以运用树木花草的不同形态、颜色、用途和风格，配置出一年四季色彩丰富，乔木、灌木、花卉、草皮层层叠叠的绿地，镶嵌在城市、工厂的建筑群中。不仅使城市披上绿装，而且其瑰丽的色彩伴以芬芳的花香，点缀在绿树成荫中，更有画龙点睛之效。

3. 心理效应

植物对人类有着一定的心理暗示功能。绿色象征着青春、活力与希望。对人的心理领域产生影响的是可见光，在城市中使人镇静的蓝色较少，而使人兴奋和活跃的红色、黄色在增多。居住区阳光汇集量增加，引起人们心理上兴奋，与此同时，也导致人们生理活力的减弱。因此，绿地光线可以激发人们的生理活力，使人们在心理上感觉平静。绿色使人感到舒适，能调节人的神经系统，使人的神经系统、大脑皮层和眼睛的视网膜放松。

4. 公益效应

园林的社会效益还表现在满足日益增长的文化生活的需要，清洁优美的环境给人们以启示：珍惜和爱护环境，使人们随着环境的改变，培养良好的道德风尚。美的绿色环境可以陶冶情操，增长知识，消除疲劳，健康身心，激发人们对自然、对社会、对人际关系的情感。据调查，90% 的住户认为良好的绿化环境有利于消除疲劳；88% 的住户认为给健身活动提供了良好场所，对增强体质有益；82% 的住户认为有利于老年人疗养，能减轻疾病，延年益寿；70% 的住户认为有利于儿童的健康发育。

园林绿化功能也可以特殊的方式间接进入产品生产过程，如园林植物的药用功能、生产功能等。

第三节 园林生态系统的建设与调控

一、园林生态系统组成

园林生态系统（landscape architecture ecosystem）由园林生态环境和园林生物群落两部分组成。园林生态环境是园林生物群落存在的基础，为园林生物的生存、生长发育提供物质基础；园林生物群落是园林生态系统的核心，是与园林生态环境紧密相连的部分。园林生态环境与园林生物群落互为联系，相互作用，共同构成了园林生态系统。

园林生态环境（landscape architecture ecotope）通常包括园林自然环境、园林半自然环境和园林人工环境三部分。

（一）园林自然环境

园林自然环境包含自然气候和自然物质两类。

（1）自然气候。即光照、温度、湿度、降水、气压、雷电等为园林植物提供生存基础。

（2）自然物质。是指维持植物生长发育等方面需求的物质，如自然土壤、水分、氧气、二氧化碳、各种无机盐类以及非生命的有机物质等。

（二）园林半自然环境

园林半自然环境是经过人们适度的管理，影响较小的园林环境。即经过适度的土壤改良、适度的人工灌溉、适度的遮风等人为干扰或管理下的环境，仍以自然属性为主的环境。通过各种人工管理措施，使园林植物等受各种外来干扰适度减小，在自然状态下保持正常的生长发育。各种大型的公园绿地环境、生产绿地环境、附属绿地环境等属于这种类型。

（三）园林人工环境

园林人工环境是人工创建的，并受人类强烈干扰的园林环境，该类环境下的植物必须通过强烈的人工干扰才能保持正常的生长发育，如温室、大棚及各种室内园林环境等都属于园林人工环境。在该环境中，协调室内环境与植物生长之间的矛盾时要采用的各种人工化的土壤、人工化的光照条件、人工化的温湿度条件等是园林人工环境的组成部分。

二、园林生态系统的结构

园林生态系统的结构主要指构成园林生态系统的各种组成成分及量比关系，各组分在时间、空间上的分布，以及各组分同能量、物质、信息的流动途径和传递关系。园林生态系统的结构主要包括物种结构、空间结构、营养结构、功能结构和层次结构五方面。

（一）物种结构

园林生态系统的物种结构是指构成系统的各种生物种类以及它们之间的数量组合关系。园林生态系统的物种结构多种多样，不同的系统类型其生物的种类和数量差别较大。草坪类型物种结构简单，仅由一个或几个生物种类构成，小型绿地如小游园等由几个到十几个生物种类构成，大型绿地系统，如公园、植物园、树木园、城市森林等，是由众多的园林植物、园林动物和园林微生物所构成的物种结构多样、功能健全的生态单元。

（二）空间结构

园林生态系统的空间结构指系统中各种生物的空间配置状况。通常包括垂直结构和水平结构。

1. 垂直结构

园林生态系统的垂直结构即成层现象，是指园林生物群落，特别是园林植物群落的同化器官和吸收器官在地上的不同高度和地下不同深度的空间垂直配置状况。目前，园林生态系统垂直结构的研究主要集中在地上部分的垂直配置上。主要表现为以下六种配置状况：

（1）单层结构。仅由一个层次构成，或草本，或木本，如草坪、行道树等。

（2）灌草结构。由草本和灌木两个层次构成，如道路中间的绿化带配置。

（3）乔草结构。由乔木和草本两个层次构成，如简单的绿地配置。

（4）乔灌结构。由乔木和灌木两个层次构成，如小型休闲森林等的配置。

（5）乔灌草结构。由乔木、灌木、草本三种层次构成，如公园、植物园、树木园中的某些配置。

（6）多层结构。除乔灌草以外，还包括各种附生、寄生、藤本等植物配置，如复杂的森林或一些特殊营造的植物群落等。

2. 水平结构

园林生态系统水平结构是指园林生物群落，特别是园林植物群落在一定范围内植物类群在水平空间上的组合与分布。它取决于物种的生态学特性、种间关系及环境条件的综合作用，在构成群落的静态、动态结构和发挥群落的功能方面有重要作用。

园林生态系统的水平结构主要表现在自然式结构、规则式结构和混合式结构三种类型。

（1）自然式结构。园林植物在平面上的分布没有表现出明显的规律性，各种植物的种类、类型，以及其各自的数量分布，都没有固定的形式，常表现为随机分布、集群分布、均匀分布和镶嵌式分布四种类型。

（2）规则式结构。园林植物在水平分布具有明显的外部形状，或有规律性的排列。如圆形、方形、菱形、折线等规则的几何形状，对称式、均匀式等规律性排列，具有某种特殊意义如地图类型的外部形态等。

（3）混合式结构。园林植物在水平上的分布有自然式结构又有规则式结构的内容，将二者有机地结合。在实践中，有的场地单纯的自然式结构往往缺乏其庄严肃穆氛围，而纯粹的规则式结构则略显呆滞，将二者有机结合，可取得较好的景观效果。

（三）时间结构

园林生态系统的时间结构指由于时间的变化而产生的园林生态系统的结构变化。其主要表现为两种变化。

（1）季相变化。是指园林生物群落的结构和外貌随季节的更迭依次出现的改变。植物的物候现象是园林植物群落季相变化的基础。在不同的季节，会有不同的植物景观出现，如传统的春花、夏叶、秋果、冬态等。随着各种园林植物育种、切花等新技术的大范围应用，人类已能部分控制传统季节植物的生长发育，相信未来的季相变化会更丰富。

（2）长期变化。即园林生态系统经过长时间的结构变化。一方面表现为园林生态系统经过一定时间的自然演替变化，如各种植物，特别是各种高大乔木经过自然生长所表现出来的外部形态变化等，或由于各种外界（如污染）干扰使园林生态系统所发生的自然变化；另一方面是通过园林的长期规划所形成的预定结构表现，这以长期规划和不断的人工抚育为基础。

(四) 营养结构

园林生态系统的营养结构是指园林生态系统中的各种生物通过食物为纽带所形成的特殊营养关系。其主要表现为由各种食物链所形成的食物网。

园林生态系统的营养结构由于人为干扰严重而趋向简单，特别在城市环境中表现尤为明显。园林生态系统的营养结构简单的标志是园林动物、微生物稀少，缺少分解者。这主要是由于园林植物群落简单、土壤表面的各种动植物残体，特别是各种枯枝落叶被及时清理造成的。园林生态系统营养结构的简单化，迫使既为园林生态系统的消费者，又为控制者和协调者的人类不得不消耗更多的能量以维持系统的正常运行。

按生态学原理，增加园林植物群落的复杂性，为各种园林动物和园林微生物提供生存空间，既可以减少管理投入，维持系统的良性运转，又可营造自然氛围，为当今缺乏自然的人们，特别是城市居民提供享受自然的空间，为人类保持身心的生态平衡奠定基础。

地球表面生态环境的多样性和植物种类的丰富性，是植物群落具有不同结构特点的根本原因。在一个植物群落中，各种植物个体的配置状况，主要取决于各种植物的生态生物学特性和该地段具体的生境特点。

三、园林生态系统的建设与调控

园林生态系统的建设已成为衡量城市现代化水平和文明程度的标准。如何建设好园林生态系统并维持其稳定性以充分发挥各种效益是园林工作者必须关注的问题。

(一) 园林生态系统的建设

园林生态系统的建设是以生态学原理为指导，利用绿色植物特有的生态功能和景观功能，创造出既能改善环境质量，又能满足人们生理和心理需要的近自然景观。在大量栽植乔、灌、草等绿色植物，发挥其生态功能的前提下，根据环境的自然特性、气候、土壤、建筑物等景观的要求进行植物的生态配置和群落结构设计，达到生态学上的科学性、功能上的综合性、布局上的艺术性和风格上的地方性，还要考虑人力物力的投入量。因此，园林生态系统的建设必须兼顾环境效应、美学价值、社会需求和经济合理的需求，确定园林生态系统的目标以及实现这些目标的步骤等。

1. 园林生态系统建设的原则

园林生态系统是一个半自然生态系统或人工生态系统，在其营建的过程中必须从生态学的角度出发，遵循生态学的原则，才能建立起满足人们需求的园林生态系统。

(1) 森林群落优先建设原则

在园林生态系统中，如果没有其他的限制条件，应适当优先发展森林群落。因为森林群落结构能较好地协调各种植物之间的关系，最大限度地利用各种自然资源，是结构最为合理、功能健全、稳定性强的复层群落结构，是改善环境的主力军。同时，建设、维持森林群落的费用也较低。因此，在建设园林生态系统时，应优先建设森林群落。在园林生态环境中，乔木高度在5米以上，林冠覆盖度在30%以上的类型为森林。如果特定的环境不适合建设森林，或不能建设森林，也应适当发展结构相对复杂、功能相对较强的植物群落类型，在此基础之上，进一步发挥园林的地方特色和高度的艺术欣赏性。

(2) 地带性原则

任何一个群落都有其特定的分布范围，同样，特定的区域往往有特定的植物群落与之适应。也就是说，每一个气候带都有其独特的植物群落类型，如高温、高湿地区的热带典型的地带性植被是热带雨林，季风亚热带主要是常绿阔叶林，四季分明的湿润温带是落叶阔叶林，气候寒冷的寒温带则是针叶林。园林生态系统的建设要与当地的植物群落类型相一致，即以当地的主要植被类型为基础，以乡土植物种类为核心，这样才能最大限度地适应当地的环境，保证园林植物群落的成功建设。

(3) 充分利用生态演替理论

生态演替是指一个群落被另一个群落所取代的过程。在自然状态下，如果没有人为干扰，演替次序为杂草→多年生草本和小灌木→乔木等，最后达到“顶极群落”。生态演替可以达到顶极群落，也可以停留在演替的某一个阶段。园林工作者应充分利用这种理论，使群落的自然演替与人工控制相结合，在相对小的范围内形成多种多样的植物景观，即丰富群落类型，满足人们对不同景观的观赏需求，还可为各种园林动物、微生物提供栖息地，增加生物种类。

(4) 保护生物多样性原则

生物多样性通常包括遗传多样性、物种多样性和生态系统多样性三个层次。物种多样性是生物多样性的基础，遗传多样性是物种多样性的基础，而生态系统多样性则是物种多样性存在的前提。保护园林生态系统中生物多样性，就是要对原有环境中的物种加以保护，不要按统一格式更换物种或环境类型。另外，应积极引进物种，并使其与环境之间、各生物之间相互协调，形成一个稳定的园林生态系统。当然，在引进物种时要避免盲目性，以防生物入侵对园林生态系统造成不利影响。

(5) 整体性能发挥原则

园林生态系统的建设必须以整体性为中心，发挥整体效应。各种园林小地块的作用相对较弱，只有将各种小地块连成网络，才能发挥更大的生态效应。另外，将园林生态系统建设为一个统一的整体，才能保证其稳定性，增强园林生态系统对外界干扰的抵抗力，从而大大减少维护费用。

2. 园林生态系统建设的一般步骤

园林生态系统的建设一般可按照以下几个步骤进行：

(1) 园林环境的生态调查

园林环境的生态调查是园林生态系统建设的重要内容之一，是关系到园林生态系统建设成败的前提。特别是在环境条件比较特殊的区域，如城市中心、地形复杂、土壤质量较差的区域等，往往会限制园林植物的生存。因此，科学地对预建设的园林环境进行生态调查，对建立健康的园林生态系统具有重要的意义。

①地形与土壤调查。地形条件的差异往往影响其他环境因子的改变。因此，充分了解园林环境的地形条件，如海拔、坡向、坡度、小地形状况、周边影响因子等，对植物类型的设计、整体规划具有重要意义。土壤调查包括土壤厚度、结构、水分、酸碱性、有机质的含量等方面，特别在土壤比较瘠薄的区域，或酸碱性差别较大的土壤类型更应详细调查。在城市地区，要注意土壤堆垫土的调查，对是否需要土壤改良，如何进行改良，要拿出合适的方案。

②小气候调查。特殊小气候一般由局部地形或建筑等因素所形成，城市中较常见，要对其温度、湿度、风速、风向、日照状况、污染状况等进行详细调查以确保园林植物的成活、成林、成景。

③人工设施状况调查。对预建设的园林环境范围内，已经建设的或将要建设的各种人工设施进行调查，了解其对园林生态系统造成的影响。如各种地上、地下管理系统的走向、类别、埋藏深度、安全距离等，在具体施工过程中要严格按照各种规章制度进行，避免各种不必要的事件或事故的发生。

(2) 园林植物种类的选择与群落设计

①园林植物的选择。园林植物的选择应根据当地的具体状况，因地制宜地选择各种适生的植物类型。一般要以当地的乡土植物种类为主，并在此基础上适当增加各种引种驯化的类型，特别是已在本地经过长期种植，取得较好效果的植物类型。同时，要考虑各种植物之间的相互关系，保证选择的植物不至于出现相克现象。当然，为营造健康的园林生态系统，还要考虑园林动物与微生物的生存，选择一些当地小动物比较喜欢栖息的植物或营造其喜欢栖居的植物群落类型。

②园林植物群落的设计。园林植物群落的设计首先要强调群落的结构、功能和生态学特性相互结合，保证园林植物群落的合理性和健康性。其次，要注意与当地环境特点和功能需求相适应，突出园林植物群落对特殊区域的服务功能，如工厂周

围的园林植物群落要以改善和净化环境为主，应选择耐粗放管理、抗污吸污、滞尘、防噪的树种、草皮等；而在居住区范围内应根据居住区内建筑密度高、可绿化面积有限、土质和自然条件差及人接触多等特点，选择易生长、耐旱、耐湿、耐瘠薄、树冠大、枝叶茂密、易于管理的乡土植物构成群落，同时还要避免选用有刺、有毒、有刺激性的植物等。

3. 种植与养护

园林植物的种植方法可简单分为三种：大树搬迁、苗木移植和直接播种。大树搬迁一般是在一些特殊环境下为满足特殊的要求而进行的，该种方法虽能起到立竿见影的效果，满足人们及时欣赏的需求，但绿化费用较为昂贵，技术要求较高且风险较大，从整体角度来看，效果不甚显著，通常情况不宜采用；苗木移植在园林绿化中应用最广，该方法能在较短的时间内形成景观，且苗木抗性较强，生长较快，费用适中；直接播种是在待绿化的地面上直接播种，其优点是可以为各种树木种子提供随机选择生境的机会，一旦出苗就能很快扎根，形成合适根系，可较好地适应当地生境条件，且施工简单，费用低，但成活率较低，生长期长，难以迅速形成景观。因此，对粗放式管理特别是大面积绿化区域使用较多。养护过程是维持园林景观不断发挥各种效益的基础。园林景观的养护包括适时浇灌、适时修剪、补充更新、防治病虫害等各方面。

（二）园林生态系统的调控

1. 园林生态系统的平衡

园林生态系统的平衡指系统在一定时空范围内，在其自然发展过程中，或在人工控制下，系统内的各组成成分的结构和功能均处于相互适应和协调的动态平衡。

园林生态系统的平衡通常表现为以下三种形式：

第一种是相对稳定状态。主要表现为各种园林植物和园林动物的比例和数量相对稳定，物质和能量的输出大体相当。生态系统内各种生产者在缓慢地生长过程中保持系统的相对稳定，各种复杂的园林植物群落，如各种植物园、树木园，各种风景区等基本上属于这种类型。

第二种是动态稳定状态。系统内的生物量或个体数量，随着环境的变化、消费者数量的增减或人为干扰过程会围绕环境容纳量上下波动，但变动范围一般在生态系统阈值范围以内。因此，系统会通过自我调控处于稳定状态。各种粗放管理的简单类型的园林绿地多属于该种类型。但如果变动超出系统的自我调控能力，系统的平衡状态就会被破坏。

第三种是“非平衡”的稳定状态。系统的不稳定是绝对的，平衡是相对的。特别是在结构比较简单、功能较小的园林绿地类型，物质的输入输出不仅不相等，甚至不围绕一个饱和量上下波动，而是输入大于输出，积累大于消费。要维持其平衡必须不断地通过人为干扰或控制外加能量维持其稳定状态。如各种草坪以及各种具有特殊造型的园林绿地类型，必须进行适时修剪管理才能维持该种景观，如果管理不及时，这种稳定性就会被打破。

2. 园林生态失调

园林生态系统作为自我调控与人工调控相结合的生态系统，不断地遭受各种自然因素的侵袭和人为因素的干扰，在生态系统阈值范围内，园林生态系统可以保持自身的平衡。如果干扰超过生态阈值和人工辅助的范围，就会导致园林生态系统本身自我调控能力的下降，甚至丧失，最后导致生态系统的退化或崩溃，即园林生态失调。

造成园林生态失调的因素很多，笼统地讲，可表现为以下两个方面：

(1) 自然因素

环境的自然因素，如地震、台风、干旱、水灾、泥石流、大面积的病虫害等，都会对园林生态平衡构成威胁，导致生态失调。自然因素的破坏具有偶发性、短暂性，如果不是毁灭性的侵袭，通过人工保护，再加上后天精细管理补偿，仍能很好地维持平衡。园林生态系统内部各生物成分的不合理配置，如生物群落的恶性竞争，将削弱系统的稳定性，导致生态失调。

(2) 人为因素

人们特别是决策者生态意识的淡漠往往是导致生态失调重要原因。各种园林生物资源，包括园林植物、园林动物与园林微生物，对维护园林生态平衡发挥着重要的作用。但实际中，它们的作用常常被忽略，作为一种附属品而随意处置。如在城市建设中建筑物大面积占用园林用地，使园林植物资源日趋变少，造成整个园林植物群落支离破碎，使园林生态系统的整体性不能很好地发挥，导致园林生态失调；任意改变园林植物种类，甚至盲目引进各种未经栽培试验的植物类型，为植物入侵提供了可能，往往也对园林生态系统带来潜在威胁。而且，作为各种无机资源的转化和还原者——园林微生物，由于没有合适的空间，数量极少，其作用的发挥大打折扣，使园林生态系统的物质循环出现入不敷出的现象，整体上处于退化状态。

人们对园林环境的恶意干扰是导致园林生态失调的另一重要原因。对各种植物、动物、微生物缺乏一种热爱观念，仅以己之好恶对待环境，没有认识到环境的好坏直接影响到人类本身，更有甚者，对各种园林生物，特别是对园林植物的任意摘叶折枝甚至肆意破坏，将各种园林植物群落当作垃圾场，随意倾倒垃圾、污水等行为，直接危害园林生态系统，导致其生态失调。为了获得某种收益破坏园林的行为更为多见，扒树皮，摘叶子，砍大树，挖取植物根系，捕获树体中的昆虫，也是造成园林生态失调的重要因素之一。

3. 园林生态系统的调控

园林生态系统作为一个半自然与人工相结合或完全的人工生态系统，其平衡要依赖于人工调控。通过调控，不但可保证系统的稳定性，还可增加系统的生产力，促进园林生态系统结构趋于复杂等。当然，园林生态系统的调控必须按照生态学的原理来进行。

（1）生物调控

园林生态系统的生物调控是指对生物个体，特别是对植物个体的生理及遗传特性进行调控，以增强其对环境的适应性，提高其对环境资源的转化效率。主要表现在新品种的选育上。我国的植物资源丰富，通过选种可大大增加园林植物的种类，而且可获得具有各种不同优良性状的植物个体，经直接栽培、嫁接、组培或基因重组等手段产生优良新品种，使之既具有较高的生产能力和观赏价值，又具有良好的适应性和抗逆性。同时，从国外引进各种优良植物资源，也是营建稳定健康的园林植物群落的物质基础。

但应该注意，对于各种新物种的引进，包括通过转基因等技术获得的新物种，一定要慎重使用，以防止各种外来物种的入侵对园林生态系统造成的冲击而导致生态失调。

（2）环境调控

环境调控是指为了促进园林生物的生存和生产而采取的各种环境改良措施。具体表现在物理（整地，剔除土壤中的各种建筑材料等）、化学（施肥、施用化学改良剂等）和生物（施有机肥、移植菌根等）的方法改良土壤，通过各种自然或人工措施进行小气候调节，通过引水、灌溉、喷雾、人工降雨等的水分调控等。

（3）合理的生态配置

充分了解园林生物之间的关系，特别是园林植物之间、园林植物与园林环境之间的相互关系，在特定环境条件下进行合理的植物生态配置，形成稳定、高效、健康、结构复杂、功能协调的园林生物群落，是进行园林生态系统调控的重要内容。

（4）适当的人工管理

园林生态系统是在人为干扰较为频繁的环境下的生态系统，人们对生态系统的各种负面影响必须通过适当的人工管理来加以弥补。当然，有些地段特别是城市中心区环境相对恶劣，对园林生态系统的适当管理更是维持园林生态平衡的基础。而在园林生物群落相对复杂、结构稳定时可适当减少管理投入，通过其自身的调控机制来维持。

(5) 大力宣传，提高人们的生态意识

大力宣传，提高全民的生态意识，是维持园林生态平衡，乃至全球生态平衡的重要基础。只有让人们认识到园林生态系统对人们生活质量、人类健康的重要性，才能从我做起，爱护环境、保护环境，并在此基础上主动建设园林生态环境，真正维持园林生态系统的平衡。

第八章　生态学思想在风景园林建设中的应用

第一节　园林植物与生态环境

一、植物生态适应的方式及其调整

(一) 植物生态适应的方式

植物的生态适应方式取决于植物所处的环境条件以及与其他生物之间的关系。在一般逆境时，生物对环境的适应通常并不限于一种单一的机制，往往要涉及一组(或一整套)彼此相互关联的适应方式，甚至存在协同和增效作用。这一整套协同的适应方式就称为适应组合。如沙漠植物为适应该环境，不但形成了如表皮增厚、气孔减少、叶片卷曲(这样气孔的开口就可以通向由叶卷缩所形成的一个气室，从而在气室中保持很高的湿度)，而且有的植物还形成了贮水组织等特性，同时具有减少蒸腾(只有在温度较低的夜晚才打开气孔)的生理机制，运用适应组合来维持(如有的植物在夜晚气孔开放期间吸收环境中的二氧化碳并将其合成有机酸贮存在组织中，在白天该有机酸经过脱酸作用将二氧化碳释放出来，以维护低水平的光合作用)低水分条件下的生存，甚至达到了干旱期不吸水也能维持生存的程度。

在极端环境条件下，植物通常采用一个共同的适应方式——休眠。因为休眠植物的适应性更强，如果环境条件超出了植物生存的适宜范围而没有超过其致死点，植物往往通过休眠方式来适应这种极端逆境，休眠是植物抵御暂时不利环境条件的一种非常有效的生理机制。有规律的季节性休眠是植物对某一环境长期适应的结果，如热带、亚热带树木在干旱季节脱落叶片进短暂的休眠期，温带阔叶树则在冬季来临前落叶以避免干旱与低温的威胁等；植物种子通过休眠度过不利的环境条件并可延长其生命力，如埃及睡莲历经1000年仍保持80%以上的萌芽能力。

(二) 植物生态适应的调整

植物对于某一环境条件的适应是随着环境变化而不断变化的，这种变化表现为范围的扩大、缩小和移动，使植物的这种适应改变的过程就是驯化的过程。

植物的驯化分为自然驯化和人工驯化两种。自然驯化往往是由于植物所处的环境条件发生明显的变化而引起的，被保留下来的植物往往能更好地适应新的环境条件，所以说驯化过程也是进化的一部分，人工驯化是在人类的作用下使植物的适应方式改变或适应范围改变的过程。人工驯化是植物引种和改良的重要方式，如将不耐寒的南方植物经人工驯化引种到北方，将不耐旱的植物经人工驯化引种到干旱、半干旱地区，将不耐盐碱的植物经人工驯化引种到耐盐碱地区等。

二、园林植物改善环境的作用

（一）植物能遮挡阳光，吸收辐射，降低温度，增加湿度

树木的枝叶能阻拦阳光，减少辐射，降低温度。据观测，当水泥地表温度为34.5℃时，草坪上为33.3℃，树荫下为31.7℃。在城市中，绿化覆盖率在45%以上的区域，盛夏的气温比其他地区低4℃左右，热岛强度明显降低。由于树冠大小不同，叶片的疏密度、质地的不同，不同的树种的遮阴能力也不同，遮阴能力愈强，降低辐射热的效果愈显著。

树木不仅能降低树林内的温度，而且由于林内、林外的气温差而形成对流的微风，从而使人们感到舒适。夏季中午树林内可比林外气温降低2～3℃，相对湿度比空旷地增加20%以上。

（二）植物通过光合作用吸收CO_2放出O_2

在城市中，由于人口密集和工厂大量排放CO_2，使大气中CO_2的体积分数高达$5.0 \times 10^{-4} \sim 7.0 \times 10^{-4}$，而大气中$CO_2$的体积分数平均为$3.2 \times 10^{-4}$，从卫生角度而言，当$CO_2$体积分数高于$5.0 \times 10^{-4}$时，人的呼吸就会感到不适。植物通过光合作用吸收环境中CO_2放出O_2，通常10平方米的树林或50平方米草坪即可满足一个体重75千克的成年人每天呼吸氧气的需要。若以公园绿地而言，每人需要30～40平方米绿地，就能满足呼吸需要。

（三）植物枝叶能吸附空气中的悬浮颗粒，有明显的减尘作用

尘埃中不但含有土壤微粒，还含有细菌和其他金属性粉尘、矿物粉尘等，会影响人的身体健康。树木的枝叶可以阻滞空气中的尘埃，使空气更加清洁。大片绿地生长季节最佳减尘率达61.1%，非生长期为25%左右。各种树的滞尘能力差别很大，桦树比杨树的滞尘能力大2.5倍，针叶树比杨树大30倍。一般而言，树冠大而浓密、叶面多毛或粗糙及分泌有油脂或黏液的树有较强的滞尘能力。此外，草坪也有明显

的滞尘作用。日本的资料显示，有草坪的地方，其空气中滞尘量仅为裸露土地含尘量的1/3。

（四）植物能吸收多种有毒气体，净化空气

随着现代工业的发展，很多有毒的工业废气排放到空气中，植物的叶片可以将其吸收解毒或富集于体内而减少空气中的有毒物量。SO_2被叶片吸收后，在叶片内形成亚硫酸和毒性极强的亚硫酸根离子，后者能被植物本身氧化转变为毒性只有1/30的硫酸根离子，达到解毒作用而不受害或受害减轻。不同树种吸收SO_2的能力是不同的，一般落叶树的吸硫力强于常绿阔叶树，更强于针叶树。每公顷垂柳在生长季节每月可吸收10千克SO_2。忍冬、卫矛、旱柳、臭椿、榆、花曲柳、水蜡、山桃都是良好的净化SO_2的树种。另外，银柳、旱柳、臭椿、赤杨、水蜡、卫矛、花曲柳、忍冬等是净化Cl_2的较好树种。泡桐、梧桐、大叶黄杨、女贞、榉树、垂柳等具有不同程度的吸氟能力。

（五）很多植物还能分泌杀菌素杀灭细菌

现代都市人口稠密。据测定，当城镇中闹市区的商场等公共场所空气中含菌量为4万～5万/立方米个时，道路上约为2万/立方米个，公园中为0.2万～0.3万/立方米个，这是因为很多植物可以分泌杀菌素。如桉树、肉桂、柠檬等树木体内含有芳香油，它具有杀菌能力。据计算，圆柏林在24小时内，能分泌出30千克/h平方米的杀菌素。因此，花草树木多的地方空气中的含菌量要少于无树木的地方。具有杀灭细菌、真菌和原生动物能力的树种主要有侧柏、柏木、圆柏、欧洲柏、铅笔柏、雪松、盐肤木、大叶黄杨、七叶树、合欢、刺槐、紫薇、悬铃木、石楠、木槿、广玉兰、枇杷、火棘、麻叶绣球、女贞等。

（六）植物还有降低噪声的作用

城市中充满着各种噪声，噪声超过70 dB时，就对人体产生不利的影响。如长期处于90 dB以上的噪声环境下，就可能引起噪声性耳聋。城市街道上的行道树对路旁的建筑物来说，可以减弱一部分交通噪声。快车道上的汽车噪声，在穿过12米宽的悬铃木树冠达到其后的三层楼窗户时，与同距离的空地相比，噪声减弱量为3～5dB。乔灌木结合的厚密树林减噪声的效果最佳。实践证明，较好的隔音树种是雪松、龙柏、水杉、悬铃木、梧桐、云杉、樟树等。

三、园林植物保护环境的作用

(一) 植物可涵养水源，减少地表径流，保持水土

一般绿地内地表径流仅占降水的 10% 左右，70% 以上可渗入地下。如使绿地略低于道路广场，则可以提高涵养水源、减少洪害的能力。在坡地上铺草，则能有效地防止土壤被冲刷流失。在园林工作中，为了涵养水源，可选择树冠厚大、郁闭度强、截留雨量能力强、耐阴性强、生长稳定、能形成富于吸水性落叶层的树种；树木的根系深广，可加强固土固石的作用，并有利于水分渗入土壤的下层。一般柳树、枫杨、水杉、侧柏、南蛇藤、胡枝子等根系较深，涵养水源保持水土的效果较好。由于植物降低了地表径流，从而也减少了地表径流对河湖海的污染。

(二) 植物能防风固沙

当风遇到树林时，在树林的迎风面和背风面均可降低风速，但以背风面降低的效果为最显著。在为了防风而设防风林时，应将被防护区设在林带背面。防风林带的方向应与主风方向垂直。为了防风固沙而种植防护林带时，在选择树种应注意选择抗风力强、生长快且生长期长而寿命亦长的树种，如东北和华北的防风树种常用杨、柳、榆、白蜡、黑松、乌桕、圆柏等。

(三) 植物的其他防护作用

在地震发生较多的城市，可用不易燃烧的树种作隔离带，既起到美化作用又有防火作用，常用的树种有银杏、女贞、棕榈、苏铁、珊瑚树、山茶、八角金盘等。此外，栎属的树木种植成一定结构的林带具有防放射形物质辐射的作用：多雪地带可以用树林形成防雪林带，热带海洋地区可在浅海泥滩种植红树作防浪墙，沿海地区可种植防海潮风的林带以防海风的侵袭。

我国幅员辽阔，地大物博，横跨寒、温、热三带，花草树木种类繁多，从园林绿化建设和保持良好的生态环境而言，园林植物是至关重要的因素，综合考虑各种园林植物的生态习性及环境因子，合理配置园林植物，建立和谐的人工群落，充分发挥植物的绿化功能，将对保护和改善城市的生态环境产生巨大的作用。只有这样，才能最大限度地发挥园林植物的绿化功能，有效制止环境的持续恶化，保护好我们赖以生存的生态环境。

第二节　公园绿地的生态建设

一、公园的作用

(一) 公园的作用

修建公园有以下目的：一是作为城市的绿地，起着调节城市大气组分，提高空气质量的作用；二是使城市绿地连接起来，构成网络；三是为人们在工作之余提供休闲的场所；四是起着宣传和科普作用，使人们在休闲的同时，起着学习和增长知识的作用；五是达到一些特殊的目的或作用，如纪念先烈的烈士园、陵园、植物园等。

不管出于哪种目的，城市公园确实为市民休闲提供了一个很好的场所。但在一个城市中不同公园其使用率是不一样的，除了规模大小、交通的方便等因素外，公园的环境质量是一个很重要的因素。

(二) 公园的特点

公园作为城市中公众最重要的户外休闲娱乐场所之一，具有以下特点：

(1) 公众性。公园面对的是普通的市民，而不是某些特殊的群体，所以具有明显的公众性。也正因为这样，现在许多城市的公园都免费对公众开放，作为城市公众的休闲场所。

(2) 对外开放性与参与性。公园中大部分的项目或设施都为游人开放和参与。公众来公园一方面是放松心情、调整心态，另一方面是通过各种活动使紧张的心情得到放松。因此，公园往往设计了各种游乐设施，为公众提供服务。当然，也给这些设施的经营者带来一些经济收入。

(3) 娱乐性。使公众在公园中休闲、娱乐就是修建公园的目的，大部分公园中的游乐区，公众能参与的游乐项目也很多。

(4) 服务性。除了在景观上给人提供美的享受外，往往在生活上也提供一些服务设施，如供休息用的座椅、亭、廊等设施，饮食服务的餐厅、茶室、小卖、摄影、租借活动用具、询问、电话亭及物品寄存处、厕所垃圾箱等。

二、公园绿地的环境特点

(一) 土壤条件变化大

一般公园面积相对较大，土壤条件相差较大。有的地段保留着自然的土壤结构、有的地段则人为破坏较为严重，甚至有许多建设过程中残留下来的旧建筑的旧路、废渣土。在绿地构建过程中，必须根据具体的情况采取措施，进行土壤改良或改造，以适应植物生长的需求。

(二) 光条件变化较大

公园中往往有一定面积的植物、水体和建筑，还有一些道路等基础设施，这样的环境下不同地段光环境往往相差较大，这为不同植物的栽种和应用创造了良好的条件。

(三) 空气质量相对较好

由于有一定面积的森林，相对周围城市的空气来说，其质量是较好的。

(四) 一般都有一定面积的水体

水是公园的灵魂，有水就有了灵气，因而一般的公园中都会有一定面积的水体，这为公园的景观设计提供了广阔的空间。

(五) 受人为影响大

由于公园中人流量大，因而人为因素对于公园的各种元素的影响十分大，在进行建设过程中必须考虑大的人流量对公园的影响。

三、公园绿地的生态评价

(一) 公园生态评价的指标体系

公园绿地生态评价可以参考以下指标：单位面积年养护成本、单位面积投入建设资金、单位面积的景观用水量、单位面积上的物种数量、年平均修剪次数、乡土植物所占比例、物种多样性、有毒植物所占比例、药用植物所占比例、空气中氮氧化物的浓度变化、空气中硫化物浓度变化、相对周围的噪声变化、样地中空气中负离子平均含量、空气中粉尘浓度、材料放射性的安全性、水体的安全性、园林建筑的安全性、环境承载力、保健功能、防灾减灾功能、教育功能、文化特色体现、绿地率、视觉美观性、景观整体协调度、景观被观赏率或使用率、景观连通性（可达性）、水体面积及维持成本和单位面积的景观数。

以上指标的选择主要是依据生态学的基本原理和思想进行的。

1. 单位面积年养护成本

单位面积的养护成本可以反映整个公园运行中景观养护的成本，也反映植物景观设计的好坏程度。一个好的、生态的植物景观，单位面积养护成本较低；而非生态的植物景观往往需要较高的成本来维持该景观的延续，甚至需要重新种植。

生态目标：降低单位面积的养护成本，尽可能实现零养护成本。

2. 单位面积投入建设资金

虽然公园的建设是要投入大量的资金的，但任何东西都有一个最优的比例，并不是一定要投入大量的资金才是最好的。因此，单位面积投入建设资金的情况可以反映一个设计师水平的高低，也能反映设计师生态学思想的程度。因此，这是必须考虑的指标之一。

生态目标：尽可能地减少投入单位面积建设资金数量，建设资金数量越多，其对环境的改造也越强，与自然生态系统之间的差距也越大。

3. 公园内绿地单位面积的景观用水量

对于全中国大部分缺水城市来说，城市绿地的景观用水是一笔很大的开支，在居住区中，很多地方都有水景，由于蒸发和植物的蒸腾，单位面积的景观用水很大，而合理的设计可以保持相同的植物景观情况下，把景观用水量降到最少。

生态目标：尽可能减少公园绿地中的景观用水量，以减少养护成本。

4. 单位面积上的物种数量

公园肯定会应用大量的植物，植物种类越多，植物的观赏性也就越强，可能出现的景观也就越多。虽然不是越多越好，但可以反映人工群落与自然群落的差异程度。因为植物要正常生长必须有合适的生态位，因而植物种类越多，生态位也就越多，系统的结构也就越复杂，功能也越多，也就越接近自然生态系统的结构和功能。

生态目标：在满足观赏性的条件下，尽可能地多选择不同的植物，做到物种多样化。

5. 年养护次数

公园中，对于植物的养护和管理是一笔很大的开销，因而年养护次数越多，其开销越大，这与现在倡导的节约型园林的理念不一致。另一方面，养护的次数也与设计者本身有着密切的关系。因为不同植物的生长速率不一样，速生植物一年的时间内可以生长3米以上，而生长较慢的植物一年生长的高度只有3～5厘米甚至更少。因此，植物的选择往往决定了公园中对于养护次数的多少。比如，用金边六月雪作地被一年修剪的次数只要一次就够了，但如果用小叶女贞作为地被，一年修剪最少三次。

生态目标：尽可能减少年养护次数或播种的频率，最终目标是在具有较好的观赏性的条件下多用具有自播能力的植物、生长缓慢且生态效益好的植物，通过前面的多类型植物的应用，减少病虫害的为害或暴发，少用或不用化学药剂进行病虫害防治。

6. 乡土植物所占比例

园林建设与自然保护区的保护有着很大的区别，就是群落或系统往往很大程度上依赖人工或设计。但在设计过程中，人为引入新的植物往往具有很大的风险，而且由于气候方面的差异，植物的生长往往带有很大的不确定性，严重时会引起引入物种和本地物种之间的严重竞争，甚至会引起乡土植物的灭绝。而乡土植物由于长期与本地气候的长期适应，而且与本地其他的物种之间协同进化不会出现其他严重问题。因此，园林植物中乡土植物所占比例可以反映公园环境与自然环境的差异程度。

生态目标：在相等条件下，优先选择乡土植物以减少外来种对本地生态系统的冲击。

7. 物种多样性

物种多样性反映物种数量以及各种物种个体数量之间的比例关系。其指数越高，其物种分布也越均匀，系统会越稳定。

生态目标：尽可能选择一些具有较强观赏性、适应性强且属于不同科属的植物，以增加园林生态系统的稳定性。

8. 有毒植物所占比例

植物对于人体健康会有很大的影响，有些植株全株对人体有毒，有些植株根，或果，或花有毒。这些植株的数量和比例直接影响到整个公园环境的安全性，也反映了公园环境与自然环境的差异程度。

生态目标：尽可能少用或不用有毒植物，在少数特殊地段需要应用采取远距离应用或不直接用的原则。

9. 药用植物所占比例

除了有毒的植物外，还有部分植株对于人体健康是有利的，比如有些植株分泌的次生代谢物质可以直接治疗某些疾病，或者通过改变整个环境中某些物质的种类和数量而影响人体的健康。

生态目标：在满足观赏的前提条件下，尽可能多用药用植物，一方面可以改善休闲游憩的环境，另一方面可以利用药用观赏植物的药用价值（以不影响观赏价值为前提）。

10. 空气中氮氧化物含量

空气质量好坏评价的因子之一。

生态目标：使空气中的氮氧化物含量趋于零。

11. 空气中二氧化硫含量

空气质量好坏评价的因子之一。

生态目标：使空气中的二氧化硫含量趋于零。

12. 相对周围的噪声水平

城市公园是一个相对安静以利于人们放松和休闲的地方，噪声的水平反映了城内公园环境的可休闲性。

生态目标：使公园中的没有噪声，只有使人感到舒服的自然之声。

13. 空气中负离子含量

空气中负离子含量可以反映空气中整个质量的好坏，而且往往是使人感到心旷神怡的主要因子之一，现代城市居民十分注重周围环境中负离子的含量。负离子被称为空气中的维生素，对于改善空气质量具有十分重要的作用。

生态目标：使空气中的负离子含量接近自然生态系统中负离子的含量。

14. 空气中粉尘浓度

空气中粉尘含量的高低是评价空气质量好坏的主要因子之一，粉尘低则空气质量好且新鲜。空气中的粉尘除了自然沉降外，植物叶片和枝干的吸附也是主要方式。

生态目标：使空气中的粉尘含量接近自然生态系统中粉尘的含量。

15. 材料放射性的安全性

放射性对人体健康的伤害很大，但由于肉眼看不到，很多能看到但无法有精确的数据来支持。公园建设过程中会用到很多的材料，天然的材料中很多具有放射性，但不同材料的放射性强弱不一样。

生态目标：不使用放射性的材料，或者将其辐射降到最低。

16. 水体的安全性

水体虽然是园林人向往的要素之一，但在设计过程中需要考虑多种因素。一是水本身的安全性，水是最容易受到污染的，因而水体质量的安全十分重要；二是水体周围的安全性，人具有亲水性，但在亲水过程中行为的安全性也是必须考虑的。

生态目标：保证水质的安全，也保证亲水行为的安全性。

17. 园林建筑的安全性

园林建筑是园林中重要的景观之一，与其他建筑相比，园林中的建筑更能与周围环境相融合。园林建筑的材料变化多样，有木材，有钢材，还有常见的钢筋混凝土等。用木材修建的建筑中，安全必须十分注重。

生态目标：修建没有任何安全的园林建筑。

18. 单位面积最大的人流量

一个环境总有它的最大容量，长时间的超过其容量会导致环境不可逆性地退化。当然，短时间内超过它的最大容量，系统通过其本身的调节能力还是可以忍受的。但是，单位面积最大的人流量是反映一个公园是否生态的标志之一。

生态目标：使单位面积的人流量在公园的环境容量以下。

19. 保健功能

公园中具有保健功能是植物，许多植物具有明显的保健功能。对于这种作用可以开辟专门地块进行利用，也可以和其他植物一块应用，但效果不是很明显。

生态目标：开辟小块的保健功能区，使植物的保健功能得到充分的利用。

20. 防灾减灾功能

公园不仅是一个休闲的场所，也是一个对突发性自然灾害进行反应或处理的场所，因而公园具有防灾减灾功能，其能力的强弱反映了公园的功能之一。

生态目标：在特殊事件中，公园肩负着防灾减灾功能。文化特色体现公园具有文化宣传作用。

21. 教育功能

公园起着宣传和科普作用。

生态目标：起很好的教育功能，但不影响系统的功能。

22. 绿地率

绿化的面积占总面积的比例，大体上能反映整个公园的绿化状况，也能反映与自然森林公园的绿化率的差距，至少应不低于国家规定的要求。

生态目标：一个生态公园，其绿地率应当在50%以上，才能真正实现公园中系统的良性循环和正向演替。

23. 景观舒适度

园林中十分注重景观的观赏性，景观给人的舒适度也是评判一个公园是否生态的依据之一。公众到公园去休闲或放松的主要依据，一是有没有娱乐设施，二是有没有漂亮的景观。

生态目标：构建出适合大众的景观，满足大众对于公园绿地景观的需要。

24. 景观整体协调度

公园往往具有较大的面积，因而景观也较多，可观赏的景观则更多，景观之间的协调性可以反映设计师的整体水平和对于景观的把握度。

生态目标：构建出各景观之间相协调的景观，使景观能融为一体。

25. 景观的观赏率或使用率

公园中景观设计的目的就是供游人欣赏，如果一个公园中游人很少或者部分景观前游人很少，说明该部分景观使用率较低，也意味着该景观设计的失败。

生态目标：构建出高使用率的景观，使园林绿地功能得到充分体现。

26. 景观连通性（可达性）

公园中有很多景观，各景观之间的连通性如何，是公园中物流和人流是否畅通的因素之一。

生态目标：使公园内所有的景点都易于到达。

27. 水体面积及维持成本

水体面积的大小与自然地形有关，也与设计师有关。水体较大，给人的感觉会更好，可利用和设计的景观也越多，但维持和成本也越高，因为水体在夏天会大量地蒸发，水分的补充是一个大的开支。如果有水源，且补充很容易，水体面积可以适当大一些。

生态目标：合适的面积，最低的运行成本。

28. 单位面积的景观数

在一定面积上，景观数不是越少越好，也不是越多越好，有一个最恰当的值，该值与环境最大容量紧密相关，而且园林中景观的设计往往采用疏密有致的设计手法。

生态目标：设计出单位面积上最佳的景观数，给人的感觉不密也不疏。

（二）公园生态评价的指标方法

目前，常用的评价方法有层次分析法和模糊综合评价法。

四、公园绿地的生态建设

（一）公园的一般组成

综合性的公园一般由水体和陆地两部分组成，特别是在综合性公园中一般都有水体。水体在公园中一般都是娱乐区；陆地根据情况不同区分为入口区、娱乐区、休闲区、运动区、管理区和其他区域。

（二）水体娱乐区的建设

综合性公园中一般都有水体，可以说水体是公园中的灵魂，也是公众休闲、娱乐的重点区域。所以，公园中十分重视对水体娱乐区的建设。

在水体建设过程中，要做到生态、接近自然，减少养护成本，应尽量做到以下几点：

（1）如果水体没有活水来源，尽可能缩小水体面积。没有水源的水是死水，虽然可以通过人工措施来增加水的流动性，补充氧气，但需要巨大的资金和人力资源。这与生态学思想是背道而驰的。

（2）在较小的池塘中，应种植一些水生植物。这些植物可以在一定程度上清除一些物质，净化水体，还可以形成美丽的植物景观，这类植物在不同地区种类不同，常见的植物有千屈菜、荷花、睡莲、梭鱼草、野慈姑、水葱、旱伞草、香蒲和再力花等植物，这些可以在小水塘边形成美丽的植物景观。

（3）在较小的池塘中，必要时可以通过人为措施，使水体流动起来。通过与假山岩石相协调，不仅可以改善池塘中的水质，而且可以形成流动水景，增加游人与水的亲近的机会。许多小型的池塘因为水体不流动，造成水质很差，虽然有一些水上游乐项目，但一般游人不愿意参与其中。

（4）在较大水体岸上或水边，种植一些耐水湿的乔木形成特色景观，如种植水杉，塔形的树形远观十分美丽，且秋天金黄色的树叶所形成的秋景十分壮观。还可以在堤岸边上种植一些植物形成特色的景观：最常见的是种植垂柳，随风飘荡的柳枝给人带来无限的思绪；桃花和柳树间种形成早春的特色景观“桃红柳绿”，很受游人的欢迎。

（5）池塘或水体的驳岸处理应接近自然。在大多数城市公园中，驳岸都是用混凝土、石块进行堆砌，防渗能力相当强，但隔断了水体与周围土壤的接触，阻断了水的自然循环。

（6）在水上适当修建一些水上项目。通过公众参与这些项目，可以使池塘中的水流动起来，增加水体中的含氧量。

（7）加强对水体的监测和管理。因为有游人的各种活动，水体很容易遭受污染，因而必须经常对水体进行监测和管理，保证水体的质量和安全。

（8）对污水物质较多的水域，可以种植一些漂浮的植物来净化水体，如凤眼莲，但要控制它的生长量，以免造成新的污染。

（三）入口区的建设

公园门口区是公园中人流和车流集中和分散的地方，同时也是展现公园风格和主题的地方。因此，入口区一般的景观往往是简洁、明了。为了使景观更加美观、生态，必须注意以下几点：

（1）尽量少用或不用草坪。草坪具有通透性强、观赏性的特点，但草坪的养护成本太高，一般6～8年就需要全部更新一次，日常养护中的修剪、清除杂草、病虫害的防治都需要大量的资金。特别是我国降水较多的南方，杂草的生长速度相当快，要维护草坪的景观，养护难度相当大。

（2）少用草本花卉装饰，或者用多年生能自播的花卉。草本花卉虽然很漂亮，但其成本很高。相反，应用木本花卉则不仅观赏性强，而且养护成本较低，因为木本花卉只需要修剪而不必要每年重新栽种，如雀舌栀子、红檵木、金边六月雪等。多年生能自播的花卉具有观赏性强、养护管理相对简单的特点，但一般有一段时间景观效果较差，因而只宜小块应用，美人蕉、三角花、二月蓝等。

（3）入口周围宜设计一些小型的植物群落，以活跃和丰富植物景观。入口区虽然是人流、车流的集散区，同时也是公园中特有景观的体现。在城市中，人们最渴望的就是接近自然的景观。植物群落是最能体现自然景观的载体，因而为了体现植物景观，吸收更多的人来休闲，种植小型的植物群落是最好的选择，如上层种植香樟、中层种植山矾、下层种植鸢尾。

（4）入口处应当有较长的林荫道。一方面林荫道可以为行人提供蔽荫，另一方面也是特色景观的体现。特别是一些秋色叶植物如鹅掌楸、银杏、悬铃木等，这些植物生长快、树形美观、秋色叶黄色或金黄色，是公园中相当不错的观赏乔木。

（5）入口区应当有一些特色的植物景观。这类植物景观可以是一些灌木，也可以是一些植物绿雕。总之，要体现公园的主题和特色，如体现红色的红枫等。

（四）娱乐区的建设

娱乐区是公园中人气最旺的地区之一，是公园中一些大型游乐项目的集中修建地。这些项目也是公园为了维持其养护管理的需要，因而是十分重要的一部分。同时，也是公众娱乐的重要场所。因此，这部分人工痕迹特别明显，但也要注意以下几个方面：

（1）保证所有娱乐设施的安全。这也是所有娱乐设施正常运转的前提。

（2）在娱乐场周围种植一些大的乔木或观赏性的灌木美化娱乐环境。这些植物最好是能蔽荫、能观花观果且有秋景，常见的有银杏、日本晚樱、柿子、李、梅、桃、垂丝海棠、金边黄槐、金雀儿、八仙花、月季等。

（3）为了降低噪声对不同娱乐场所的影响，在娱乐场所周围栽种一些能隔断噪声的树种。常见的有雪松、龙柏、水杉、悬铃木、梧桐、垂柳、云杉、鹅掌楸、柏木、臭椿、香樟、榕树、柳杉、海桐、桂花和女贞等。这些树基本上对行人没伤害，隔音效果好，除此之外还可以遮阴。

(4) 娱乐场所周围可以种植一些常见的观赏植物。园林中常见的植物都可以，一般以常绿观花灌木作绿篱，如杜鹃、红概木、大叶黄杨、海桐、珊瑚树；常绿观赏木本地被植物覆盖地面，这样不仅观赏性强，而且养护成本比较低，如金边六月雪、雀舌栀子等；在局部地区可以种植一些藤本植物，藤本植物不仅可以进行垂直绿化，而且可以覆盖地面，常见的植物有金边常春藤、花叶蔓长春花、爬山虎、爬行卫茅等。

(五) 运动区的建设

运动区一般是公园中专门开辟的一部分供群众进行体育锻炼的场所，虽然一般的公园的运动区比较分散，但也有部分公园比较集中。这部分地段往往只需要上层的大的乔木在夏天提供遮阴就行，冬天植物落叶后可以有较充足的光照，这些植物的种类较多，较好的有银杏、栾树、金钱松、无患子、白玉兰、鹅掌楸、凹叶厚朴、梧桐、柿子、合欢、蓝果树等；在乔木的下面可以种植一些灌木，园林中种类较多、选择余地也较大，只要能满足条件就可以。

(六) 休闲区的建设

休闲区是公园中最为安静和最能体现设计者艺术修养的地区。因此，这个区域的植物的选择没有详细的要求，只要能满足植物的生长条件，且满足设计者的艺术要求和景观要求就可以。至于植物对于环境的要求，可以查阅相关的资料。

(七) 管理区的建设

管理区一般面积都不大，主要对整个公园进行日常的维护和管理。其建筑应当与公园大的环境相协调，植物的配置与一般的居住区一样。

(八) 其他区城的建设

针对不同公园，其他区域也不一样。如长沙市烈士公园就有纪念区，可以针对具体情况来进行建设。

第三节　附属绿地的生态建设

一、附属绿地的作用

附属绿地包括居住用地、公共设施用地、工业用地、仓储用地、对外交通用地、道路广场用地、市政设施用地和特殊用地中的绿地。附属绿地是城市园林绿地系统的重要组成部分，它以点和线的形式广泛分布于全城，城市各绿化点的连接必须依靠道路绿地，它和其他绿地共同组成完整的城市园林绿地系统。道路绿地具有以下几方面的作用：

（一）卫生防护

城市废气污染很大一部分来源于街道上行驶的各种机动车辆，附属绿地中的街道绿地线长、面广，对街道上机动车辆排放的有毒气体有吸收作用，可以净化空气、减少扬尘、降低噪声、降低风速、增大空气湿度、降低日光辐射热、降低路面温度、延长道路寿命。

（二）组织交通

附属绿地中的道路绿地中的绿化带可以将上下行车辆分隔开，可以避免行人与车辆碰撞、车辆与车辆碰撞。此外，交通岛、立体交叉、广场、停车场上一般都进行立体绿化。这些不同的绿化都可以起到组织城市交通，保证行车速度和交通安全的作用。

（三）美化城市

各类附属绿地可以美化街景，烘托城市建筑艺术，软化建筑的硬质线条，还可隐蔽街道上有碍观瞻的部分。在不同的街道上，采用不同的树种，通过植物的体形、色彩不同，可形成不同的街道景观。

（四）散步休闲

附属绿地中面积大小不等的街道绿地、城市广场绿地、公共建筑前绿地。这些绿地中常设有园路、广场、坐凳等设施，可为附近居民提供健身、散步及休息的场所。

(五) 结合生产

附属绿地的很多植物不仅观赏价值较高，而且可以提供果品、药材、油料等价值很高的产品，如七叶树、银杏、连翘。银杏的开发现已进入综合应用阶段，其叶、果都可以药用，落叶时收集落叶可以药用，还可以净化街道环境。

(六) 防灾、备战

附属绿化为防灾、备战提供了条件，它可以伪装、掩蔽，在地震时可以搭棚，战时可以砍树架桥等。

二、附属绿地的环境特点

(一) 土壤贫瘠

由于城市长期不断地建设，完全破坏了土壤的自然结构。有的绿地是旧建筑的基础、旧路基或废渣土；有的土层太薄，不能满足所有植物生长对土壤的要求。有些地方土壤由于人为踩、压，出现板结、透气性差，使植物生长不良。

(二) 烟尘部分地段严重

车行道上行驶的机动车辆是街道上烟尘的主要来源，街道绿地距烟尘来源近，受害较大。烟尘能降低光照强度和光照时间，从而影响植物的光合作用，烟尘、焦油落在植物叶上可堵塞气孔，降低植物的呼吸作用。

(三) 有害气体浓度大

机动车排出的有害气体直接影响植物的生长。由于植物的生活力降低造成其对外界环境适应能力也降低，因而易受病虫危害。

(四) 日照强度受建筑影响较大

街道上的植物，有许多是处在建筑物一侧的阴影范围内，遮阴大小和遮阴时间长短与建筑物的高低和街道方向有密切关系，特别是北方城市，东西向街道的南侧有高层建筑时，街道北侧行道树由于处在阳光充沛的地段，生长茂盛，街道南侧的行道树由于经常处在建筑的阴影下而生长瘦弱，甚至造成偏冠。

（五）风速不均

附属绿地类型多样，如城市街道上的风速是各不相同的，有的地方有建筑物的遮挡时风小，而有的地方则由于建筑物的影响而使风力加强。强风可使植物迎风面枝条减少，导致树冠偏斜，还能把植物连根拔起，造成一些次生灾害。

（六）人为机械损伤和破坏严重

附属绿地中的道路绿地的街道上人流和车辆繁多，往往会碰坏树皮、折断树枝，或摇晃树干，有的重车还会压断树根。北方街道在冬季下雪时喷热风和喷洒盐水，渗入绿带内，对树木生长也造成一定影响。

（七）地上地下管线很多

附属绿地中各种植物与管线虽有一定距离，但树木不断生长，仍会受到限制，特别是架空线和热力管线，架空线下的树木要经常修剪。管线使土壤温度升高，对树木的正常生长有一定影响。

三、附属绿地生态评价的指标体系

附属绿地的生态评价可以参考以下指标：单位面积投入建设资金、植物物种数量、乡土植物所占比例、生物多样性指数、有毒植物所占比例、药用植物所占比例、年养护次数、景观舒适度、景观与周围环境的协调性、绿地率、单位面积养护成本、空气中负离子含量、空气中氮氧化物含量、空气中二氧化硫含量、噪声水平、文化特色体现和教育功能。以上指标的选择主要是依据生态学的基本原理和思想进行的。各指标的说明见前一节。

四、附属绿地的生态建设

（一）居住区绿地的生态建设

居住区绿地包括居住房屋前后的绿地、小区公园和小区其他绿地。小区公园的生态建设参考公园的生态建设。这里只讨论前两项。

1. 宅旁绿地的建设

房屋前后的绿地面积相对较小，但与居民的生活密切相关。因此，往往能体现一个居住小区绿化质量的好坏。

（1）所有植物不能有毒，也不能影响居民的正常生活。所以，很多近距离接触或有飞粉的植物都不能使用，如夹竹桃、黄花夹竹桃、白花夹竹桃、长春花等，因为这些植物容易和小孩接触，导致他们中毒。

（2）种植一些高大的落叶庭荫树。居住区大多是南北朝向，所以南边的遮阴十分重要，一些落叶的庭荫树在夏天能很好地遮阴，冬天不影响采光，常见的复羽叶栾树、栾树、银杏、白玉兰、鹅掌楸、檫木、梧桐等都是很好的植物。

（3）乔木距离建筑物间隔3米以上。这样可以减少乔木对于建筑的低层空间的影响，如避免较小昆虫直接进入室内影响日常生活，也要避免树枝直接接近窗户而影响采光。

（4）种植一些具有杀毒、驱蚊的灌木类。这些植物的存在可以改善建筑物周围的环境，更有利于居住。如松柏科的柳杉、大叶黄杨可以杀菌。

（5）种植少量的观赏灌木。如桃、梅、李、梨等植物，一方面可以起到观赏作用，另一方面有果实可以观赏，起到多方面的作用。

（6）地被植物不用或少用草坪，多用低矮的木本植物。一般居民区其物业管理费用不高，所以对草坪的养护管理一般很难到位，使草坪中杂草丛生，达不到草坪的景观效果。

（7）在建筑物的西边如果有条件尽可能种植爬山虎等植物防晒。在南方建筑物西晒是比较严重的，室内温度会比其他房间高3～5℃，如果有藤本植物，可以在夏天较大程度上降低室内的温度。

（8）充分运用垂直绿化、屋顶、天台绿化、阳台、墙面绿化等多种绿化方式，增加绿地景观效果，美化居住环境。

2. 小区其他绿地的建设

（1）建议不设计喷泉或水景，当然有自然泉水的除外。如果是泉水或自喷井水，一般的居民小区的水景90%以上都是干枯的，不仅不能起到美化的作用，更是一个不雅的景观。主要原因是水景的维护费用较高。

（2）道路绿地的建设。小区的主要道路绿化应与行道树组合，使乔、灌木高低错落自然布置，使花与叶色具有四季变化的独特景观，以方便识别各幢建筑。次干道因地形起伏不同，两边会有高低不同的标高，在较低的一侧可种常绿乔、灌木，以增强地形起伏感，在较高的一侧可种草坪或低矮的花灌木，以减少地势起伏，使两边绿化有均衡感和安定感。

（3）其他植物的选择同宅旁绿地中植物。

（二）工厂附属绿地的生态建设

工厂的类型有很多，但主要有几类：一类是污染物浓度较高的化工厂类，一类是精密仪表类，一类是普通的工厂。

1. 化工厂附属绿地的生态建设

化工厂一般都有不同的化学污染物，由于是生产车间，所以其浓度也往往较高。附属绿地的功能除了美化外，还有吸收污染物、降低其浓度、加快其扩散的作用，因而必须注意以下几点：

（1）植物的选择必须依据工厂大气中的污染物的种类进行。虽然都是化工厂，但其污染物种类和浓度会相差很大，为了保证植物的成活和植物景观的质量，必须依据污染的种类进行选择。有的植物抵抗 SO_2 的能力强，如银杏、刺槐、臭椿等；有的植物抵抗氯气的能力强，如紫荆、槐、紫藤等；有的抵抗光化学烟雾能力强，如连翘、冬青、鹅掌楸等。

（2）在化工厂能生长的植物不仅是能抗污染的植物，更应当是能吸收污染的植物。植物对于污染的适应有两种：一种是抵抗污染物，不使污染物进入植物体内；另一种是让污染物进入体内，但通过体内的新陈代谢降解和转化它们，变成无毒物质。很明显，后种在降低污染物质浓度方面效果更好，所以植物种类的选择应当能吸收降解污染物的植物种类。

（3）在工厂的周围植物的密度要较小，保持通透。污染物质由工厂产生，为了降低厂区内污染物质的浓度，厂房周围必须保护通透，植物的种植最好能促进空气的流通。因此，厂区周围种植的植物上层的较大的乔木，密度不大，中层只有较少的灌木，下层是低矮的木本地被植物，生长较慢，高度不超过40厘米，但密度要大。

（4）可以种植一些乡土植物，挑选一些适应强的植物推广应用。现在对乡土植物的生理生态习性了解很少，虽然它们的环境适应能力很强，但对于污染物的适应能力怎样还不是很了解，必须对它们进行观察和研究，以便能挑选出一些能适应污染环境的植物。

2. 精密仪表厂附属绿地的生态建设

精密仪表厂的生产车间要求粉尘少，极个别的车间要求对空气进行专门处理，以满足精密仪器生产的环境要求，在植物配置过程中，必须注意以下几点：

（1）精密仪表厂主要降低粉尘的含量，植物选择时应以高大、叶宽且能较好吸附粉尘的植物为主，这样可以较好地吸附粉尘，常见的园林植物有榆树、木槿、朴树、广玉兰等。

（2）与化工厂的植物配置不同，精密仪表厂车间周围植物的密度要较大，只有较多的植物才能尽可能地降低空气中的粉尘浓度。所以，上层是大的乔木，中层是耐阴的灌木（灌木数量不能太多），下层是木本地被植物加少量的草本花卉。

（3）植物的观赏性主要体现在地被植物和灌木上，乔木主要欣赏其群体美和季相变化。

3. 普通工厂附属绿地的生态建设

普通工厂的附属绿地主要的作用是改善环境、美化环境和为人们提供休闲的环境，但同时又是厂区的一部分。这类附属绿地不仅要有观赏性，而且还要接近自然环境。

(1) 植物的选择和配置是以前提到的乔、灌、草的多层配置；

(2) 乔木的配置应当是常绿与落叶的种类搭配；

(3) 灌木中选择一些观赏性强的灌木，同时选择一些可观花观果且果可食的种类；

(4) 地被植物以木本植物为主，加上少量的多年宿根花卉或多年生能自播花卉；

(5) 选择一些松柏科的植物，这些植物可以分泌杀灭细菌的物质，这些物质可以减少工人得病的机会，提高生产率；

(6) 在绿地中设置一些休闲的场所，为工人在上下班的空闲提供放松的机会。

(三) 道路绿地的生态建设

道路绿地是城市中分布最广、影响最大的一类绿地，通过道路绿地将城市中所有绿地都连接成网状。道路绿地按其在道路中的位置，可以分为上下行车道路的中央分车带绿地、机动车与非机动车的分车带绿地、非机动车与人行道的分车带绿地和道路边缘绿地。在宽度不同的道路上，绿地的数量不一样，面积也不一样。

1. 上下行车道路的中央分车带绿地

这类绿地主要是起着分隔上行、下行机动车的目的，因而通过分隔能保证行车安全。除此之外，由于有大量低矮的植物，还有改善道路局部小气候、美化道路的作用。

根据道路宽度的不同，中央绿地的宽度也有较大的变化，总的来说在 5 ~ 15 米。由于道路绿地较宽，植物种类选择和景观设计方面有较大的空间。可以考虑以下几方面：

(1) 所有选择的植物以能吸收和抵抗氮氧化物、二氧化硫为主。这样可以尽可能吸收有毒气候，降低污染物的浓度。

(2) 因为位于道路中央，所以养护管理相对较难。因此，植物的选择尽量选择容易养护的植物。

(3) 中央绿地的乔木为行车提供遮阴，同时也具有良好的观赏习性植物。如复羽叶栾树、枫香和合欢等，主要在夏季或秋季形成特色观赏景观，同时都是速生树木，生长迅速，能为车辆迅速提供遮阴，是较为理想的行道树。同时，这些树木由于生长迅速，成本较低，虽然银杏的观赏性也相当不错，但移植时的成本高，如小苗移植形成较好的遮阴树冠的时间很长。

（4）乔木的密度不能太大，在为车辆提供遮阴的前提下，不能影响行人对道路对面建筑和景观的观赏。

（5）灌木可以不用修剪成规则的球形或塔形，均采用自然式种植。选择的灌木有罗汉松、紫叶李、紫叶桃、梅、月季、含笑、木芙蓉、山茶、紫荆、紫薇。早春有紫叶李、紫叶桃、梅、紫荆和月季开花，夏季有合欢和紫薇开花，秋季有木芙蓉开花、枫香观红叶，冬季有山茶开花，四季有花可观。

（6）地被植物可以选择一些观赏性强、生长较慢、耐修剪的植物。如金边六月雪、紫叶小檗、杜鹏地被，三者高度有一定的变化，金边六月雪最矮，杜鹃次之，紫叶小檗最高，可以根据需求修剪成不同高度的地被植物并形成各种层次和曲线，以体现韵律和节奏美。

（7）草本地被植物可以选择一些宿根或具自播能力的植物如紫茉莉、二月蓝、半枝莲、锥菊和金盏菊等。

2. 机动车与非机动车的分车带绿地

该绿地主要是分隔机动车和非机动车，一般宽度是 5～8 米之间，这种宽度限制了植物的选择和植物景观的设计，因而必须注意以下几点：

（1）所有选择的植物以能吸收和抵抗氮氧化物、二氧化硫为主。

（2）所选植物要求无毒、无其他任何副作用。因为这些可能被行人无意中近距离接触，为了保证行人的安全，必须要求所选植物无毒。

（3）植物要有较强的观赏性。因为车速较慢，行人和非机动车驾驶员有时间来欣赏景观。

（4）植物的应用方式不必拘泥于规整的修剪方式，对一些灌木可以采用自然式种植。

（5）行道树可以选择香樟、栾树等萌芽性强、生长迅速、树冠开展的乔木。

（6）灌木不采用修剪成规则的球形或塔形，均采用自然式种植。选择的灌木有罗汉松、紫叶李或紫叶桃、梅、月季、木芙蓉、山茶、紫荆、紫薇。

（7）地被植物可以选金边六月雪、水栀子、红桃木、杜鹃、八仙花作地被，可以根据需求修剪成不同高度的地被植物。

（8）草本地被植物可以选择紫茉莉、二月蓝、半枝莲、雏菊、金盏菊、孔雀草、萱草、石蒜、葱兰、红花酢浆草、大花金鸡菊和常夏石竹等，但面积不宜过大。

3. 非机动车与人行道的分车带绿地

该绿地主要是分隔非机动车和行人，一般宽度是 3 米左右，这种宽度限制了植物的选择和植物景观的设计，因而必须注意以下几点：

(1) 植物应当安全，对行人无毒、无伤害作用。

(2) 植物以观赏性为主，考虑到宽度的限制，不可能进行自动喷灌，所以植物应耐旱、耐高温、耐践踏。

(3) 不使用草坪，因为草坪养护较困难且容易受到践踏。

(4) 处理好绿地中的管线和下水道，不能因为植物而影响这些基础设施。

(5) 土壤相对较贫瘠，由于宽度较小，所以植物的种类相对较少，但单个个体的数量较多。为了丰富景观、增加种类多样性，在设计过程中，可以在同一道路不同路段采用不同植物。

(6) 行道树主要考虑夏天为行人提供遮阴，除此之外，还应当没有不良污染物、无病虫害、生长迅速等，不同地方种类不一样。以长沙为例，香樟是最好的行道树之一。

(7) 灌木种类选择的范围较大，但一个路段的种类不宜过多，但不同地段可以用不同的植物营造不同的景观，体现设计者的特色。可以选用的植物有金钟花、蜡梅、火棘、贴梗海棠、白鹃梅、棣棠、郁李、梅、稠李、紫叶桃、樱桃、李、紫叶李、榆叶梅、月季、绣线菊、红叶石楠、金丝桃、紫荆、紫叶小檗、南天竹、含笑、红桃木、黄杨、大叶黄杨、三角槭、红翅槭、五裂槭、鸡爪槭、扁担秆、木芙蓉、木槿、山茶、紫薇、石榴和灯台树等。

(8) 地被植物往往是为了一些图形或图案，因而其应用的种类不是很多，而且在一小块绿地应用的种类更少，如月季、金边六月雪、水栀子和杜鹃等，这些植物一般可以根据需求修剪成不同高度的地被植物。

(9) 草本地被植物尽可能少用，局部应用可以营造特色景观，如紫茉莉、二月蓝、半枝莲、雏菊、金盏菊、孔雀草、萱草、石蒜、葱兰、红花酢浆草、大花金鸡菊和常夏石竹等。

4. 道路边缘绿地

道路边缘绿地由于地形等的关系，绿地形态往往千变万化，有的地方宽度不足1米，有的地方达10多米，因而其景观也没有统一的规律。但作为道路边缘绿地，在构建过程中，注意以下几点：

(1) 植物应当安全，对行人无毒、无伤害作用，不会对小孩构成危险。

(2) 植物以观赏性为主，考虑到宽度的限制，不可能进行自动喷灌，所以植物应耐旱、耐高温、耐践踏。

(3) 不使用草坪，因为草坪养护较困难且容易受到践踏。

(4) 由于宽度的变化，在适当的地方应设计一些小游园，为附近居民的休闲提供一些方便，构建过程中不用硬质铺装。

（5）植物景观中乔木主要从景观的角度进行考虑，因而建议选用落叶、观赏性的乔木，如银杏、复羽叶栾树、无患子、黄枝槐等。

（6）灌木种类选择的范围较大，但一个路段的种类不宜过多，但不同地段可以用不同的植物营造不同的景观，体现设计者的特色。可以选用的植物有金钟花、蜡梅、火棘、贴梗海棠、白鹃梅、棣棠、郁李、梅、稠李、紫叶桃、樱桃、李、紫叶李、榆叶梅、月季、绣线菊、红叶石楠、金丝桃、紫荆、紫叶小檗、南天竹、含笑红檵木、黄杨、大叶黄杨、三角槭、红翅槭、五裂槭、鸡爪槭、木芙蓉、木槿、山茶、紫薇、石榴和灯台树等。

（7）草本地被植物尽量少用。

五、机关附属绿地的生态建设

机关附属绿地主要是机关办公楼前后为了美化环境、烘托建筑气势和提供休闲环境而构建的一类绿地。由于面积不同、建筑不同以及机关性质的不同，附属绿地构建也要随之变化，但注意以下几点：

（1）绿地除了要净化环境外，还要充分发挥植物的生态效益。植物生态效益方面，最差的是草坪。除了少量的地方外，建筑的前后尽可能少用草坪。

（2）建筑物前需要烘托建筑的气势，因而种植一些低矮的地被植物。植物应当以木本的植物为主，且高度最好不要超过40厘米。

（3）建筑物前以景观为主的，种植一些高大的乔木，下面配置耐阴的地被，使整个景观显得较通透。

（4）建筑物后面积较大时，可以设计休闲的小园，植物以富有野趣的植物群落为主。

第四节　生产绿地的生态建设

一、生产绿地的作用

（1）提供城市绿化所需的苗木。园林建设往往需要大量的苗木，而这些除了从外地购买外，大部分依靠本地的生产绿地提供。

（2）净化空气，提高空气质量。生产绿地同样具有生态功能，具有净化空气、提高空气质量的作用。

(3) 形成特殊的观赏景观。生产绿地大面积的苗木培育过程中，植物的开花结果往往会形成壮美的景观。

(4) 进行品种繁育。在培育苗木的过程中，往往培育和发现新的品种，这种工作会为绿化提供新的素材。

(5) 活跃当地经济。生产绿地往往经济效率较好，收入也较高。因此，生产绿地可为当地的居民带来可观的经济收入。

二、生产绿地的生态性评价

由于生产绿地是人为集约管理的苗木培养基地，因而严格按生态学的思想来评价没有任何意义。因为这些地方投入的人力、物力和财力都是相当大的，这与生态学的最低能量原则不一致。而且物质输入也相当多，有些还采用了一些促进植物生根和生长的化学物质。但是，生产绿地的景观效果和生态效益还是比较明显的，在创造经济效益的同时，也创造了社会效益和生产效益。

三、生产绿地存在的问题及对策

(一) 存在的问题

(1) 植物种类较少。由于育种投入的成本高、获得效益的时间长，大部分生产绿地都不愿意去培育新的品种，而是培育市场上已有或刚开始的种类。

(2) 移植的种类和数量很多。为了获得较高的经济效益，往往从就近的农村中购买大的野生苗木，经过处理后直接假植到生产绿地，然后出售。

(3) 植物形态异形。为了运输的方便，很多大树在购买时都对树冠进行了处理，好一点只是疏枝、疏叶，严重的成了断头树，严重影响了植物的正常形态和景观质量。

(4) 跟风现象严重。一个好的品种出来，全国各地都可以见到，风靡大江南北。

(二) 对策

(1) 国家出台政策，鼓励新品种的培育。市场经济条件下，利益是人们放弃新品种培育的主要原因。只要国家有扶持政策，大多数花农还是愿意进行这项工作的。

(2) 限制大树进城的数量。虽然大树能在短时间内获得良好的景观，但如果处理不当，会对农村的自然环境造成严重的破坏。

(3) 对于断头树等异形树，在管理中可以部分禁止使用的措施，减少其数量和种类。

（4）加大对园林设计的管理力度，使正规的设计公司和好的设计作品能应用于实践。

第五节　防护绿地的生态建设

一、防护绿地的作用

（1）吸收有毒气体，提高空气质量。防护绿地主要作用之一就是通过绿地里的植物吸收周围大量的有毒气体，减少空气中有毒气体的含量。

（2）降低空气中的粉尘的含量。粉尘是城市中的主要污染物之一，给居民的生活带来很大的影响和不便，严重污染周围环境。通过树木叶片和树干可以吸附粉尘，降低空气中的粉尘含量。

（3）降低空气中的噪声。由于生产和生活，城市中的噪声含量相当高，通过植物的阻隔和吸收，可以大大降低防护绿地周围的噪声含量。

（4）形成特殊的植物景观。防护绿地中的植物除了具有典型的生态效益外，还具有可观赏的树形、美丽的花朵和漂亮的果实，因而防护绿地的园林植物能形成特殊的植物景观。

（5）完善城市的绿地系统。作为城市的完整的绿地系统，除了面积较大外，必须连接成片，才能使整个绿地系统完整，这样才能使城市绿地系统内的物流和能流有序地进行。

二、防护绿地的生态评价指标

防护绿地的生态评价可以参考以下指标：单位叶片植物净光合速率、植物对二氧化硫抗性程度、植物对氮氧化物的抗性程度、景观舒适度、景观质量、景观与周围环境的协调性和空气中负离子含量。以上指标的选择依据是生态学的基本原理和思想。

三、防护绿地存在的问题及对策

（一）存在的问题

（1）植物种类选择不当。由于不同地区污染物种类和浓度相差较大，在植物选择上往往种类不是很准确，导致植物生长不良，不能发挥植物应有的防护作用。

（2）养护管理不当。由于防护绿地主要的是公共效益，小范围内的经济效益和社会效益不明。

（3）景观质量有待提高。虽然防护绿地的主要功能是防护作用，但同时有好的景观可赏是防护绿地的最高追求，但现在许多防护绿地可观赏性较差。

（二）对策

（1）加强基础研究。植物种类选择不当的主要原因是设计师对于植物的特性不清楚，比如植物的光饱和点是多少，最大光合速率是多少，二氧化碳饱和点是多少，抗旱性、抗污染性等都不是很清楚。

（2）加强养护管理。除了加强人员安排外，增强公众环境保护意识。对于已经衰老的防护林及时更新，充分发挥其生态效益和经济效益，也提高可观赏的景观质量。

（3）加强对防护绿地的设计。选择正规且具有一定设计实力的单位进行设计，做到既有防护效果又有景可观。

第六节　风景名胜区的生态建设

其他绿地包括风景名胜区、水源保护区、郊野公园、城市绿化隔离带、野生动植物园、湿地、垃圾填埋场恢复绿地等，其中最受人关注的还是风景名胜区绿地。

一、风景名胜区绿地的环境特点

（1）植物种类多样。由于风景名胜往往是一些原来自然条件好，但位置较偏的地方，所以植被保护相对较好，种类较多，同时保持着自然的植物群落结构，遭受人为破坏很少。

（2）气候条件多变。由于风景名胜区的海拔高度变化较大，所以不同地方的小气候相差较大，这为不同植物的生长提供了有利条件。

（3）环境质量好。由于有山有水，植物种类和数量都很多，而且有自然水体，所以整个风景名胜区空气质量好。同时，由于人为影响和破坏相对较轻，所以环境质量整体较好。

（4）自然景观好。风景名胜之所以成为风景区，往往是因为存在优美的自然风景，当然有些是自然风景和人文景观的结合。如果只有人文景观，是成不了风景名胜区的。

二、风景名胜区的生态评价的指标

风景名胜区的生态评价可以参考以下指标：单位绿地面积投入建设资金、植物物种数量、生物多样性指数、景观舒适度、景观质量、景观与周围环境的协调性、自然景观的被破坏度、空气中负离子含量、最大的环境容量、最大单位面积单位时间内的人流数和景区收入的变化。

三、风景名胜区生态建设策略

（一）以乡土树种为基调树种

乡土树种一般是指当地土生土长的，能很好地适应当地土壤、气候等自然条件，并且自然分布、自然演替、已经融入当地的自然生态系统中的树种。它们在当地适应性强、抗病虫害能力强，具有良好的抗逆性，所以易于养护管理。在浇水、施肥、修剪及植保等方面的养护管理成本，远远低于引进的外来树种。只要在配置时加以合理、科学的应用，即可形成宜人的自然景观。

风景区绿地生态系统建设在植物配置上应遵循“适地适树”的生态原理，注重将植物的观赏性与生态性融合在一起，充分利用具有优良景观价值的乡土树种，并结合景区的历史文化传统和公园绿地的功能要求，因地制宜地进行植物配置，组成稳定性好、外观优美、富有园林季相变化的复层混交群落，形成丰富多彩的园林绿地景观。例如，扬州瘦西湖风景区南山上广为遍布的桑、槐、榆、香椿、枫杨、楝树、朴树等乡土树种，经过多年的自然演替，现已繁衍形成了浓荫、鸟语花香的自然生态林，成为深受游客青睐的休憩、活动场所，体现出具有扬州特色的生态绿地风范。

（二）遵循生物多样性原则

园林植物种类的多样既是生态绿地对生物多样性的要求，又是绿地景观对植物形态、色彩、季相、层次等选择的要求。从园林绿地的建设实践看，单调的绿地树种会造成生态系统的脆弱，特别易导致病虫害的大范围发生，给植物群落的生态稳定和养护管理带来许多困难。模拟地带性植物群落的特征进行复层生态配置、增加绿地物种的多样性，可有效提高风景区生态系统的稳定性。

(三) 加强湿生植物的引种栽培

湿生植物是风景区绿地建设中必不可少的重要植物材料，它不仅具有较高的观赏价值，更重要的是还能吸收湿地中的污染物，起到净化水体的作用。在当前水生态环境破坏严重的情况下，充分利用景区内的宝贵自然湿地，有效发挥对景区自然生态的积极调节作用，可使人们重享“碧波荡漾”的自然氛围。

现有风景区湿地常见的砖石驳岸，不仅严重隔绝了湿地植物的延展空间，也使一些两栖动物失去了生存栖息场所，造成了驳岸区的生物资源缺失和生态失衡。利用丰富的水景植物资源，建造自然边缘的湿地生态系统，以形成色彩形态丰富、季相变化明显的湿地组团，营造独具特色的滨水景观。

第七节 历史建筑的保护

在城市持续发展和建设的过程中，需要依托于经济实力，但更不能缺失历史文化的沉积和传承。对于历史建筑而言，是中国文化传承的主要载体，更是见证了中国历史朝代的更迭交替。不论是从文化传承和发展角度出发，还是从城市的持续发展角度出发，都要将历史建筑的保护和利用工作做好，真正地守护好我们的精神家园，促进社会主义和谐发展。

一、历史建筑的保护原则

(一) 不能严重阻碍城市发展原则

在开展历史建筑保护工作的过程中，虽然要对历史建筑的历史价值和内涵进行侧重保护，但也不能严重阻碍城市的发展，这样就会出现本末倒置的情况，不利于社会的和谐稳定发展。对于历史保护工作而言，我们尽其所能，但不能为了保护而保护，为了保护而不顾及当下的发展，应保证保护工作与城市经济发展的协调性，这样的历史建筑保护工作才能展现出更大的价值。

(二) 全面保护原则

在开展历史建筑保护工作的过程中，最需要遵循的一项原则，就是对历史建筑进行全面保护。具体而言，就是深入整个历史建筑之中，开展全面的维护工作。不仅如此，还要对整个建筑所承载的历史和文明以及相关精神，进行全面保护和传承。任何一座历史建筑都涵盖了非常多的历史信息，必须进行全面维护，不能只是将注意力放在历史建筑保护之后带来的经济效益，而是要从历史价值和意义角度出发，开展保护工作。对于历史保护工作而言，必须从空间上对历史建筑的外观进行全面保护，深入建筑内部，保护所有的家具摆设状态以及雕琢，等等；从时刻角度出发，应对不同年代留下的前史修建进行全面保留，将历史的层次感体现出来，更要展现出历史建筑处于不同时期的不同特色。

（三）尽量保持现状原则

在开展历史建筑保护工作过程中，必须遵循尽量保持现状原则，能不改动，则不改动，能不增加，就不增加。但很多时候，增加和撤除都是不可避免的，这会让历史建筑本身的完整性受到影响，其展现出的历史含义也会受到严重影响。所以，在具体保护过程中，就要提前做好调查工作，这样才能在原来的基础上，进行最小限度的改动，最大化地保持现状。

（四）历史原本真实性保护原则

开展历史建筑的保护工作，从某种角度来分析，就是对原本历史建筑的真实性进行保护，让其被更多的人看到，去感悟历史文化底蕴，从时代角度出发，这是对历史的一种传承和延续。历史建筑之所以如此重要，因为其是重要的历史信息载体，更是文物价值的重要体现。在保护的过程中，必须对原有的部分最大限度地保护。即便是一砖一瓦，也要非常珍惜，不可随意毁坏或者是故意破坏，尽可能地让历史建筑的真实性展现出来。

（五）民众参与原则

在历史建筑保护工作的过程中，虽然政府一直占据了主导作用，但要想达到最佳的保护效果，就必须考虑到民众的参与，而且民众的力量是最不容小觑的。从法律角度出发，政府应将历史建筑的保护奖惩措施全面制定进来，针对主动保护的民众，作出突出贡献的民众，给予相应的奖赏，对于恶意破坏历史建筑的民众，则要给予严肃惩处。此外，对于历史建筑的使用者或者是产权者，则需要依法承担对建筑的保养和修缮责任。政府方面可以将专门的基金设立进来，激发社会各界参与到历史建筑保护之中。

（六）历史建筑街区保护应包含周围环境

很多历史建筑会以街区的形式存在。在开展保护工作的过程中，必须对周边的环境功能情况进行全面了解和分析。当然，在周边的环境也可以会出现一些不协调的历史建筑，这些建筑可能蕴含着非常丰富的历史信息和文化传统，为了避免文化和传统遗失，必须拓展保护范围，这样才能确保历史建筑以最为完整的方式呈现在大众面前。此外，在开展历史街区保护工作的过程中，需要进行系统规划，画定好“紫线”，这样才能提高保护实效。

二、现代园林和历史建筑景观融合的重要性

随着时代的进步和物质生活水平的提高，人们对生活品质越来越注重。与此同时，对生活的审美水平也相应提升。历史建筑是我国传统文化的重大体现形式之一，蕴含丰富的历史文化价值。随着人们对历史文化越来越重视，在现代园林景观设计中融合历史建筑已经越来越宽泛。现代园林设计为了满足日益激烈的市场竞争，不得不重新定义人们对现代园林的审美要求，在此基础上融合历史建筑特色，打造独特的现代园林景观。

将历史建筑融入现代园林景观可以加深人们对历史文化的认知，比如城市中遗留的历史建筑融入现代园林设计中，不仅可以使历史建筑得到有效保护，还能充分利用历史建筑发挥其建筑的本身属性，使得普通市民能走进历史建筑去了解历史，进而探索现代园林历史建筑的神秘。

在现代园林景观中融入历史建筑元素，既可以体现现代园林技术人员的智慧，又能彰显古人的聪明才智。根据历史建筑文化元素，在现代园林设计中要注重亭台楼阁中的设计。亭台楼阁是中国历史建筑的典范。在现代园林景观设计中，借鉴历史建筑中亭台楼阁的元素，进而提升现代园林景观的文化品位。

三、现代园林和历史建筑景观融合的原则

（一）合理选址

现代园林景观设计，如果想融入历史建筑元素，呈现不一样的历史特色风味，首要一步就是选址。位置的选择对整个现代园林景观设计成果有着十分最重要的影响，若是位置选择不当，那么体现的历史文化价值不够突出明显，达不到整体美观视觉。

现代园林和历史建筑的融合设计在布局上要有科学明确的位置选择，合理的布

局不仅能为现代园林景观增添深厚文化底蕴的效果，还可以吸引国内外游客慕名而来，学习中国传统历史文化知识。在现代园林景观中融入历史建筑元素时，要注意“主次分明、疏密有度”的设计原则，以融入历史建筑元素的现代园林为中心，周围可建立亭台水榭等包围建筑设计。

（二）符合大众审美需求

在现代园林中融入历史建筑元素，不但要具有实用性，还要符合大众的审美标准，并在此基础上发扬我国优秀的历史文化，创新现代园林设计景观。设计者要根据大众的审美心理，重视参观者的视觉感受，为大众创造出美观又不失历史文化韵味的现代园林景观。

在现代园林景观设计上，游客对于现代园林景观的要求相对较高一些。在设计现代园林景观中不仅要体现整体美观性，也要统筹游客的审美心情，在现代园林观赏中也要增加一些基础设施以供游客休息。

为了符合大众审美需求，现代景观园林可以适当增加传统历史元素，如龙凤呈祥的图案，以此增加现代园林景观的美感。传统历史图案的加入，可以进一步渲染历史文化氛围，对现代园林景观的整体美观起到促进作用。

（三）因地制宜地融合历史建筑和园林景观

将现代园林和历史建筑相融合，要做到因地制宜，不可生搬照抄。要根据不同城市不同风貌，因地制宜地借鉴当地历史建筑特色，打造全新感觉的现代园林景观。做到统筹一切周围景致，创造更高价值的现代园林景观建筑。如果不能因地制宜地建造融合历史建筑的现代园林景观，就会给人一种格格不入的视觉感觉。

例如，在杭州西湖地区根据历史建筑药王庙建造现代园林景观，便是不妥之举。这样盲目设计现代园林景观的结果只能是拆掉重新建造，所以对于现代园林技术人员提出的要求就是一定要因地制宜地建设现代园林景观，从而彰显更丰富的文化底蕴。

四、如何将现代园林和历史建筑融合

（一）重视历史建筑的利用

在现代园林景观设计中，将历史建筑元素融入现代园林景观，最初的目的是弘扬当地特色历史文化。历史建筑是对一个时代最好的反映，如秦始皇的兵马俑，反映了秦朝的强盛。而将历史建筑和现代建筑相融合，要重视对历史建筑的利用，在前人的经验基础之上借鉴其优越性，进一步创造现代园林景观。

(二) 体现园林历史意境

在现代园林景观中融合历史建筑元素，充分利用历史建筑及周围景象的因素，打造出一种富有历史意境的现代园林景观，让人们在看到现代园林景观时自然而然想到历史文化氛围，在很大程度上可以激励人民群众对于历史文化的传播，发扬中国优秀传统历史文化精神。

总而言之，在现代园林景观设计中融入历史建筑元素，要不断分析古人留下的历史建筑理论，并加以深入研究，结合历史建筑的优缺点，总结现代园林设计的经验。

通过对历史建筑和现代园林的融合，有利于弘扬传播中国传统历史文化，促进现代园林设计中历史价值和文化价值的统一，进一步提升现代园林景观的整体历史文化氛围和视觉效果。

第八节　古树名木的保护

一、古树名木的价值

(一) 古树名木的人文历史价值

随着时代的变迁，古树名木具有深刻的历史价值和人文价值，是植物文化的载体。虽然在我国传说中的汉槐、轩辕柏、周柏、唐樟等古树的树龄还需要进一步研究确定，但其依旧是历史的重要参照。如陕西黄陵有千年以上的较大古柏3万余株，其中最壮观的有“轩辕柏”和“挂甲柏”。传说轩辕柏是黄帝亲手所植，高度达到9米，胸径达到7.8米，7人都合围不过来，树龄近四千年，树干如铁，无空洞，枝叶繁茂未见衰弱，是我国目前最大的古柏之一。“挂甲柏”相传为汉武帝挂甲得名，枝干斑痕累累，纵横成行，柏液渗出，晶莹夺目，无不称奇。这两棵古柏虽然年代久远，但生长繁茂，郁郁葱葱。这种奇景堪称世界无双。“轩辕柏”被英国林学家称为“世界柏树之父”。由此可见“名园易建，古树难求”，古树名木的历史价值和历史古迹一样，备受人们关注。

（二）古树名木的文化艺术价值

许多古树名木都是文人骚客吟诗作画的重要意象，在艺术发展历程上发挥了与众不同的作用。如“扬州八怪”中的李鱓曾绘名画《五松图》，是泰山名木的艺术再现。天坛公园回音壁外西北侧，矗立着一棵堪称“世界奇柏”的古柏。它高达18米，树干周长达3.8米，种植于明永乐十八年（1420年）。它的奇特之处是在其粗壮的树身上，突出的干纹从上往下扭结纠缠，好像九条巨龙绞身盘绕，所以得名“九龙柏”。

（三）古树名木的观赏价值

古树名木对于各种古建筑而言必不可少，因为其各不相同的形态，具备独特的观赏和装饰价值，独特典雅、参天耸立。例如，陕西省西安市青龙寺内的古银杏树，树龄约1400年，史料记载是唐朝贞观年间李世民亲手栽植。

银杏树树高25米，胸径1.8米，树冠庞大，枝杆交错，每年9月—10月是最佳观赏时节，金色的银杏叶片飘落，树木通体金黄，极为壮观。树木根部隆起，像巨蟒一样深深扎入地面；树皮呈黑褐色，布满不规则的菱形斑块，条条沟壑布满庞大的树干，诉说着岁月的沧桑。

（四）古树名木的自然历史研究价值

古树名木如同一本本厚厚的自然历史典籍，随着时间的变迁，树木纹路等会受到温湿度的影响。在不同的树木年龄阶段研究其变化情况，可以对当时的自然历史状况有更加清晰的了解，树木的生长状况和其所处地区的气候条件紧密联系。古树横截面一圈又一圈的年轮、整棵树木的结构形态，反映着数百年乃至千年的自然环境变迁。因此，古树名木在树木生态学和生物气象学方面具有很高的研究价值。

（五）古树名木对现代园林树木选择与规划的参考价值

作为乡土树种，古树具备较强的环境适应能力。例如，北京郊区经历了三个阶段的土壤变化，在中华人民共和国成立初期，人们认为刺槐可以适应土壤肥力较差较干旱的土壤条件，经过实际栽种，发现刺槐对干旱环境的适应性较差，其对土壤肥力反应敏感，生长衰退早，难以成材，即便在其他条件都适宜的情况下，刺槐的成材率也很低。同时期种植的油松长势较好。然而，直到20世纪70年代，油松的生长也出现衰退迹象。此时人们发现，幼年阶段生长缓慢、表现并不佳的侧柏和桧柏长势却平稳良好。故从北京故宫、中山公园等为数较多的古侧柏和古桧柏的良好长势得到启示，侧柏和桧柏更适合干旱贫瘠的土地。因此，重视古树适应性的指导作用，能在现代园林树木选择与规划工作中避免不必要的资源浪费和人力浪费。

(六) 古树名木在研究污染史中的价值

树木的生长同环境之间有着密切联系，环境污染的严重程度会在树体上真实地反映出来。例如，美国宾夕法尼亚大学提取出通过中子撞击的树木的年轮样品，测定年轮样品中的微量元素，最终得到一些微量元素，这些元素包括汞、铁和银等与工业发展密切相关的元素。在1910年前后，树木中铁元素的成分明显较少，这是因为当时炼铁高炉逐步退出历史舞台而引起的变化。

二、古树名木的复壮措施

古树变老并不是一个简单的过程，而是一个繁杂的生理过程。有关研究显示，古树的生长与其生存条件息息相关。生态体系完善、环境要素条件好或通过人为因素措施改进的古树均生长优良，树体寿命长；反过来，古树长势衰弱，寿命减短，乃至不到百年就枯萎死亡。古树的复壮措施涉及地上与地下两大部分。其具体措施如下：

(一) 改善地下环境

土壤的地下追肥有助于古树吸收到更多的养料，采取一定的技术措施创造出适合古树根系生长的环境，如施加植物生长调节剂，使其根系更好地生长，通过对树体外部的科学修剪、树干损伤修护、叶面施肥及病虫害防治等。开展复壮措施，同时进行古树生理生化指标测定，以此作为古树恢复的重要依据。

1. 开沟埋条

在土壤板结、通透性差的地方，可以采用开沟埋条的方法，增强土壤的通透性，同时也可起到截根再生复壮的作用。开沟的方式包括环形沟、辐射沟和长条沟。环形沟和辐射沟多用于孤立树木和水肥等资源配置距离较远的树木；长条沟多用于古树林或行状配置的树木。据北京中山公园试验，1981年开沟埋条，1985年检查发现大量根系沿沟中埋条的方向生长，呈束状分布，有的新根完全包住了埋下的枝条，效果十分明显。

2. 设置复壮沟—通气—渗水系统

在城市中或者公园中生长的古树，多为长势衰弱的状态，由于地下各种管线密布、砖石密集、污水积存等原因，导致古树不能很好地吸收养分。在这种情况下，古树保护部门必须采取措施进行古树的修护工作，如开挖复壮沟、下设通气管道、建设渗水井等。长度和性状因地形而定。有时是直沟，有时是半圆形或“U”字形沟。沟内回填物有复壮基质、各种树枝和增补的营养元素，改善土壤的透气性、透水性，促使古树健康生长。

3. 铺设透气铺装或种植地被

古树生长的土壤需要一定的透气性，一般可以采用铺设透气砖来改善。透气砖的材料和形状可根据需要设计。如果古树所在的地方人类活动较少，则可以种植豆科植物，如苜蓿、白三叶、半枝莲等地被植物，这样也可以提高单位面积内的经济效益和景观效益。

4. 土壤的改良

古树在数百年甚至上千年的时间内生长在同一个地方，土壤养分有限，常易呈现缺素症状。加上人为踩实，导致透气透水性变差。因此，应该重视古树名木生长环境的土壤改良。

北京市故宫园林科从1962起开始用土壤改良的办法挽救古树，使得老树复壮。例如，位于皇极门内宁寿门外的一株古松，幼芽萎缩，叶片枯黄，形似火烧。他们在树冠直射之下的影子范围内，对树木的大骨干根展开措施，掘地深度为0.5米。挖土的过程中使用原土与沙土、大粪、锯末、腐殖质和含量较少的复合肥搅拌均匀之后回填踩实。采取这样的措施6个月之后，这株古松长出新的叶梢，地下部分长出2～3厘米的须根，最终实现了更好的长势。① 足以见得，通过有效地改善土壤通气条件，降低土壤容重，有利于土壤有机质的分解，便于古树根系吸收，有助于古树的根系发展，从而使得古树继续茂盛。

5. 生长调节剂的施用

给植物根部及叶面施用一定浓度的植物生长调节剂，不仅有延缓衰老的作用，对古树的复壮也将会产生明显的效果。

（二）加强地上保护

1. 古树围栏及外露根脚的保护

为了避免来往人群对古树的影响，使得古树的根系受到游客的踩踏影响而萎缩，可以在古树根系大致范围内的地面部分设置围栏，一般情况下除了维护人员，游客不得进入，并且对地面进行定期的维护与土壤疏松。对于露出地面的根系予以覆土掩埋或者地表加设网罩和护板予以保护。同时，重视对环境的保护，避免产生环境污染。

① 2019年北京推动古树名木保护高质量发展[J]绿化与生活，2019(2)：23.

2. 病虫害的防治

因为古树往往有很长的生长历史，一些不利于古树生长的昆虫会给古树带来意想不到的危害，北京地区的病虫害有蚜虫、红蜘蛛等。4—5 月为高发生期，9—10 月为第二次高发期。它们大量吮吸古树汁液，破坏输导组织，削弱机械强度，导致树体损伤，枝叶枯黄。根据北京市中山公园试验，用药剂熏蒸效果较好。

3. 病虫枯死枝的清理与修剪

若古树遭受病虫害的威胁，则应抓紧清理或焚烧枯枝，并美化树体。对具潜伏芽、易生不定芽且寿命长的树种（如槐、银杏等），当树冠外围枝条衰老枯梢时，可以用回缩修剪进行更新。

4. 树洞的修补与填充

古树的主要部分常常由于时间原因而导致内部空洞，之前的解决方案多使用砖块和混凝土填充，但这一方案也有很大的弊端，因为其封闭性较差，长时间下去往往会有雨水渗入，但渗入其中的雨水难以在较短时间内蒸发，古树会因此而内部腐烂。最近几年来，引进聚氨酯作为填充材料，除了成本较高外，对树木本身的生长不会产生较大的副作用，是目前理想的内部填充物。

5. 支撑和加固

因为古树成长的年代十分久远，所以整个古树的躯干常常会有一定的衰老和中空现象。受此影响，容易导致树冠失去平衡，产生倾斜甚至死亡等现象。可以采取一些必要措施对其进行扶正，如皇极门内的古松均利用棚架式支撑。树体加固应用螺栓、螺丝等，切不可用金属箍，以避免造成韧皮部的缢伤。

第九章　风景园林生态化建设实践

第一节　风景园林生态设计原则的原则与方法

一、风景园林生态设计原则

在风景园林设计过程中，设计人员要将各种生态元素融为一体，促进城市的健康发展，提高人们的生活质量，实现人与自然的和谐相处。另外，设计人员还要尊重自然规律，根据区域环境来合理配置各种资源，提高风景园林设计的合理性、科学性。具体来说，基于生态理念的风景园林设计要坚持以下几项原则：

（一）继承性原则

在风景园林设计工作中，设计人员应坚持继承性原则，提高资源重复利用率，避免资源浪费。首先，设计人员要全面分析城市发展过程中存在的问题，充分了解当地的资源情况，以保护自然资源为前提，将传统元素与现代元素进行融合，以实现古典美与现代美的统一。其次，在风景园林设计过程中，设计人员不仅要保护当地的自然环境，还要延续当地的人文脉络。总之，基于生态理念的风景园林设计既要集自然环境和人文特色于一体，又要继承传统文化。

（二）需求性原则

在风景园林设计过程中，设计人员要树立以人为本的设计理念，实现人与自然的和谐相处。同时，设计人员要有针对性地满足人们的各种需求，如生态需求、艺术需求、社交需求、人文需求等。随着时代的发展，人们的精神需求发生了很大的改变，设计人员在设计过程中，不仅要重视生态层面的建设，还要保证风景园林的舒适性与美观性。

（三）可持续性原则

基于生态理念的风景园林设计要求设计人员必须坚持可持续性原则，积极应用先进的设计方法和设计思想，以改善当地的自然环境。在风景园林设计过程中，设

计人员要合理利用当地的可再生资源，为居民创造良好的居住环境。

(四) 尊重自然原则

在人类社会的发展过程中，生态环境发挥着重要的作用。这就意味着在风景园林设计工作中，设计人员要融入生态理念，保护当地的自然环境，统筹社会经济建设与生态环境建设，实现风景园林和经济发展、居民生活、区域环境之间的协调统一。另外，设计人员还要按照尊重自然的原则，在风景园林设计中融入区域文化特色，最终设计出富有人文精神的风景园林。

二、风景园林生态设计方法

(一) 掌握生态理论知识，加强勘察

在风景园林建设项目中，新建生态系统需要与当地原有的自然环境协调一致。为满足城市发展以及人们的需求，在风景园林景观设计过程中，设计人员要深入了解当地的自然环境特点，避免破坏原有的生态系统，最大限度地降低景观园林建设对自然环境和人文环境带来的不利影响，进而促进新生态系统和原生态系统的融合。

风景园林设计的主要目的在于改变城市面貌，向人们展示美丽的自然风景。在设计过程中，设计人员要充分挖掘和利用当地的自然资源。设计人员要掌握相应的生态理论知识，了解人文环境与自然环境之间的关系，合理应用当地的资源，实现不同生态景观元素的融合。另外，设计人员必须深入项目现场，全面研究施工区域的具体情况，分析当地的气候条件、自然环境等影响因素，科学制订景观设计方案，降低施工成本，营造良好的园林环境。

(二) 加强对可再生能源和清洁能源的应用

在风景园林设计工作中，设计人员要加强对太阳能、风能等可再生能源和清洁能源的应用，促进风景园林的可持续发展。太阳能是一种既无污染，又取之不尽的能源。目前，人们主要采用光转化为电、光转化为热的方式来开发、利用太阳能。风能是空气流动所产生的动能。作为一种新型的清洁能源，风能发电受到了人们的重视。合理利用可再生能源和清洁能源，能够在满足风景园林建设需要的同时，节约建设成本。

(三) 循环利用建筑材料

从生产成本控制角度来看，建筑原材料价格在风景园林建设总成本中的占比较大。因此，设计人员要加强对建筑材料的循环利用，以有效节约材料成本。近年来，随着城市化进程的加快，在现代工业经济的推动下，各类新型节能环保建筑材料大量涌现。在此背景下，设计人员应本着绿色环保的设计理念，以减少污染、保护生态环境和保证人们的身心健康为出发点，加强对环保型建筑材料的应用，做好风景园林设计工作。

（四）关注生态种植

基于生态理念的风景园林设计应重视植物的生长习性，按照生态城市建设需求协调城市风貌和植物之间的关系，结合城市发展规划逐步调整植物布局。因此，设计人员需要全面了解各种植物的生长习性，掌握各种植物对气候、温度等环境条件的要求。设计人员要深入调查与分析当地的环境及植物生长情况，选取适应当地环境的植物。同时，设计人员要综合考虑多项因素，如植物的运输成本、采购成本、后期管理维护成本、植物是否具有可再生性等，做好整体规划。此外，设计人员还要尽量选用本地植物，并适当选用外地植物，实现植物的合理搭配。

（五）充分利用水资源

水资源是植被生长的必要物质，在促进植物健康、茁壮成长方面发挥着重要作用。因此，在风景园林设计过程中，如何合理并充分利用水资源是设计人员需要重点考虑的问题。科学规划水体景观可使园林景观更加丰富多彩。另外，水体景观在调节风景园林微气候方面也能起到重要作用。

目前，为解决我国水资源污染和水资源紧缺等问题，在风景园林设计工作中，设计人员要在生态理念的指导下，加强对水资源的合理利用。设计人员要高效、充分利用场地周边的水资源。例如，通过建设海绵城市景观来构建完善的吸水、蓄水、渗水、净水体系，提高自然降水使用率；充分利用再生水、河水、湖水等以减少自来水的使用量；广泛使用节水设备，减少水资源浪费。

综上所述，在现代城市建设过程中，城市风景园林能够调节城市气候，美化城市环境，带动城市经济发展。同时，园林内的各种生活服务设施和景观能够给市民带来愉悦的生活感受。现阶段，随着城市规模的不断扩大，城市环境污染问题受到了人们的广泛关注。在此背景下，设计人员在风景园林设计过程中，要坚持生态理念，增强环保意识，实现对资源的合理利用，从而打造更高质量的游憩娱乐环境，促进城市的可持续发展。

第二节　公共空间景观设计的“在地性”

随着经济全球化的浪潮汹涌，中国城乡建设出现“千城一面”的突出问题，原有地方风貌消亡，地域文化传承出现断层。近年来，随着国民文化自信的回归和日益增长的物质文化需求，对于可持续与地域特色的公共开放空间需求日益强烈。在此背景下，“在地性”赋予了设计更多的可能性，使其焕发了新的活力，地域特色以其独特的魅力给予使用者特有的空间体验和强烈的归属感和认同感，情感上的共鸣更能激起人们对于美好生活的向往和追求。

一、“在地”及“在地性”概念辨析

“在地”翻译自英文“in-site”，原意为现场制造。地理学家最早提出，人们长期生活在一个地区，意识观念、行为模式、生活方式、价值体系等积累而形成对地方的统一认知，该地方进而产生了“在地性”。

建筑学引用“在地性”概念后，一般指地方建筑背后的自然环境、人文历史的特定属性，用来揭示建筑所继承的所在地方的空间基因，进而涵盖特定时空背景下的地方风土人情。城市“在地性”往往是由山水格局、街巷结构、建筑风貌、公共空间形态等实体要素，以及市民生活的行为方式、价值观念等意识要素构成的显性表达。因此，城市及开放空间所具有的“在地性”往往是物质实体承载的意识形态的集中体现。

二、“在地性”的基本要素及设计策略

“在地性”是对特定时空背景下的自然条件和人文历史的回应，其包含的基本要素包括自然环境及人文风貌要素。

(一)“在地性”的基本要素

1. 自然环境要素

自然环境要素是地方特质形成的物质基础，它深刻影响了生活在土地上的人的生产生活方式，包括地形地貌、水文气候、资源条件等。地形地貌是对一个场地地方特质的高度概括，是“在地性”要素的最直观表现。对“地”的回应是设计成败的关键，设计并不是虚无缥缈、毫无逻辑的存在，它需要对所处场地的地方特质进行回应，才能彰显其地方感和情感认同。

水文气候深刻影响人的日常行为方式，决定了空间布局形式和利用效率，设计

的目的之一在于改善地区微气候，形成宜居宜游的空间体验。水是空间中最灵秀的要素，城市因水而名；采光、降雨、风环境等气候条件直接影响设计的物质形态。在当前生态文明得到高度重视的时代背景下，对水文、气候的回应至关重要。资源条件是大自然赋予人类的馈赠，植被、材料等资源是设计的主要空间表现，合理利用自然资源不仅是趋向经济效益的必然结果，同时也能创造独特的在地空间体验。

2. 人文风貌要素

人文风貌要素是由物质实体承载的意识形态的空间体现，它包括历史文化、生活习俗、技术条件等，伴随着时空变化而动态传承、发展和消亡。历史文化是特定时空条件下多种要素共同组成的复杂系统，以历史或当下的物质实体、人的生活为载体，且不断迭代发展。设计扎根于场地历史文化，挖掘自然与人文的隐性脉络，注重形式与人文的和谐统一。生活习俗是人们约定俗成的行为方式，它影响了人们使用空间的方式。因此，设计中也应考虑当地风俗，融入当地文化语境。技术条件包括建造材料、建造技术等内容，脱离特定的技术条件谈设计无异于空中楼阁，选择顺应地方特色的技术条件是“在地性”设计的立足点和出发点。

(二)“在地性”的设计策略

1. 自然环境的回应

地形地貌的融入，包括顺应地势隐入环境和强化特征两种处理方式。设计不是对场地现状的完整保留，也不是全盘推翻。实践中，应根据实际情况灵活应变，设计的介入应该是谨慎的，场地特征性的空间秩序应予以保护和体现。当原有的“势”遭到破坏或隐藏时，可以通过设计策略恢复或强化原有的空间特色。设计中应充分考虑温度、湿度、通风、采光、降水、风等气象特征，在空间布局及建筑设计时注重消解不利的气候水文条件，营造舒适宜居的局部微气候；注重原生材料、建造技术及场地资源的使用。

2. 历史文脉的传承

延续历史记忆。依据历史文脉与空间秩序，重构场地的基本空间逻辑，转译空间原型，使设计空间呈现出特定的风貌特质，从而轻巧地“放置”在原有场地上，进而表现出与场地相符的气质和归属。人文精神与风俗习惯的传承发展，人是空间的使用者和体验者，物质化的空间是其精神世界的载体。因此，细节设计往往更能打动人心，增强场所的归属感和认同感。

三、“在地性”设计表达——以Z市B公园为例

(一) 项目概况

Z市B公园位于Z市新区，总占地面积约43平方千米。公园地处规划新区中央景观走廊东端，是最为重要的城市发展轴线及景观廊道，是未来都市活力与生态交汇地。中央景观走廊定位为“多彩缤纷·文艺长廊”，分为现代生活段、人文休闲段、现代运动段，B公园即位于现代运动段，公园功能定位为时尚运动、主题游乐，展现新区时尚、运动、青春、活力的城市形象。

(二) 公园“在地性”设计策略

1. 与自然共生的生态建设策略

保留和强化原有地形地貌。设计突出场地“三岗两谷一平原”的整体地形特征，在保留和分析原有地形骨架的基础上，设计场地采取微介入的手法，结合地形特征置入功能，围绕山地地形，设置滑坡健身跑道、花坡栈道、山顶有氧健身馆等活动设施。识别场地独具特色的红砂岩岗地风貌，作为重要景观要素在设计中加以强化和利用。通过场地汇水分析，设置旱溪景观、雨水花园、滞洪池等海绵设施，建立谷地海绵系统，因形就势塑造跌水景观。

充分利用场地的自然资源和建造技术。在设计建造中，充分挖掘场地的自然材料建造潜力，场地内挡土墙、入口景观石、栈道铺装、汀步等使用场地的红砂岩，与自然环境充分融合，体现场地的自然记忆。保留场地的水塘，建设雨水花园，结合汇水分区分析，设置汇水旱溪、生态草沟，便于地表排水，湿地净化后排入大桥河。利用现有大树，建造大树花园，置入休憩设施，突出场地记忆和景观原生性。

2. 以人为本的空间活力提升策略

公园依据周边使用人群，分为入口广场区、多功能运动区、小轮车运动区、休闲游赏区四大功能分区。入口包括入口集散广场、棒球主题餐厅、雨水花园等设施；多功能运动区包括多功能草坪、儿童运动体验园、彩色动感篮球场、网球场等设施；小轮车运动区包括BMX小轮车赛道、极限小轮车运动场地；休闲游赏区包括古树花园、花坡栈道、山顶有氧健身馆、花坡健身道等设施。

多功能草坪。公园北侧近入口处设置一处多功能草坪，由草坪、运动环路、看台组成，日常可作为休闲游憩使用，重大活动时可作为表演场地、露天影院、运动草坪、自行车露营等公共活动场所。

全龄活力运动区。设置满足全龄人群使用的运动休闲场地。成人活动包括彩色

动感篮球场、门球场，儿童运动体验园设置戏水花园、树叶爬网、彩虹跑道、音乐秋千、互动瓢虫、植物迷宫等。

小轮车极限运动区。设置极限运动活动场地，包括初级练习场地、休息场地、中级练习场地、大型 U 型槽等；服务性建筑，包括小轮车租赁场地、管理场地、厕所等，还包括 BMX 小轮车赛道、草阶观众看台等。

花坡栈道。因山就势在岗地设置登山栈道，结合林下花卉种植，形成花坡景观栈道，丰富登山体验。

“在地性”是对批判地域主义的继承与发展，是在当前经济全球化浪潮下实现民族文化自信的重要手段，传承和发展传统地域文化、思想价值体系，发扬壮大文化软实力，增强民族凝聚力，为中华民族屹立于世界民族之林提供强力支撑。

第十章　城市更新理念下的风景园林生态化建设

第一节　风景园林学科视角下的城市更新

改革开放40多年来，中国城镇化建设快速推进。2021年5月11日，中国第七次全国人口普查数据显示，中国城镇化率高达63.89%。快速的城镇化释放了城市巨大的经济潜力，同时也使城市面貌焕然一新。但城市建设用地的肆意开发和人口集中增长导致城市承载力超负荷，快速的城市化也带来了生态环境破坏、社会结构失衡、传统文化遗失等诸多问题。面对城市发展中不断涌现的新问题和新需求，如何健康地推进城市更新实践，不断增加城市高质量发展的动能，已经成为一项重要的研究课题。作为人居环境学科群的核心学科之一，风景园林学科可充分发挥学科优势，顺应新时代改善人居环境和重塑城市活力的发展需求，引领“生态优先、绿色发展”的城市更新路径，不断满足城乡居民对美好人居环境的需求，保证城市系统的稳定性和韧性。这既是新时代风景园林师必须履行的社会责任，也是风景园林学科发展必须面对的更高要求。

一、城市更新中的城乡规划、建筑学支撑

城市更新与人居环境息息相关。城乡规划、建筑和风景园林作为人居环境领域的三大学科在城市更新中发挥着不同的作用。针对城市更新中的古城保护、旧城和市中心改建、旧居住区改造、旧工业区改建等内容，城乡规划师带头成立了现有大、中城市改建规划研究课题组，旧城改造规划学术讨论会，中国城乡规划学会旧城改建与城市更新专业学术委员会等学术组织。在城市更新理念方面，率先提出了以人居环境优化作为城市更新的最高理念，丰富了城市更新的内涵。

增长主义时期，城乡规划师将大量扩展的土地以新城、新区的形式并入城市，同时进行了大规模的、高速的基础设施建设和各类工业化功能区的规划安排，形成了粗放式、蔓延式的城市发展模式。此种模式虽然在短期内促进了城市的繁荣和更新，但也造成了城市新旧城区、社会、文化的分裂及城市生态环境的严重破坏。中国已进入存量发展时代，如何整合修补破碎的城市物质空间、重塑城市生态文化体

系，成为城市更新中规划实践的重要内容。除了参与城市绿色生态规划、行动规划、镇村布局规划等宏观规划外，城乡规划的研究方向已从“大规划”转移到“小织补”，如工业仓储用地的再利用，棚户、老旧小区和各类交通枢纽站点空间的改善和利用等。如何更好地进行“细部描绘”，如何更好地改造和利用好“剩余空间”[①]，既是新时代赋予城乡规划工作的挑战，也是城市更新工作的“主阵地”。

大规模拆建的旧城更新实践中，建筑师对不同地域、类型、风格的对象实施针对性改造，产生了一批经典案例和理论成果。如1987年始，吴良镛主持改造的北京某胡同的“类四合院模式”、济南某坊的“泉城韵味”等。虽然切入的角度不尽相同，但都注重了城市更新中地域文化的传承，在文化源流上有据可循，为城市更新工作中的建筑改造提供了范例。之后，建筑设计的重点逐渐转向对旧建筑、旧工业区设施等的再利用，对于场地活力的再激发和历史文化的保护传承产生了良性作用，建筑学在旧城区及旧工业产区的发展、历史文化遗产保护等方面所体现的价值是广泛的，包括经济价值、社会价值、历史文化价值等，同时推动了建筑改造手段由“拆”向“留、改”的转变，为城市更新的研究工作做出了较多的贡献。为保障城市更新工作的与时俱进，除了对建筑景观形象的更新外，建筑师还加强了对建筑的功能转换、文脉延续等研究工作，尤其是不符合时代发展和需要的建筑去留问题，成为建筑学在城市更新工作中的新挑战。

在以往的旧城改造等过程中，一系列的改造活动对旧城区的生态环境产生了强烈干扰，城区的生态环境无法支撑超出指标的人口规模和建筑密度。同时，在对历史建筑的改造过程中，出现了“泛文化”现象，[②]即追求短期的经济效益和表面的文化，而缺失了对其文化本身所具有的价值关注，形成千篇一律的文化形象；城区内部的绿色环境和基础设施未能跟上城市功能区的更迭和发展，缺乏足够的绿色开放空间体系、垃圾处理设施和污水处理系统等。由此可见，在城市更新的复杂性、多元性影响下需要加入更多的学科力量，风景园林学科作为人居生态环境规划建设的核心力量，应与城乡规划和建筑学科一同组建城市更新中经济—社会—生态三者互动的关系，并在城市未来发展中发挥绿色引领作用。

二、风景园林学科视角下的城市更新

风景园林学是综合运用科学和艺术手段，研究、规划、设计、管理自然或建成

① 刘德聚，洪再生，赵立志．城市剩余空间认知及其调整策略[J]. 城市发展研究，2018，25(7)：90-96.

② 王纪武．地域城市更新的文化检讨：以重庆洪崖洞街区为例[J]. 建筑学报，2007(5)：19-22.

环境的应用性学科，以协调人与自然的关系为宗旨，保护和恢复自然环境并营造健康优美人居环境。目前，风景园林学科视角下的城市更新理论和实践尚在探索之中，对于风景园林学科如何参与城市更新、如何支撑城市更新、如何引领城市更新的研究和关注亟待加强。这不仅与我国生态文明建设和以人为本的发展理念息息相关，还能在改善城市生态环境和人居环境、保护和传承文化遗产等方面发挥重要作用，使得在风景园林学科支撑下的城市更新工作朝着绿色生态、美丽宜居、文化兼修的更高目标推进。

(一) 绿色生态

城市更新的本质是进行人居生态环境的优化。无论是在山水格局的构建、绿地系统的建设中，还是在生态人居环境的营造上，风景园林师都强调人与自然的和谐，强调绿色与生活空间的结合。同时，风景园林学科以服务社会大众为导向，展现出“绿色发展、开放共享”的内涵。风景园林师在城市更新中将城市内外的山、水、林、田、湖、草等绿色资源加以整合，为城市预留出生态韧性空间和生态缓冲空间的同时，也在积极地为城市居民提供了不同规模、类型的绿色活动空间。可见，风景园林学科能充分利用城市自然生态空间为人民服务，使城市更新具有“生活性”“生态性”“生产性”，实现经济—社会—生态的平衡。

(二) 美丽宜居

城市是由自然生态系统、基础设施系统、社会经济系统耦合而成的复杂有机体。而其中自然生态系统和城市绿色空间所形成的绿色基础设施则是人类和社会发展所依赖的生命支持系统。城市更新必须由粗放转入精细的规划模式，即从以往关注灰色基础设施如城市管廊、道路等的更新，到重视绿色基础设施的更新。这是新时代的发展要求，也是城市更新的重要方向之一。在以往大多数成功的城市更新案例中，美丽宜居的绿色环境营造和生态功能拓展往往体现在城市绿色基础设施的更新上，如佩雷公园、福州城市绿道等都是经典的代表案例。风景园林学科在城市更新中作为一种提高绿色基础设施空间品质的重要科学支撑，可以通过风景园林的营建手法，改善城市人居环境，激发城市活力，逐渐恢复城市的自然元气，满足城市居民对绿色生活的向往和追求。

(三) 文化兼修

每个城市都具有自己的历史文脉和内涵，风景园林学科已经成为挖掘城市文化、提升文化内涵、展现城市文化底蕴的重要载体。因此，融入风景园林学科的城市更新将更加突出文化兼修的软实力和吸引力。城市更新方式由过去采用的“拆、改、留”转为“留、改、拆”，如北京前门大街和大栅栏城市街区更新，逐步实现了历史文化遗产和现代绿色开放空间的结合，让传统文化遗产走进人民生活之中。城市更新可汲取中国传统文化，采用当代需要的形式和内容，使传统文化以一种新形态、新气象出现在城市绿色开放空间之中，使之塑造的绿色空间成为具有时代性、民族性、地域性、艺术性、技术性和被人民喜爱的文化风景综合体，能真正留住城市的文化和生活记忆。

三、融入风景园林学科的城市更新路径

以“绿色健康”“美丽宜居”“文化兼修”为目标，从风景园林学科角度精准把握城市更新的内涵，笔者初步提出了五个方面的更新路径，积极探索融入风景园林学科的城市更新的范式，科学提高城市更新的绩效，更好地满足人们对美好生活的需要。

（一）既是城市单元的更新，又是人居系统的更新

城市发展不仅关注城市内部空间建设，还需要协调与周边自然的关系，共同构建一个和谐共生的生态人居系统。城市更新工作虽然是以城市建成区为中心，但同样需要重新建立城市与自然的有机融合关系。在更新路径中，风景园林师要进一步强化“生态优先、绿色发展”的基本理念，以城市生态空间的保护、修复作为城市更新的基础手段，促进城市生态系统与人居系统协调。例如，通过“保绿”推进城市绿色资源的保护和生态系统的修复，重新塑造城市与自然的共融关系；通过“引绿”实现城市外围绿色空间的渗透和连接，重新建立城市与生态的物质循环机制；通过“还绿”高效利用城市废弃空间和腾退闲置土地，重新恢复城市土地的生态功能。

在城市更新过程中，除了保障现有绿色空间，风景园林师还需要聚焦于居民的需求。从在哪里、如何设计、服务设施有什么到如何使用和维护管理，从设计到施工，风景园林师都需要与公众及时交流，以此增强居民的归属感和认同感，从而使居民参与到城市更新的建设和维护之中，如深圳香蜜公园在规划设计营建中参考公众意见，进行参与式设计以满足市民需求，培育城市的公园文化，建设公众乐享之园，同时施工建设接受群众监督，建设完成后还建立了政府—理事会—企业维护机制以保障该公园的管理和维护工作。

（二）既是基础设施的更新，又是环境品质的更新

实施城市更新行动的目的，是推动解决城市发展中的突出问题和短板，提升人

民群众对美好生活环境的获得感、幸福感和安全感。这意味着城市更新将从以基础设施更新优化为中心、以老旧硬件设施升级为重点的发展方式，变成以人民为中心、以生活质量为导向的城市环境品质综合提升模式。因此，要以“高质量环境创造高品质生活”为指引，防止城市更新中的建设形成急于求成、盲目求新之风，要重新树立“品质优先”的原则，适度包容城市剩余空间。在实践过程中，风景园林师可通过“绿更新”“微更新”“巧更新”等策略，对城市原有的灰色基础设施进行改造，让城市道路成为林荫道，将城市的人工排水管网逐渐转换为由湿地、公园、草沟等组成的绿色网络；通过建设“微绿地”“口袋公园”“社区花园”等，营造或改善更多的城市绿色开放空间，提升公共空间品质。例如，成都利用绿道串联不同的景观资源，如自然生态节点以及历史人文节点，为市民提供多样化的公共活动场所，并带动周边产业，激发城市活力。同时，绿道修补了城市慢行系统，满足徒步、自行车行驶等多种居民需求，可承载城市公共生活、社会交往等多种功能，实现了“绿色”让生活更美好的愿景，提高了居民的生活品质。

（三）既是景观形象的更新，又是生态韧性的更新

当前，新冠肺炎疫情仍在全球蔓延，面临这样重大的公共应急事件，如何开展城市开放空间的建设成为广泛讨论的议题。除此之外，高密度城市的雨洪压力、空气污染、地质灾害、地震火灾等问题不断增加，也威胁着城市安全。城市更新的目的不仅是让城市更美、更整洁，更是要重建和恢复一个具有生态韧性和弹性调节能力的城市系统。不仅要“景观的高颜值”，更要“生态的高品质”。风景园林师在城市更新中，通过塑造多尺度、多类型的韧性绿地空间，重建城市生态系统，提高生态绩效，促进景观破碎地区的生态修复，完善城市防灾避险功能，不断增强城市在承受各种扰动时能够化解和抵御外界冲击的能力，提高城市更新后的适应力与恢复力。城市更新工作通过保留如湖泊、湿地、森林等生态空间，规划城市必需的河、湖、渠等蓄—滞洪设施，使城市有一定比例的绿地能涵养雨水，有一定的库容能调蓄径流，建设由点（雨水花园等）、线（植草沟、明沟等）、面（湿地、河、湖等）组成的雨洪调节系统，维系和增强城市生态调节功能。

如美国纽约市与风景园林学科研究团队合作，配合雨水桶赠送计划、绿色街道建设、史泰登岛蓝飘带等方法技术，加强了纽约市绿色基础设施建设。此举措不仅使纽约市免遭洪水侵袭，还利用街道旁的植物浅沟、滞留池、雨水花园等绿地进行景观设计，让城市更新所建设的绿地空间具有生态、景观双重功能。

（四）既是空间物质的更新，又是文化活力的更新

文化是城市的灵魂。城市在发展过程中形成的特有历史脉络和文化印迹，是城市文化气质的重要体现。城市更新可以让城市物质空间以“旧”变“新”，可以让“脏、乱、差”变成“洁、净、美”。但在空间物质的更迭中，不能忘记城市的文化根本。风景园林学科的重要使命是延续城市文脉传统，激发城市文化活力，实现城市更新的文化价值。

城市更新应着重保护历史建筑和街区，关注当地的风土人情、历史文化、气候特征等，征询居民意见，修复和营造能唤起乡愁记忆的传统景观风貌和空间场景，增强居民的地方归属感。同时，风景园林师应从历史文化遗产中汲取前人的哲学理念和生活态度，特别是对“意”的把握。以造园之意为先，之后以具体物质形态加以表现，创造出属于当代的文化景观。“意”为引领，以画入景，实现文化与景观、人与自然的融合。如苏州狮山公园山、水紧密相依，如同八卦图盘，不仅传承中国山水意象精神，还与城市发展的新导则及当代生态可持续概念相契合，以欣欣向荣的姿态实现了传统和现代园林文化的交融。风景园林学科引领下的城市更新将构建“文化＋城市”“文化＋风景”的混合发展模式，将文化力量注入城市更新实践，在文化传承中容纳新兴的城市功能，从而激发城市发展的活力。最终通过城市更新，挖掘和重塑城市的人文精神内涵，全力打造更具温度、更有情怀的城市人文环境。

（五）既是管理手段的更新，又是治理水平的更新

城市更新是城市高质量发展的路径，也是推动城市空间治理体系和治理能力升级的“催化剂”。若要实现城市有机更新的常态化，先要打破各自为政、条块分割、政绩导向的传统城市治理模式，然后建立以风景园林、城乡规划、建筑、生态、交通等多专业和学科为支撑的城市绿色综合治理平台。政府部门可从城市空间政策规范化、城市管理系统化、人民服务精细化三方面入手，做好顶层设计，切实加强和改进城市更新的管理工作，并建立“使用者—管理者—设计者—营造者”的四方传导体系，利用多方力量共同探索城市更新的新模式，最终实现在城市更新中城市治理水平和管理手段的提升。

在习近平新时代中国特色社会主义思想指引下，中国城市规划建设正由增量模式转化为存量模式，城市更新的发展也逐渐从高速增长向高质量发展转型。城市更新已经成为补齐城市发展短板、提升城市品质及居民生活质量和提高城市竞争力的重要工作。当前，风景园林学科在生态文明建设和城乡人居环境优化中发挥着越来越大的作用，促使着城市更新方式由过去的“拆、改、留”朝向“绿色生态、美丽宜

居、文化兼修”转变，不断支撑和服务城市更新。融入风景园林学科的城市更新将更加注重城市发展内涵，更加强调以人民为中心，更加重视人居环境的改善和生态环境的保护。在这个过程中，风景园林学科也将进一步顺应新时代要改善人居环境和重塑城市活力的发展需求，与其他学科相辅相成、协同支撑，让城市的规划建设实现更高质量、更有效率、更可持续的发展，实现城市社会、文化、环境、经济等综合价值，让人民群众享受更多城市更新的成果。

第二节 城市绿地系统与城市绿地建设

所谓“绿地”，《辞海》释义为“配合环境创造自然条件，适合种植乔木、灌木和草本植物而形成一定范围的绿化地面或区域”，或指“凡是生长植物的土地，不论是自然植被或人工栽培的，包括农林牧生产用地及园林用地，均可称为绿地”。

所谓城市绿地系统，是由质与量的各类绿地相互联系、相互作用而形成的绿色有机整体，是指各类性质绿地通过规划形成兼有生态功能、游憩功能和防护功能的有机组织结构，包括布局呈不同类型、不同性质和规模的各类绿地（包括城市规划用地平衡表中直接反映和不直接反映的），共同组合构建而成的一个稳定持久的城市绿色环境体系。园林绿地系统建设是城市生态环境建设的核心内容，是城市可持续发展的重要基础。

一、人居环境与绿地系统

人居环境或称“人类住区”（human settlement）属于生命活动的过程之一，与地球和生命科学有着密切的联系。科学家把覆盖地球表面的薄薄的生命层，称之为“生物圈”（biosphere）。它是地球上有生命活动的领域及其居住环境的整体。生物圈是地球上最大的功能系统并进行着能量固定、转化与物质迁移、循环的过程。其中，绿色植物具有核心的作用。从生态学的基本观点出发，可以将地球生物圈空间大致划分为自然生境（natural habitat）和人居环境（human settlement）两大系统。人居环境的空间构成，按照其对于人类生存活动的功能作用和受人类行为参与影响程度的高低，又再划分为生态绿地系统（eco-green space system）和人工建筑系统（man-made building system）两大部分。

二、园林与绿地的关系

绿地是城市园林绿化的载体。园林与绿地属于同一范畴，具有共同的基本内容，但又有区别。

我们现在所称的“园林”是指为了维护和改变自然地貌，改善卫生条件和地区环境条件，在一定的范围内，主要由地形地貌、山、水、泉、石、植物、建筑（亭、廊、阁）、园路、广场、动物等要素组成。它是根据一定的自然、艺术和工程技术规律，组合建造的“环境优美，主要供休息、游览和文化生活、体育活动”的空间境域。包括各种公园、花园、动物园、植物园、风景名胜区及森林公园等。

可以理解为“园林”是在特定的土地范围内，根据一定的自然、艺术及工程技术规律，运用各种园林要素组成，给予美的思想设计，加以人工措施，组合建造的，环境优美，主要供游憩、休息和活动的空间境域。它包括各种公园及风景名胜区。广义地说，可包括街道、广场等公共绿地。但绝不包括森林、苗圃和农田。

绿地的含义比较广泛，凡是种植多种植物包括树木花草形成的绿化境域，都可称作绿地。就所指对象的范围来看，“绿地”比园林广泛。“园林”必是绿地，而“绿地”不一定称“园林”。园林是绿地中设施质量与艺术标准较高，环境优美，可供游憩的精华部分。城市园林绿地既包括了环境和质量要求较高的园林，又包括了居住区、工业企业、机关、学校、街道广场等普遍绿化的用地。

三、城市园林绿地系统建设

城市绿化是城市发展建设的重要组成部分，是营造生态城市、建设绿地系统的重要手段，是城市生态环境建设的核心内容。国外许多国家把城市绿化作为保护环境和净化大气的一项重要措施。

（一）园林绿地建设的指导思想

科学的发展，多种学科的相互渗透，检测手段的进步，促进了人们对于园林植物生理功能和对人的心理功能作用等认识的提高。因此，对园林绿化多方面有益作用的视野更加广阔了，人们从过多强调观赏、游憩等作用的观点，提高到保护环境、防止污染、恢复生态良性循环、保障人体健康的观点，从而使城市园林绿化的指导思想产生了一个新的飞跃。当今，在园林绿化建设指导思想上有多种主张，主要观点有：

（1）人们追求“原野游憩”，是人类更高程度地利用大自然。美国国家公园建设与规模在世界上名列前茅，国家公园和自然保护区总面积占全国土地的1/10。从世界上第一个国家公园——黄石公园的创始，经过100多年的发展，到20世纪70年代，美国又新兴了一门科学——《原野游憩学》(*Wildl and Recreation*)，议会通过了一项“原野公园法案”，建立一套全国的原野游憩系统，在联邦政府中设有专门机构管理，在50所大学设立原野游憩息，培育人才。美国一些专家认为“原野游憩”的发展，标志着人类社会的进步。

(2) 主张“自然进展”的园林。路易斯·罗伊（Louis Roy）、施尼特（Schnidt）等主张“自然进展”的园林，即不应加以人为的干涉，应听任大自然作主宰自由发展。

(3) 主张“拟自然园林”。由于人口增加，工农业迅速发展，城市不断扩大，欲完全恢复到大自然已不现实，所以弗苏拉·克洛泽（Vrsula Klose）和迈克尔·劳伊（Michael Lauie）提出了以最少设计指导思想的“拟自然园林”。要求实现人工与自然间的和谐，并在园林的发展完成过程中尽可能地消除人为加工的痕迹，尽量表现自然之美。

(4) 主张以“景观生态学”理论来研究整个景观，提出建设“园林”。由于城市和城市问题的日益严重，使景观学、生态学与人文学科互相渗透交叉互补，发展和形成了一门新兴的交叉学科——城市景观生态学。景观生态学是生态学中新兴的分支，它是介于地理学和生态学之间的边缘科学，以整个景观为研究对象，着重研究景观中各自然组分的异质性，它们之间的相互作用及其与生物活动尤其是人类活动之间的相互影响。许多学者不但在城市景观生态学方面进行了许多有益的探索，而且运用景观生态学的理论和方法，借助于遥感和地理信息系统及计算机技术，对城市园林绿化进行了分析和研究。

(5) 主张“大环境绿化”。所谓大环境绿化，即是在城市区域（指城市的行政区域即城区、郊区的总称）进行园林绿地的规划和建设，将城乡两个分散的绿化体系有机地结合为统一的大绿化系统，更好地发挥绿化的群体效应。我国北方以天津市为代表首先提出了“大环境绿化”的设想，黑龙江省及吉林省的许多城市如长春、吉林等都提出了城市的“大环境绿化”。认为：大环境绿化是我国城市园林绿化工作的新出路，是建设和实现城市生态园林绿化的“催化剂”和重要手段，是城市园林绿化总体规划的完善和补充。

(6) 建立“城市森林与城市林业”的理论。随着城市环境问题的进一步恶化，从森林中走出来的人类终于在大自然的惩罚下认识到“城市发展必然与自然共存”，“把森林引入城市，城市建在森林中”已成为人们的迫切需要，并逐步形成了现代林业的一个重要分支——城市林业。在我国，此概念主要是由林业工作者提出的，但由于理解角度和研究重点的不同，园林界和林学界对城市林业和城市森林的概念和范畴有不同的理解和提法。国内外许多学者都在此方面进行了研究和论述。

(7) 建设“生态园林”。布里伊姆（Brieiime）从保护物种出发，R. 汉森（R.Hansen）

从生境类别出发而主张“生态园林”的观点。我国园林工作者积极提倡发展生态园林的思想，认为生态园林是城市园林发展的必然趋势。生态园林的观点认为，城市生态系统是以人为中心构成的。这个系统是人类模拟自然、改造自然，建设良好人工环境的产物。虽然城市生态系统的物质循环不像大自然环境中表现得那样充分和完整，但也有其独特的因子和作用。在这个系统中，树木花草发挥着最有效的作用。生态园林既不同于过去以观赏为目的的园林形式，也不同于只供文娱游憩为主的文化公园形式，而是根据生态学理论，模拟再现自然山林景观，为城市居民提供接近自然的环境。

目前，我国在城市绿地建设上有两大主要代表观点：一是由园林部门提出的建设“生态园林”的理论；二是由林业部门提出来的建设“城市林业”和“城市森林”的理论。

（二）城市园林绿地建设发展趋势

自20世纪90年代以来，在可持续发展理论的影响下，当今国际性大都市无不重视城市生态绿地建设，以促进城市与自然的和谐发展。由此形成了21世纪城市绿地的三大发展趋势：

第一，城市绿地系统的要素趋于多元化。城市绿地系统规划、建设与管理的对象正从土地、植物两大要素扩展到山、水、植物、建筑四要素，城市绿地系统将走向要素多元化。

第二，城市绿地系统的结构趋向网络化。城市绿地系统由集中到分散、由分散到联系、由联系到融合，呈现出逐步走向网络连接、城郊融合的发展趋势。城市中的人与自然的关系在日趋密切的同时，城市中生物与环境的关系渠道也将日趋畅通或逐步恢复。概言之，城市绿地系统的结构在总体上将趋于网络化。

第三，城市绿地系统功能趋于生态合理化。以生物与环境的良性关系为基础、以人与自然环境的良性关系为目的，城市绿地系统的功能在21世纪将走向生态合理化。

第三节　城市风景园林绿化工程生态应用设计

一、中心城区生态园林绿地系统人工植物群落的构建

生态园林主要是指以生态学原理为指导（如互惠共生、生态位、物种多样性、

竞争、化学互感作用等）所建设的园林绿地系统。在这个系统中，乔木、灌木、草本和藤本植物被因地制宜地配置在一个群落中，种群间相互协调，有复合的层次和相宜的季相色彩，具有不同生态特性的植物能各得其所，能够充分利用阳光、空气、土地空间、养分、水分等，从而构成一个和谐有序的、稳定的群落。它是城市园林绿化工作最高层次的体现，是人类物质和精神文明发展的必然结果。

（一）城市人工植物群落的建立与生态环境的关系

植物群落是一定地段上生存的多种植物组合的，是由不同种类的植物组成，并有一定的结构和生产量，构成一定的相互关系。建立城市人工植物群落要符合园林本身生态系统的规律，城市园林本身也是一个生态系统，是在园林空间范围内，绿色植物、人类、益虫害虫、土壤微生物等生物成分与水、气、土、光、热、路面、园林建筑等非生物成分以能量流动和物质循环为纽带构成的相互依存、相互作用的功能单元。在这一功能单元中，植物群落是基础，它具有自我调节能力。这种自我调节能力产生于植物种间的内稳定机制，内稳定机制对环境因子的干扰可以通过自身调节，使之达到新的稳定与平衡。这就是我们提倡建立城市人工植物群落的主要依据。

城市环境中的水、气、土、光、热、路面等非生物成分，对形成人工植物群落关系密切，它既是形成人工植物群的依托条件，又是限制人工植物群落形成的因子。由于植物有自我调节的能力，所以绝大多数的园林植物对城市中的水、气、土、光、热、路面建筑能够适应。但不能忽视城市这个再造环境中某些非生物因子对园林植物生长的影响，如城市污染、道路铺装、地下管网、挖埋修建、交通等均能造成园林植物生长不良，甚至死亡。城区的环境都不利于建成人工植物群落。

在园林绿地建设中，我们应该重视以生态学原理为指导的园林设计和自然生物群落的建立。创造人工植物群落，要求在植物配置上按照不同配置类型组成功能不同、景观异趣的植物空间，使植物的景色和季相千变万化，主调鲜明，丰富多彩。

（二）城市人工植物群落构建技术

1. 遵循因地制宜、适地适树的原则，建设稳定的人工植物群落

首先，要遵循“适地适树”的生态学原理，选择适应性强的树种。所选的树种不仅是本地带分布多的或经过引种取得成功的树种，同时还应是适应种植立地条件的树种。其次，对树种求全责备是不恰当的，对于已经适应在本市生长的树种不应该轻易否定。适生树种不是全能冠军，应取其长避其短。植物种群由于受地域的限制，有它一定的生态幅度，同一地域的植物种类在生态习性上相近，对当地的环境

适应性强，尤其是选择单调的乡土树种建立人工植物群落，适应当地环境能力更强、成活率高、绿化效果快。然而，同一树种在同一城市范围内不同地域，因各种环境因子不同，其表现有时相差甚远。如红皮云杉和冷杉是北方的乡土树种，四季常绿、树姿优美，深受群众喜爱。但它们要求冷凉湿润的气候，忌强阳光直晒，喜半荫及微酸性土壤。因此，虽作为庭院树生长良好，但栽到大街上，人流多、土壤板结、干旱而炎热的地段上长势则很弱，绿化效果很差。某一区域或地段应选用什么样的树种，应考虑具体的实际情况。要选取在当地易于成活、生长良好，具有适应环境、抗病虫害等特点的植物，充分发挥其绿化、美化的功能。为此，我们在进行树种选择时，必须掌握各树种的生物学特性及其与环境因子（气候、土壤、地形、生物等）的相互关系，尽量选用各地区的乡土树种或适生树种，这样才能取得事半功倍的道路绿化效果。

2. 以乡土树种为主，与外来树种相结合，实现生物多样化和种群稳定性

乡土树种是经过长时期的自然选择留存的植物，反映了区域植被的历史，对本地区各种自然环境条件的适应能力强、易于成活、生长良好、种源多、繁殖快，通常具有较好的适应性，还能体现地方植物特色。乡土树种是构成地方性植生景观的主角，是反映地区性自然生态特征的基调树种，也是植物多样性的就地保存的内容之一。因此，无论从景观因素还是从生态因素考虑，绿化树种选择都必须优先应用乡土树种。但为了适应城市复杂的生态环境和各种功能要求，如仅限于采用当地树种，就难免有单调不足之感。一些外来树种经过引种驯化后，特别是其原产地的生境与本地区近似的树种，确认其适应性较强的优良树种，也可以引进用来作为绿化树种，乡土树种与外来树种相结合，以丰富树种的选择，满足城市绿化多功能的要求。在绿化中根据城市生态环境和气候特点，不同街道及绿地的立地条件（光、水、土、空间等）、绿化带的性质（分车、人行、路侧防护等）及临街建筑物，合理地选择和种植与之相适应的乡土树种和外来树种，尽可能增强城市生态系统的自我调节能力，实现生物多样化和种群稳定性。一个健康群落的关键正如英国生态学家查理爱尔登所说的是“保持多样性”。多种多样的树木带来的多重营养结构和食物链能有效地控制昆虫数量。

3. 以乔木树种为主，乔、灌、花、草、藤并举，建立稳定而多样化的复层结构的人工植物群落

城市绿地是由乔木、灌木和地被植物组织构成的，乔木是园林树木的骨干，它具有良好的改善气候和调节环境的功能，但在树木配植上应考虑形态与空间的组合，使各种不同树木的形态、色调、组织搭配得疏密相间、高低有度，使层次与空间富有变化。因此，在树木配置上，灌木要多于乔木。多层次的林荫道和装饰型绿

化街道上，种植灌木也要多于乔木（不包括绿篱）。北京朱行认为，街头绿地景观绿荫效果好的乔灌比为1∶1～1∶1.5较为合适。城市绿地中乔木与灌木的比例以1∶4～1∶6较为适宜。

生态学原理指出，营养结构越复杂，生态系统越稳定。植物种类多样性导致稳定性，食物链结构越复杂则越稳定。这就要求在绿化建设上向多结构、多层次发展，具有合理的时空结构。在建设人工植物群落时，要设计多种植物种类，多结构、多层次布局。要求在层次要素之间的地位和等级差别，在时间和空间位置上要互不影响，各取所需，各得其所，又互为联系。

城市园林绿化的空间是城市中的自然空间。园林植被通过其生理活动所产生的生态效益，是城市园林绿化改善城市生态环境综合功能中的主要功能之一。通过对北京市园林植被大量的测定表明，由乔木、灌木、草坪组成的植物群落，其综合生态效益（释氧固碳、蒸腾吸热、减尘滞尘、减菌、杀菌及减污等）为单一草坪的4~5倍。

为此，在绿化配置时要搭配适当的灌木、藤本、花卉及草坪植物。孙如竹等提出扬州绿地的乔木∶灌木∶草坪：地被植物总量=1∶1.5∶4∶4；北京现有的绿地中乔木∶灌木∶草坪地被植物∶绿地为1∶4.8∶6.05∶29.56。城市适宜的比例应为乔木∶灌木∶草坪地被植物∶绿地=116∶15∶30。

当然，植物配置的比例也不是一成不变的，在栽植中可根据实际情况适当增减，但总的原则是植物的配置要按照生态学的原理规划设计多层结构，在物种丰富的乔木下栽植耐阴的灌木和地被植物，构成复层混交人工植物群落，做到阴性、阳性植物，常绿、落叶，速生、慢生树木相结合。

根据具体区域功能要求，建议选择适宜的种类进行配置。在上下之间，要把强阳性的高大乔木和半阴性低矮灌木植物及耐阴的草本植物进行合理配置。上层乔木要选择阳性树种，中层小乔木或灌木选择较耐阴的种类，下层地被和草坪选择耐阴性强的种类，使植物上中下各部位都能接受到阳光，各自都占有一定的空间而使植物生态功能发挥良好。乔木、灌木、草本和地被植物，常绿和落叶树种，喜光和耐阴植物，速生和慢生植物，深根和浅根植物等组成合理的结构，以便在时间和空间上充分利用光照、水分和肥料的合理配置而不发生竞争。

总之，复层结构要求植物种类要多，能够形成多结构、多层次、多品种、多色调的人工植物群落。

现代城市各类绿地中，灌木是不可缺少的，而且比例也在逐渐加大。它们花期较长，有些萌芽早，易繁殖栽培，花姿千奇百态，花期各不相同，且有许多香花植物。在绿化上，可根据不同观赏特点和栽培条件适当增加灌木树种数量与种类。

4. 在人工群落中要合理安排各类树种及比例

（1）落叶树与常绿树相应搭配

北方城市绿化最基本的要求是“四季常青，三季有花”，这就要从常绿树种与落叶树种比例着手，进行调整。落叶树种能在春夏两季内充分发挥其绿化、观赏效益，而到了秋季开始落叶，冬季成光枝干杈。常绿树种“四季常青”，使冬季不乏绿色，增添春意。从种植量上看，近几年常绿树种数量低于落叶树种。城市地区绿化树种的应用，基本上以落叶树种为主。树种的数量或株数上均占绝对优势。因此，应当增加常绿树种和数量。这对冬季漫长的北方地区尤为重要。北方城市地处高纬度，冬季较长，入冬之后树叶尽脱，市区环境显得分外萧瑟。为了丰富城市景观，栽植一些常绿树种，与白雪辉映，更能体现出北国风光的壮丽之美。在配置时，常绿树一般最好栽植在公园、绿地、机关、庭院、林荫路等公共绿地，不宜做行道树使用。在北京地区公园绿地中，常绿树一般占落叶树的30%~40%，北京城市居住区绿地，常绿类与落叶类的数量比例为3.8∶1。综合北方城市具体情况和国内大中城市的树种配置比例，笔者认为，北方城市常绿树与落叶树的比例，以1∶3~1∶4较为适宜。

（2）速生树与长寿树种兼顾发展

随着现代化建设的高速发展，不仅城市街道马路拓宽改造日新月异，乡镇公路网络也四通八达。国道、省县道路在不断增加、不断拓宽。因此，道路系统绿化任务也在不断增加，并提出新的功能要求。大量新开辟的道路亟待栽植行道树进行绿化点缀；许多老的道路，由于拓宽后清除了原来的行道树，也需重新栽植设计。速生树种能在短期内发挥效益，是绿化中必不可少的，但这些树种一般寿命短，经过20~30年就要更新，所以必须兼顾培育和栽植长寿树。为此，在道路绿化的问题上，就要采用近期与远期结合、速生树种与慢生树种结合的策略措施。在尽快达到夹道绿荫效果的同时，也要考虑长远绿化的要求。

新辟道路往往希望早日绿树成荫，可采用速生树种如刺槐、柳树、杨树、臭椿等，但这些树种长到一定时期后，易于衰退，树冠不整、病虫滋生，砍伐后，形成一段时期绿化的空白。如我们能从长远效果考虑，在选用行道树时，在速生树种中间植银杏、国槐、紫椴等长寿树种，则在速生树种淘汰后，慢生长寿树种长大，继续发挥绿荫作用，避免脱节。

城市绿化是百年大计，应有长远打算。中华人民共和国成立初期，为了加速实现城市的普遍绿化，大量栽植速生树种是完全适宜的。如今进入改造、提高阶段，则应考虑种植珍贵的长寿树种（即慢生树），以提高绿化的效益，主要干道、风景点、公园和永久性绿地、公共建筑庭院等都应栽植较多的长寿珍贵树木，快慢树的繁殖比例可确定为2：1～3：1，种植时应根据不同的立地环境，因地制宜。

5. 突出市花市树，反映城市地方特色的风貌

一个城市的“市树”“市花”，最能代表城市风貌。在城市中，“市树”“市花”要作为基调树种和园林的特色。在城市主要街道、广场、庭院等处，应大面积栽植“市花”“市树”，扩大其栽培应用的数量和范围，充分体现突出“市树”的特色位置和地位，形成城市独特的风光和景观。

另外，以反映地带性植被特点的、适生力强的阔叶常绿乔木树种和花期长、花色丰富鲜艳的花卉作为绿化骨干树种。这些树种，不但是乡土适生树种，也是特色树种，能够显示城市地方园林风格和特色。

6. 注意特色表现

树种的生长特性不同，绿化效益也不同，它们以自己特有的姿态，叶、花、果、枝、干、皮等给人以美的享受。绿化中，也可适当增加种植具有特殊观赏效果的树种，如龙桑、龙爪槐、垂柳等。这些树枝干扭曲，自成曲线，打破了直线条的常规，姿态独特。又如卫矛的叶、枝奇特，而丝棉木的果更给人以新奇的感觉。“绿色长廊”中，紫藤等被广泛应用，独具特色。三叶地锦、五叶地锦都是垂直绿化的优良材料。应用好这些有特色的树木，能起到锦上添花的效果。

7. 高大萌浓与美化、香化相结合

根据适地适树的原则，有的地方要栽高大荫浓的乔木，有的条件下要栽植观花为主的亚乔木或灌木；同时，有条件的居民区及公共绿地要考虑香化，栽植一定比例的花味浓香的树种，如玫瑰、黄刺玫、荼燕子、丁香类等。各种浓荫、观花、香化树种要搭配相当，在造景或美化市容上，必能相得益彰，各尽其美。在中小街路可集中栽植某一种观花乔木，形成一街一树、一街一景，间栽长寿树种，改变杨柳一统天下的老格局。在整个市区内即有绿荫覆郁地段，也有花繁似锦、色香俱全的绿化效果。

8. 注意人工群落内种间、种群关系，趋利抑弊，合理搭配

要选择适宜植物种群的生态环境，要求植物种群出生率大于死亡率，或者是出产率虽少，但活的年限长、生长长久。选择这样的植物种类建立人工植物群落存活率高、死亡率低，个体增殖快，保持长久，容易形成群落，能达到良好的绿化效果。

注意种群间的协调和稳定，发挥互利作用的使用。如使上层乔木落叶腐烂后成为下层植物的养分，松树和真菌共生形成菌根等。有一些树木生长在一起有互相促进作用，而另一些植物生长在一起则有相互抑制作用。因此，在植物配置时要做到趋利抑弊，合理搭配，如松与赤杨，锦鸡儿与松树、杨树植在一起均有良好的作用等。

掌握物种特性，避免相克作用。如松树和钻天杨树不能与接骨木生长在一起，因为接骨木对松树的生长有强烈的抑制作用，甚至使落入接骨木林下的松籽完全死亡；榆树的分泌物能使栎树发育不良；白桦、栎树能排挤掉松树；胡桃树皮和根系内均有胡桃醌，这种物质浓度在 6 ~ 10 毫克 / 千克时，也还能引起其他植物细胞的质壁分离，所以许多植物不能在胡桃树荫下生长；白蜡树和松树相距在 5 米以内时，对松树有抑制作用；葡萄园的周围不宜栽种小叶榆树，因它对葡萄有显著的抑制作用，榆树林带可使数米内的葡萄几乎完全死亡；苹果树周围一定要把冰草、苜蓿、燕麦等除掉，这些植物根系的分泌物对苹果树有害。有些花卉也会相克：如果在丁香花旁插一枝盛开的玲兰，丁香很快便会凋谢；也不要把玲兰放在水仙花旁；薄荷不能与豌豆同种，因薄荷会抑制豌豆的生长。

9. 尽量选择经济价值较高的树种

城市绿化树种的生态功能诸如覆阴、净化空气、调节温湿度、吸附尘埃及有害物质、隔离噪声以及美化观赏等，都是构建人工植物群落树种选择时应考虑的重要因素之一。在符合上述条件的前提下，树种本身经济价值的高低，也是选择时应当考虑的。若能在发挥生态效益、观赏效果的前提下，提供优良用材或果实、油料、药材、香料、淀粉、纤维以及饲料、肥料等有用财富的树种。尤其是市郊郊县的行道树种线长、量多，更应考虑经济效益。

在构建人工植物群落时，要运用城市生态理论、园林理论、系统工程方法等为手段，以改善和维护良好的城市生态环境为目标，合理规划布局城市绿地系统，通过绿地点、线、面、垂、般、环相结合，建立城市生态绿色网络。通过城市完善的绿地系统的建设，以良好的生态环境质量提高城市生态位，在建设绿地系统的同时需要考虑与之相关的其他系统的配置，包括公路网、水网等的匹配。绿化植物的种植依照生态学原理，全面考虑水体、土壤、地形、地质、气候、污染等因素，选择植物种类，以乡土树种为主、外来树种为辅，以乔木树种为主、乔灌花草藤相结合，建立复层结构的各种类型（观赏型、环保型、保健型、科普知识型、生产型、文化环境型）的稳定植物群落。

“四季常绿，三季有花”的绿地格局是城市绿地的最佳形态。事实上，每种植物都有优缺点，植物本身无所谓低劣好坏，关键在于植物配置的合理性、科学性和艺术性及栽培和养护管理的技术和水平。

二、城市街道绿化

街道人工植物群落，主要包括市区内一类、二类、三类街道两旁绿化和中间分车带的绿化。其目的是给城市居民创造安全、愉快、舒适、优美和卫生的生活环境。

在市区内组成一个完整的绿地系统网，给市区居民提供一个良好生活环境的污染。道路绿化还有保护路面，使其免遭烈日暴晒，延长道路使用寿命的作用，还能组织交通，保证行驶安全。道路绿化还能美化街景，烘托城市建筑艺术，利用街道绿化也能隐蔽有碍观瞻的地段和建筑，使城市面貌显得更加整洁生动、活泼优美。

（一）绿化布局

1. 不同组成部分的布局形式

道路植物群落包括行道树、分车带、中心环岛和林荫带四个组成部分，为充分体现城市的美观大方，不同的道路或同一条道路的不同地段要各有特色。绿化规划与周围环境协调的同时，四个组成部分的布局和植物品种的选择应密切配合，做到景色的相对统一。

（1）行道树

以冠大荫浓的乔木为主，侧重落叶类，夏季可遮阴，冬季可为行人提供天然日光浴。间距 5 ~ 8 米，在有架空线地段，应选择耐修剪的中等株形树种。

（2）分车带

是道路绿化的重点。应结合自身宽度、所处车道性质及有无地下管线进行规划。位于快车道之间的分车带，以草坪和宿根花卉为主，适当配以小型花灌木。位于快、慢车道之间的分车带，宽度为 2 米以下或有地下管网的，可采用灌草相结合的方式，做灵活多样的大色块规划设计，宽度为 4 米以上且无地下管网的，除灌草结合外，还可配以小型乔木。中心环岛地处道路交叉点，目的是疏导交通，要求绿化高度在 0.7 米以下，为使司机和行人能准确地观察到周围环境的变化，可采用小乔木和灌木、花、草结合的方式，进行各种几何图案或变形设计。

（3）林荫带

以方便居民步行或游总为前提，参照公园、游园、街头绿地进行乔、灌、草、花的合理优化配置。同时，可布置少量的园林设施，如园路、花架、花坛、园桌、园凳、宣传栏等。

2. 不同道路断面布局形式

道路绿化断而布局形式与道路横断面组成密切相关，城市现有道路断面，多数为一块板、二块板，少数为三块板的基本形式。因此，街道的绿化布局形式有一板二带、二板三带、三板四带等布局形式。

（1）一板二带

这是最常见的绿化类型，绿带中间板为机动车道，两侧种植行道树。其优点是简单整齐、用地经济、管理方便，但当行车道过宽时，遮阴、滞尘、隔噪声效果都差，景观也比较单调，这种形式多用在机动车较少的狭窄街道布局。

(2) 二板三带

就是除在街道两侧人行道上种植行道树外，中间用一条绿化带分隔，把车道分成单向行驶的两条车道。这种布局形式，即可减少一板两带形式机动车碰撞现象，同时对绿化、照明、管线敷设也较为有利，滞尘、消减噪声效果也高于前种，但仍解决不了机动与非机动车辆混合行驶相互干扰的矛盾，这种形式仅在市区二级街道，机动车流量不太大的情况下适用。

(3) 三板四带

用两条分车绿带把行车道分成三块板，中间为机动车道。两条分车绿带外侧为非机动车道，如沈阳市文化路。中间两条分车绿带，连同道路两侧的行道树共有四条绿带阻隔，可减少噪声、灰尘对两侧住户的影响。人行道两侧行植乔木，其遮阴效果较好，在夏季能使行人感到凉爽舒适、免受日晒。三板四带往往直通郊外，由于道路宽敞，有利于把郊外的新鲜湿气流带到市内，起到疏通气流减弱市中心热岛的效应。这种断面布局合理，适用于市区主要街道，同时有利于各种绿化材料的应用及美化街景。

(二) 植物配置

1. 一板两带的植物配置

目前，国内一板二带绿化树木栽植形式多为两侧各栽一条单行乔木。由于街道狭窄，行道树下通常作为人行道，故而乔木下不栽植花灌木。一般不挖长条树池，而是围绕树的根迹挖成圆形或方形树池。

一板二带在市内三级街道居多，和生活区接近。为了美化市容，净化环境，增强防护效益，一板二带的植物配置应考虑各市行人和行车的遮阴要求，还不能影响交通和路灯照明。这类街道一般人、车混用，又由于街道狭窄光线不足，要选择半耐阴树种，以形成和谐相称的绿色通道。在两株乔木间，可适当配置耐阴花木或宿根花卉，不经常通机动车的街道可设置花境，以丰富道路景观。住宅小区的街道两侧，可选用开花或叶色富于变化的亚乔木，为街道增色。城市的小巷街道最好栽植落叶树种，以免在葱郁的树冠覆盖下，冬天得不到阳光照射，形成积雪不化、寒气逼人的局面，或给行路造成困难，一般只宜在南北向街道上适当配置常绿树种，临街围墙和围栅要适当栽植些爬藤植物。

2. 二板三带的绿化植物配置

二板三带绿化的条件下，一般路面都比较宽，且人行道一般是在两侧绿带中。因此，边带绿化多为栽植双行乔木，两行树间有 2 ~ 3 米的人行道，如南北走向道路边带靠近马路一侧可选择观花、观果或观叶的亚乔木，靠近两边建筑物的一侧可栽植高大荫浓的乔木。这样，站在马路中间观看两侧绿化带，给人层次感。在亚乔木间（即靠近路边的一行树）可间栽花灌木或剪形的灌木，外侧一行可间栽常绿针叶树，以增强冬季的防护效果。东西向马路南侧，边行树要尽量选择较耐阴树种。为了不影响南侧靠近路边一行树的生长，两行树木应插空交错栽植。为了美化市容，丰富街景，上层林冠乔木树种要栽得稀疏些，尽量配置成乔，灌、草复合形式，在绿化带较宽的条件下，尽量配植绿篱，显得街道绿化规整、有层次，对消减噪声、滞尘和吸收有害气体均为有利。

中间分车绿带，尽量栽植叶大荫浓的树种，要尽量选择树形整齐，如桧柏、云杉、冷杉等，间栽灌木、剪形灌木或花丛，以免影响交通视线，减弱噪声和吸滞灰尘，还要适当配置绿篱。

3. 三板四带的绿化植物配置

三板四带的街道一般都比较宽敞，如沈阳市文化路宽达60米。中间板即两条分车绿带间是机动车上下行的路线，以分车绿带和外侧的自行车道分开。分车绿带宽4.5米，在绿化植物配置时不必考虑快慢车碰撞问题，只是在路的交叉口要考虑视线阻挡问题。可以用常绿树和落叶乔、灌木相间配置，但落叶乔木尽量采用观花、观果或观叶的亚乔木。其潮木最好选用不同花期、不同花色的花灌木相间栽植。分车绿带3～4米时可在靠近非机动车道一侧栽植绿篱，而靠近机动车道一侧设置低围栅栏。分车绿带大于4米宽时可在两侧都栽绿篱，这对防尘、消减噪声、保护绿篱内的花灌木和草本花卉正常生长都有好处。在绿篱内空地上适当栽植些草本宿根花弃和草坪植物，整个分车绿带将形成乔、灌、草相配置的形式，既丰富了街道景观，又利于滞尘、消减噪声、吸滞有毒有害气体。在分车绿带较窄的情况下可在围栅或绿篱中间栽植适于剪形的灌木，给人以整齐美观感，又起到交通分车线作用。在剪形灌木中间适当栽植草本花卉，可使街面富于生气。

三板四带街道两侧边带绿化，可采用双行或多行栽植。绿带中间设人行道。在靠近车道一侧最好栽植一行观花或观叶的亚乔木。在靠建筑物的一侧栽植单行、双行或多行乔木。如栽两行以上乔木，最好交错栽植。在树种选择上要尽量选择树形美、寿命长、落叶整齐的树种，树下最好间栽耐阴的花灌木。这样利于滞尘、吸毒、消减交通噪声，使路两侧的居民免受环境污染。如道路是东西走向，其南侧边带最好选用耐阴树种。

在有条件的地方，三板四带的两侧绿带可建成带状绿地，可借用为功能分区的卫生隔离林带。其树种应尽量选择抗污染、滞尘、吸毒、防噪声能力高的。以上植物配置可根据需要在本书综合评价部分推荐的各种类型树种中选择。

（三）植物配置原则与要点

（1）在树种搭配上，最好做到深根系树种和浅根系树种各尽其用。如对水分要求，深根系树种比浅根系树种耐旱，在土壤保水力差的地方要多栽耐旱、根系发育旺盛的深根系树种。在土壤保水力比较好的地方或近河岸、湖旁地方，可栽浅根系喜湿树种。

（2）喜光树种和较耐阴树种相结合，上层林冠要栽喜光树种，下层林冠可栽耐阴树种。如东西走向街道的南侧，南北走向的街道西侧和街道林带的第二层林冠的亚乔木，第三层林冠的花灌木，应选择下部侧枝生长茂盛、叶色浓绿、叶厚、质密较耐阴的树种。反之，东西走向街道的北侧，南北走向街道的东侧及行道树上层林冠树种，应尽量选择喜光、耐热、耐干旱的树种。

（3）街道绿带在双行或多行栽植情况下，最好是针叶树和阔叶树相结合，常绿树和落叶树相结合，其优点是减少病虫害，增强绿化、美化、净化环境的功能。

（4）木本植物和草本植物相结合，本地植物与外来引进植物（实践证明在本地可安家的树种）相结合，借用所长，补其所短，这样就可避免各树种之间争肥、争光、争水等各种弊病。

（5）要充分考虑各种绿化树种生长发育的自然规律。一般每个树种都要经历或长或短的幼龄、成龄和老龄等几个发育时期。不同树种每个时期长短有很大差异，而且每个树种不同生长发育时期对水、肥、气、热生长要素的竞争能力和对环境的适应能力和自身的形态表现、习性等都不尽相同。一般树木定植后，要求尽可能地相对稳定。在配置时对树木生长过程中，各个时期、种间、株间可能产生的矛盾和优势，要加以考虑，顺其自然，合理搭配，使其达到理想效果。

（6）要掌握各树种的观赏特性，选择观赏价值高的用以街道绿化，创造不同的街道景观。树木的冠、干、枝形状，皮色、叶色、果色、果形、果的大小，花期长短，花色、花的大小，以及观花期、观果期树木的整体姿态，随着时间的推移、季相变换而千变万化。如配置得当，便可组成优美的构图和奇妙的植物景观，利用不同树种，采用不同的结构配置方式可提供丰富多彩的观赏效果（其观赏特性可参考该树种综合评价的结果）。

随着城市建设发展，城市绿化向着净化、美化、香化发展，对于街道上栽植观花、观果树种更是迫切需要。有的城市提出三季、四季观花，一季观果，一季观叶的目标。就城市来说，可以做到三季观花、二季观果、一季观叶、冬季观枝的目标。这就要求今后街道树的配置要做到精心设计，不同环境创造不同景观。如同一花期不同花色树种配置在一起，可构成繁花似锦。还可用多种观花树种把花期不同的树种配置起来，能够获得从春到秋开花连绵不断的效果。

(7) 根据所处的环境条件、污染物质种类，选择相应的滞尘、吸毒、消减噪声能力强的树种，以求提高街道净化林的净化效果。

在交通量频繁的街道或靠近焦化工厂、炼钢厂、水泥厂的街道边带绿化，要尽量选择叶面多皱纹的（如榆树）、叶面粗糙的（如荚莲）、叶表面多绒毛和叶片稠密的（如杨树、柳树）、叶面较大的（如黄金树、梓树等），对滞尘都有较好的效果。通过实际测定，旱柳滞尘 18.14t/（a・h 平方米），榆树可滞尘 16.11t/（a・h 平方米），桑树可滞尘 12.1t/(a・h 平方米)。其次，如加拿大杨，刺槐、山桃、枫杨、花曲柳、皂角、美青杨等都有较高的滞尘能力。

凡是叶稠、枝密、冠底距地面较低的树种，即凡是冠幅大、枝叶繁茂、分枝点距地面低的树种对噪声消减效果均好。旱柳、美青杨、榆树、桑树、复叶槭、梓树、刺槐、山桃、松柏、皂角对噪声均有较好的消声效果。在交通频繁的街道，近钢铁生产厂区或近大型的机械厂要特别重视选择对噪声消减能力强的树种。在植物配置上，最好以乔木、亚乔木、灌木和草坪植物相配置。针、阔混交配置型式冬夏均起到较好的防声效果。绿带两侧最好设置绿篱更有利于防声。

交通干道如果是在污染区与居民区之间穿过，可借用该道绿化起到卫生隔离林带作用。在树种选择上应根据污染区放出的主要有害气体类型，选栽相应抗该种有害气体能力强且对该种有害气体又有较大的吸滞能力树种。

(8) 街道树配置株行距问题。街道绿化，一般多采用规则式、行植。其株距与行距的大小，应视树木种类、冠幅大小和需要遮阴郁闭程度而定。在市区一般高大乔木株距为 5 ~ 8 米，其行距要视邻行树种大小而定。如果两行都是同一树种，行距一般不小于株距。如两行插空栽植，行距可适当变窄些。中、小乔木的株行距为 3 ~ 5 米，大灌木为 2 ~ 3 米，小灌木为 1~2 米。具体情况要根据街道宽窄，绿带植物配置及整体布局灵活掌握。

北方城市街道绿化的格局应该是：以乔木为主，乔木、灌木、草坪和花卉相结合，垂直绿化、主体绿化相辅助，多品种、多色调、多层次，三季有花，四季有绿，真正达到点上成景、线上成荫、面上成林、环上成带的景观效果。建立具有绿化特点的景观街路，形成新颖的绿化格局。对改造后的街路广场，在绿化美化上也要形成特色。植物景观要与建筑相协调。建议利用植物的观赏特性（观花、观叶、观形、观色、观果等），在某一街道集中栽植某一树种，形成一街一树、一街一景，这种格局在中小街路上的景观效果会更突出；间栽长寿树种，改变杨柳一统天下的老格局；在新建、扩建街路搞树、花、草复层结构，建造生态园林景观。

三、行道树选择

（一）行道树选择的重要性

城市绿地系统是城市生态系统的子系统。城市行道树种则是城市绿地系统的重要组成部分，是城市绿化的骨架。行道树是城市园林绿化系统中“线”的重要组成成分，是联系点（大小公园、花园）和面（风景区、居民区等公共绿地）的纽带。由行道树组成的林荫道，作为城市绿地系统的一大类型，以“线”的形式将城市绿化的“点”“面”联结起来而形成绿色网络，对保护和改善城市生态环境、防污除尘、遮阴护路、净化空气、减少噪声、调节气候、美化市容等均有重要作用。因此，如何合理选择行道树种，加强栽培管理，对提高城市绿化水平，并增强其功能均具有重要意义。行道树的选择，能集中反映一个城市的地方园林特色。

（二）行道树选择的原则

大工业城市，人多、车多、灰尘大、污染重，选择树种时应侧重考虑抗逆性、适应性强，能更好地发挥绿化功能的树种，在栽植形式上建议根据自然植物群落形成的原理，采用树种混交及乔、灌、草等复层结构，有条件的地方要营造多行绿化带，绿化观赏效果好。多年的实践经验表明，定向种植以乔灌木为主的多层次结构的植物群落，既可增强绿化效果，又可从根本上控制病虫害的发生和蔓延。在植物种类的选择上，应尽可能遵循因地制宜的原则。

城市道路绿化除了考虑吸尘、净化空气、减弱噪声等功能外，最主要是解决两个问题：一是遮阴，降低夏季高温，改善环境小气候；二是美化市容，有利于观瞻。城市行道树的规划不但要符合常规园林绿化的要求和标准，还要满足不同区域不同条件下人们对行道树的需要，也就是说要根据不同功能区的特点对行道树进行区域性选择。

根据上述功能，城市道路绿化行道树树种选择原则是：①应以成荫快、树冠大的树种为主；②在绿化带中应选择兼有观赏和遮阴功能的树种；③城市出入口和广场应选择能体现地方特色的树种为主，它是展示城市绿化、美化水平的一个非常重要的窗口，关系到我们的城市形象，所以必须给它们确立一个鲜明而富有特色的主题。

（三）行道树选择的标准

行道树是为了美化、遮阴和防护等在道旁栽植的乔木。行道树是城市街道、乡镇公路，各类园路特定环境栽植的树种，生态条件十分复杂，功能要求也各有差异。行道树种的选择，关系到道路绿化的成败、绿化效果的快慢及绿化效应是否充分发挥等闲题。但由于城市街道的环境条件十分严酷，如土壤条件差、空气污染严重、车辆频繁、灰尘大、人为干扰频繁、空中缆线和地下管道障碍等，使得行道树的生存越来越困难。行道树的选择和规划不仅要考虑到人们感官上的需要，还要考虑其是否在改善城市环境污染方面起到积极的作用。因此，现代化城市的行道树树种的选择要兼有观赏价值、生态学价值和经济价值。选择树种时，要对各种不同因素进行综合考虑。现根据城市街道等特定环境对行道树的一般功能要求，确定以下一些标准：

1. 树种自身形态特征条件

（1）行道树特别是一、二级街道上层林冠树种，要求树势高大、体形优美、树冠整齐、枝繁叶茂、冠大荫浓、叶色富于季相变化：下层树种花朵艳丽、芳香郁馥、秋色丰富，可以美化环境，庇荫行人。

（2）树木干净，不污染环境。花果无毒、无黏液、无臭气、无毒性、无棘刺、无飞絮，少飞粉，不招惹蚊蝇，落花落果不易伤人，不污染路面，不致造成行车事故。

（3）树干通直挺拔，木材最好可用，生长迅速，寿命长，树姿端正，主干端直，分枝点高（一般要求 2.8 米或 3.5 米以上），不妨碍车辆安全行驶。最好是从乡土树种或常用树种中，选择成活容易的树种。

（4）基本选用落叶树种，根据气候和道路宽度也可选择一些常绿针叶树种。

2. 生态适应性和生态功能

（1）适应性强。在各种恶劣的气候和土壤条件下均能生长，对土壤酸碱度范围要求较宽，耐旱、耐寒、耐瘠薄、耐修剪，病虫害少，对管理要求不高。

（2）抗性强。对烟尘、风害、地下管网漏气，房屋、铺装道路较强辐射热，土壤透气性不良等有较强的抗性或吸尘效应高的树种。在北方城市地区，应选择能体现北方城市风光的抗逆性强种类，对城市街道环境的各种不利因素适应性强。

（3）萌生性强。愈合能力强，树木受伤后，能够较快或较好地愈合，耐修剪整形，适于剪成各种形状，可控制其高生长，以免影响空中电缆。

（4）具有乡土特色。要从乡土树种或常用树种中选择繁殖容易和移栽易于成活的树种，并应选择放叶或开花早、落叶晚，绿化效果高，落叶时间集中，便于清扫的树种。

（5）根际无萌蘖和盘根。老根不致凸出地面破坏人行道的地面铺装。

（6）种苗来源丰富。大苗移植易于成活，养护抚育容易，管理费用低。

（7）绿化效果好。应选择放叶或开花早、落叶晚，绿化效果高，落叶时间集中，便于清扫的树种。

(四) 行道树树种的运用对策

(1) 突出城市的基调树种，形成独特的城市绿化风格。行道树是一个城市园林的基本组成部分，是城市绿化的通道。行道树一旦种下，为保持整齐性，调整时需整条进行改造。因此，行道树树种的选择需慎之又慎，在遵从行道树树种选择原则的前提下，应对行道树的树形、抗性及观赏价值进行综合分析，制定行道树种运用的指导性规划，逐步更换一些不适应作行道树的树种，择优选择基调树种和骨干树种，突出风格，形成具有当地风光和特色的城市园林景观。为了使行道树达到美化和香化的效果，还需要进一步发掘一些大花乔木和香花乔木树种。

(2) 树种运用必须符合城市园林的可持续发展原则。为尽快体现行道树的作用和功能，要求行道树生长较快，而在选择树种生长速度的同时又必须考虑树种的寿命。因为速生树种虽然生长迅速，绿化效果快，但速生树种寿命比较短，易衰老。慢生树虽然生长缓慢，但寿命长，能实现绿化的长效性。只有选择长寿的树种，才可让明天有参天大树。因此，要综合考虑生长速度和长寿两个因子，以实现城市园林绿化的可持续发展。

(3) 注重景观效果，形成多姿多彩的园林绿化景观。随着时代和经济的发展，人们不再满足于只有树荫，而要求树形美观、花果漂亮。行道树的功能主要是为行人庇荫，同时美化街景。所以，行道树的运用必须注重其树形、花果、季相的观赏价值，利用植物不同的树形、线条和色彩，形成多姿多彩的园林绿化景观，以达到四季有景、富于变化的效果。

(4) 尽量减少行道树的迁移，提倡在新建区或改造区路段植小树。在市政建设尤其是道路改造过程中迁移的树木，大多是生长茂盛的大树。而大树在移植过程中会造成根系的伤害和树皮的损伤，且大树本身重量大，重新种植后恢复慢，抗风能力差。俗话说“十年树木”，树木生长需要一个较长的时间，故应尽量减少行道树的迁移，迫不得已时，也应严格按移植的规范程序操作。

(5) 完善配套设施，改变行道树的生长环境。行道树的生长条件相对较差，除了尽量避免各种电线、管道，选择抗瘠薄、耐修剪的行道树种外，还应完善配套设施，努力改善行道树的生长环境。

(6) 建立行道树备用苗基地，按标准进行补植。备用苗基地中的树木与行道树基本同龄，这样就为使用相近规格的假植苗进行补植提供了保障。一方面可以提高种植苗成活率，另一方面又可避免补植时因没有合适的苗木而补植其他树种或规格相差很远的树苗。

结束语

目前，城市更新与风景园林生态化建设好似一个新的风口，政府、投资者都非常关注。笔者通过研究认为，推动城市更新与风景园林生态化建设的策略如下：

（一）设立合理的城市更新目标

要通过目标不断地检验我们的城市更新是不是做得有价值。如果没有目标的更新，那就是无效的更新、低效的更新，或者是对城市的一种破坏。所以，城市更新目标设立，第一是有助于实现高质量的城市更新，第二是有助于保证更新后的城市整体效益，第三是有助于统筹更新项目的有序管理。

城市更新的目标应与城市可持续发展的目标高度一致，具体为三个方面：经济目标，让城市更有活力；社会目标，让社会更加和谐；环境目标，让城市环境更可持续。

（二）科技为力

科技代表最先进的生产力，科技在城市更新中的作用有两个方面。一是在城市更新中运用科技手段，可以形成智慧楼宇、智慧商业、智慧社区，降低成本、提高效率，大大满足现代生产和生活的需求。比如说，在区域更新中运用了科技，可以使城市更加智慧，管理更加精细；在城市商业更新中运用了科技，大数据可以实现精准营销，科技手段可以打造更具体验感的消费场景，还可以使商业更精准定位于客户的服务，增加客户的黏性；如果城市办公运用了科技，可以使办公的场所更加高效和智能；如果居住运用了科技，也能使我们的生活更加智慧和便捷。二是在城市更新中拥抱科技产业，如果把科技作为一个产业使城市更新与产业更新同步，那么科技带来人才，人才集聚带来更多的创新，而创新又带来新的生产力，先进的生产力又创造出更多的财富，使这个城市更能在发展中走到前沿。所以，科技这个重要的力量代表最先进的生产力，可以使城市更新焕发出最好的生命的状态，是成功的城市更新必须借助的一个重要手段。

（三）坚持生态风景园林建设原则

生态风景园林建设，首先，应遵循以人为本原则。以正确的价值取向、良好的审美情趣，实现景观生态设计理念与生态风景园林建设的有机融合。在对群体思想分析的基础上，兼顾人们共有的行为活动，实现人性化设计，打造出适用性、功能性的生态风景园林工程，从而满足人的需求。其次，要兼顾可持续发展原则。在满足人的需求基础上，保持资源环境及生态环境的平衡发展，实现人与自然和谐相处。最后，要融合生态景观设计理念。注重生态环境的有效保护，科学规划生态风景区，保持生态完整性与连续性，构建良性循环的生态系统。通过可再生资源利用、自然元素应用，降低人工痕迹，防止环境恶化，构建兼具观赏性、休闲娱乐性的生态风景园林工程。

（四）强化植物栽植及养护管理

（1）创新优化土壤改良技术。土壤改良可营造植物生长的良好环境。建设区域在土壤平整、水分喷洒、土层深翻、底肥施加等基础上，结合植物生长习性，针对性调整土壤的酸碱度。同时，科学应用土壤营养分析技术及设备，测定土壤的营养元素含量，并根据植物所需营养元素的类型及含量科学改良土壤，确保园林绿化植物栽植后有充足营养供给，以有效提升植物栽植成活率，实现园林工程生态效益最大化。

（2）加强后期养护管理。园林植物后期养护管理的好坏是建园成功与否的关键环节。做好修剪、除草、灌溉、施肥等管理，不仅能提高植物栽植成活率，更能让绿化植物生长旺盛，减少因管护不当造成的人力物力等资源的浪费，更好地提升生态风景园林的可观赏性，促进其生态、社会效益的同步发展。

参考文献

[1] 徐剑书 . 城市更新与城市文化相契合的方法与途径探究 [J]. 智能建筑与智慧城市，2023(05)：29-31.

[2] 刘奕，望开磊，江飙 . 城市更新的数字化思索 [J]. 华中建筑，2023，41(05)：172-177.

[3] 高德伟 . 提升生态风景园林建设水平的路径选择 [J]. 现代园艺，2023，46(09)：160-161.

[4] 赵云，杨潮军 . 城市更新项目的空间重构与资金筹措 [J]. 城市建筑，2023，20(08)：22-25.

[5] 王国军 . 基于现代治理理念的城市更新规划研究 [J]. 住宅与房地产，2023(10)：70-72.

[6] 陈俊颐，边文赫 . 新时代城市更新理论与方法研究 [J]. 城市建筑空间，2023，30(03)：73-75.

[7] 陈妍 . 风景园林在城市建设中的重要作用 [J]. 新农业，2023(06)：43.

[8] 于泓 . 城市更新中的城市设计策略探讨 [J]. 中国住宅设施，2023(02)：70-72.

[9] 陈超 . 实施城市更新的难点与策略 [J]. 城市建设理论研究（电子版），2023(05)：153-155.

[10] 赵双 . 新时期中小城市的城市更新策略研究 [J]. 住宅产业，2023(01)：39-41.

[11] 王春芳，孔小华 . 当前城市更新存在的问题与改进对策 [J]. 中国市场，2022(36)：31-33.

[12] 杨发兵，周明，沈瑞 . 城市更新政策研究 [J]. 工程建设与设计，2022(22)：229-231.

[13] 温锋华，姜玲 . 整体性治理视角下的城市更新政策框架研究 [J]. 城市发展研究，2022，29(11)：42-48.

[14] 杨唯嘉 . 基于城市更新理念下的风景园林设计研究 [J]. 居舍，2022(33)：131-134.

[15] 段海坤 . 生态文明视角下节能环保型风景园林建设的路径研究 [J]. 佛山陶瓷，2022，32(11)：170-172.
[16] 李力扬，闵学勤 . 推进新时代城市更新的三点思路 [J]. 理论探索，2022(06)：100-107.
[17] 王蔚然，梁明俏，苏敏，郭辉 . 城市更新驱动经济高质量发展效应研究 [J]. 统计与信息论坛，2022，37(12)：112-125.
[18] 崔霁 . 城市更新的迭代模式与创新推进 [J]. 上海房地，2022(10)：15-21.
[19] 王瑞琪 . 城市更新中正当程序原则的法律分析 [J]. 天水行政学院学报，2022，23(05)：98-102.
[20] 朱亦锋 . 新形势下城市更新数字化平台建设的初步探索与思考 [J]. 上海房地，2022(09)：57-62.
[21] 张晓玲，牟琼，王庆宾 . 城市更新中的土地政策研究 [J]. 中国土地，2022(09)：4-9.
[22] 朱祥明 . 城市更新背景下的风景园林设计思考与实践 [J]. 上海建设科技，2022(04)：1-4.
[23] 马源，江海燕，陈光 . 面向生态文明建设的地方高校风景园林专业特色化发展研究 [J]. 广东园林，2022，44(03)：35-38.
[24] 徐明曦，张星星 . 风景园林在水土保持及生态环境治理中的应用探讨 [J]. 四川水利，2022，43(02)：175-178.
[25] 李东星，李霞，张建甫 . 基于景观生态植物墙的风景园林实践教学建设研究 [J]. 现代园艺，2022，45(07)：187-188+194.
[26] 韩爱兰 . 风景园林的建设策略与作用 [J] 河南农业，2021(33)：63-64.
[27] 林祥辉 . 基于风景园林中景观生态设计应用方法 [J]. 现代园艺，2021，44(20)：81-82.
[28] 刘思琦 . 生态风景园林施工技术的提升途径 [J]. 中华建设，2021(10)：132-133.
[29] 山崎亮 . 城市更新与公众参与 [J]. 风景园林，2021，28(09)：19-23.
[30] 张云路，李雄 . 人居更新、绿色引领：融入风景园林学科的城市更新目标与路径 [J]. 风景园林，2021，28(09)：42-46.
[31] 袁牧，梁斯佳 . 城市更新背景下风景园林专业的协同与应对 [J]. 风景园林，2021，28(09)：47-51.
[32] 陈立军 . 生态文明建设导向下风景园林专业人才培养研究 [J]. 中国多媒体与网络教学学报(上旬刊)，2021(07)：119-121.

[33] 马洪超 . 风景园林中景观生态设计探究 [J]. 现代园艺，2021，44（04）：43-44.
[34] 朱书进 . 提升生态风景园林建设水平的有效路径探究 [J]. 山西农经，2021（01）：115-116.
[35] 张前进 . 美丽中国建设对园林生态设计理念的科学引领作用 [J]. 沈阳农业大学学报（社会科学版），2020，22（04）：507-512.
[36] 姚晓洁，王志鹏，吴敏 . 生态文明建设导向下风景园林专业人才培养研究 [J]. 安徽科技学院学报，2020，34（04）：97-101.
[37] 关静 . 节能型技术在风景园林施工中的运用 [J]. 建材与装饰，2020（17）：35+39.
[38] 卢婷婷 . 论生态风景园林施工中的关键问题 [J]. 湖北农机化，2020（10）：57-58.
[39] 马明进 . 探讨风景园林施工管理中的问题和处理措施 [J]. 居舍，2020（14）：100+102.
[40] 刘文艳 . 风景园林中的景观生态设计探究 [J]. 现代园艺，2020（04）：88-89.
[41] 丁金涛 . 生态风景园林工程施工和养护技术探究 [J]. 广东蚕业，2020，54（02）：41+43.
[42] 廖志娟 . 如何将生态理念融入风景园林施工 [J]. 乡村科技，2020（03）：54-55.
[43] 严婷婷 . 基于风景园林中景观生态设计应用策略探究 [J]. 现代园艺，2020（02）：126-127.
[44] 覃淑贞，徐德兰 . 基于生态文明视角下风景园林设计的策略研究 [J]. 河北林业科技，2019（04）：54-57.
[45] 殷智西 . “生态文明时代”下的中国风景园林发展方向 [J]. 美与时代（城市版），2019（12）：89-90.
[46] 蔡传文，凡华霞 . 生态学在现代风景园林设计中的应用探讨 [J]. 科技与创新，2019（13）：146-147.
[47] 夏爱平 . 新形势下提升生态风景园林施工技术的有效途径 [J]. 四川水泥，2019（04）：257.
[48] 董娜，董祥 . 生态风景园林施工技术探析 [J]. 花卉，2019（06）：105.
[49] 连萍 . 生态文明背景下城市园林建设探索 [J]. 福建热作科技，2019，44(01)：59-63.
[50] 何玉 . 生态文明背景下城市风景园林建设探究 [J]. 南方农业，2019，13(08)：

37-38.

[51] 吴显池．生态风景园林施工中面临的问题及应对措施 [J]. 辽宁经济，2019（02）：36-37.

[52] 刘沛．浅析风景园林中景观的生态设计 [J]. 工程与建设，2019，33（01）：43-44.

[53] 唐雪清．试论风景园林低碳建设中生态理念的展现 [J]. 现代物业（中旬刊），2018(09)：260.

[54] 陈艳仪．探索生态风景园林施工技术的有效提高对策 [J]. 建材与装饰，2018(29)：80-81.

[55] 崔振双．浅析提升生态风景园林施工技术的有效途径 [J]. 中小企业管理与科技（下旬刊），2018(05)：160-161.

[56] 肖玉阳．生态设计理念下城市建设风景园林的发展 [J]. 花卉，2018（04）：91.

[57] 张永生．关于住宅区风景园林设计的探讨 [J]. 花卉，2017(14)：33-34.

[58] 刘盼盼．生态理念下城市建设风景园林的发展 [J]. 城市建设理论研究（电子版），2017(20)：175.

[59] 杨建威．生态风景园林建设中应注意的若干问题探讨 [J]. 黑龙江科技信息，2017(18)：331.

[60] 鲍碧云．浅析现代风景园林生态理念设计策略 [J]. 民营科技，2017（04）：232.

[61] 樊丽．基于城市背景的风景园林规划与设计 [J]. 艺海，2017(04)：82-84.

[62] 郑章发．生态风景园林施工中的关键问题 [J]. 低碳世界，2017（10）：287-288.

[63] 张伟宁．生态文明视角下节能环保型风景园林建设的路径研究 [J]. 吉林广播电视大学学报，2016(07)：156-158.

[64] 王瑞婷．试论风景园林低碳建设中生态理念的展现 [J]. 农业与技术，2016，36(04)：204-205.

[65] 孙敬涛，朱秋月．风景园林建设的重要性及强化管理的措施 [J]. 时代农机，2015，42(12)：164+166.

[66] 尤为．生态设计理念下城市建设风景园林的发展 [J]. 现代园艺，2015（04）：129.

[67] 隋玉明．城市风景园林发展与生态文明建设研究 [J]. 北京农业，2014（27）：301.

[68] 于永江 . 生态理念在风景园林低碳建设中的展现 [J]. 现代园艺，2014（17）：69-70.

[69] 孙常青 . 风景园林建设的价值体现——生态与艺术的结合 [J]. 现代园艺，2013(14)：157.

[70] 冷平生，王树栋，窦得泉 . 风景园林类专业生态教育分析与课程建设实践 [J]. 中国林业教育，2008(05)：11-14.

[71] 韩鹏，董君，赵学军，郝瑞祥 . 干旱、半干旱区域建设生态风景园林的初探 [J]. 内蒙古农业大学学报 (自然科学版)，2002(04)：9-11.